大学计算机教学改革项目立项教材

丛书主编 杜小勇

面向对象程序设计基础实验教程——Visual Basic

孙中红 主编 / 崔光海 杨坤 周风翔 副主编

清华大学出版社
北京

内容简介

本书是《面向对象程序设计基础——Visual Basic》(孙中红主编,清华大学出版社)的配套实验教材,全书共分3篇:实验篇、设计篇和测试篇。第1篇是实验篇,按照主教材各章内容,每一章都给出了知识要点、基础练习、验证型实验和综合设计型实验。知识要点对各章的知识点进行了归纳总结;基础练习强化了知识要点,并为下一步的实验打下扎实的理论基础;验证型实验使学生验证、理解、巩固并掌握所要掌握的基本教学内容;综合设计型实验注重知识点的综合应用,旨在培养学生的计算思维和综合应用能力。第2篇是设计篇,在掌握面向对象程序设计步骤和方法的基础上,提升学生利用计算机分析问题和解决问题的能力。第3篇是测试篇,综合巩固全书知识点,满足学生全国计算机二级考试需求。实验安排由浅入深、循序渐进,既注重基础知识的强化,又注重计算思维创新应用能力的培养。

本书是2015年山东省高等学校教学改革项目"基于'双U'目标体现'双主'理念'翻转课堂'模式的计算机公共基础课教学改革研究与实践"(编号:2015M065)的配套教材,是翻转课堂教学配套教材。

本书可作为高等本科院校、高职高专院校面向对象程序设计基础课程的实验教材,也可作为全国计算机等级考试二级Visual Basic语言程序设计的培训教材。

图书在版编目(CIP)数据

面向对象程序设计基础实验教程:Visual Basic/孙中红主编.—北京:清华大学出版社,2016.11
(2021.12重印)
(大学计算机教学改革项目立项教材)
ISBN 978-7-302-44893-8

Ⅰ.①面… Ⅱ.①孙… Ⅲ.①BASIC语言-程序设计-高等学校-教材 Ⅳ.①TP312.8

中国版本图书馆CIP数据核字(2016)第205214号

责任编辑:谢 琛 薛 阳
封面设计:常雪影
责任校对:焦丽丽
责任印制:宋 林

出版发行:清华大学出版社
网　　址:http://www.tup.com.cn,http://www.wqbook.com
地　　址:北京清华大学学研大厦A座　　**邮　　编**:100084
社 总 机:010-62770175　　**邮　　购**:010-83470235
投稿与读者服务:010-62776969,c-service@tup.tsinghua.edu.cn
质量反馈:010-62772015,zhiliang@tup.tsinghua.edu.cn
课件下载:http://www.tup.com.cn,010-83470236
印 装 者:三河市铭诚印务有限公司
经　　销:全国新华书店
开　　本:185mm×260mm　　**印　　张**:19.5　　**字　　数**:444千字
版　　次:2016年11月第1版　　**印　　次**:2021年12月第5次印刷
定　　价:49.00元

产品编号:069306-02

前　　言

本书是2015年山东省高等学校教学改革项目“基于‘双U’目标体现‘双主’理念‘翻转课堂’模式的计算机公共基础课教学改革研究与实践”(编号:2015M065)的配套教材《面向对象程序设计基础——Visual Basic》的配套实验教材。

本书按照最新教育部高等学校大学计算机课程教学指导委员会2015年11月制定的《大学计算机基础课程教学基本要求》和最新全国计算机等级考试二级Visual Basic语言程序设计考试大纲(2013年版)要求,结合二级考试需求和应用型创新人才培养目标,既注重强化基础理论,又注重计算思维实践应用能力的培养。突出实验项目的设计,既有验证型实验,又有综合设计型实验,将课程内容恰当地融入所设计的项目中。

全书共分3篇。第1篇是实验篇,按照主教材各章内容,每一章都给出了知识要点、基础练习、验证型实验和综合设计型实验。知识要点对各章的知识点进行了归纳总结;基础练习强化了知识要点,并为下一步的实验打下扎实的理论基础;验证型实验使学生验证、理解、巩固并掌握所要掌握的基础知识;综合设计型实验注重知识点的综合应用,旨在培养学生的计算思维和综合应用能力。第2篇是设计篇,在了解面向对象程序设计步骤和方法的基础上,提升学生利用计算机分析问题和解决问题的能力。第3篇是测试篇,综合巩固全书知识点,满足学生全国计算机二级考试需求。实验安排由浅入深、循序渐进,既注重基础知识的强化,又注重计算思维创新应用能力的培养。以满足学生二级考试需求的“即时效应”,带动创新应用型人才培养和“长远效应”。

本书的主要特色如下:

(1) 以二级考试知识点和培养应用能力为主线,每章实验贯串了最新二级考试的知识点和考点,并且注重实验内容与实际的结合。实验内容由浅入深、循序渐进,既有理解、巩固并掌握基础知识的验证型实验,又有培养计算思维应用能力的综合设计型实验。既注重基础知识的强化,又注重计算思维创新应用能力的培养。既满足学生二级考试需求,又满足计算思维解决实际问题应用能力的培养。

(2) 在整个教材编写过程中,把一些激励学生做人做事的励志名言、人生格言等言语巧妙地揉合在教材中。在培养学生实践应用能力的同时,学生的道德修养也得到了熏陶,构思新颖,结构清晰。

本书可作为高等本科院校、高职高专院校面向对象程序设计基础课程实验教材,也可作为全国计算机等级考试二级 Visual Basic 语言程序设计的培训教材。

本书由孙中红担任主编，崔光海、杨坤、周风翔担任副主编，限于作者水平，书中难免有疏漏和不妥之处，敬请广大读者提出宝贵建议和意见。

编　者
2016 年 7 月

目　录

第1篇　实　验　篇

第 2 篇 设 计 篇

第 3 篇 测 试 篇

第 1 篇

实 验 篇

第 1 章　Visual Basic 程序设计概述

1.1　知识要点

1.1.1　Visual Basic 的特点和版本

1. Visual Basic 的特点

Visual Basic(VB)是一种可视化的、面向对象和采用事件驱动方式的结构化高级程序设计语言，可用于开发 Windows 环境下的各类应用程序。总的来看，Visual Basic 有以下主要特点：

(1) 可视化编程；

(2) 面向对象的程序设计；

(3) 结构化程序设计语言；

(4) 事件驱动的编程机制；

(5) 访问数据库；

(6) 动态数据交换(DDE)；

(7) 对象的链接与嵌入(OLE)；

(8) 动态链接库(DLL)。

2. Visual Basic 的版本

Visual Basic 6.0 包括 3 种版本，分别为学习版、专业版和企业版。

(1) 学习版：Visual Basic 的基础版本，可用来开发 Windows 应用程序。该版本包括所有的内部控件(标准控件)、网络(Grid)控件、Tab 对象以及数据绑定控件。

(2) 专业版：该版本为专业编程人员提供了一整套用于软件开发、功能完备的工具。它包括学习版的全部功能，同时包括 ActiveX 控件、Internet 控件、Crystal Report Writer 和报表控件。

(3) 企业版：可供专业编程人员开发功能强大的组内分布式应用程序。该版本包括专业版的全部功能，同时具有自动化管理器、部件管理器、数据库管理工具、Microsoft Visual SourceSafe 面向工程版的控制系统等。

1.1.2 Visual Basic 的启动与退出

开机并进入中文 Windows 后，可以用多种方法启动 Visual Basic。

第一种方法：使用“开始”菜单中的“所有程序”命令。操作如下：

(1) 单击 Windows 环境下的“开始”菜单，弹出一个菜单，把光标指向“所有程序”，将弹出下一个级联菜单。

(2) 单击“Microsoft Visual Basic 6.0 中文版”，弹出下一个级联菜单，即 Visual Basic 6.0 程序组。

(3) 单击“Microsoft Visual Basic 6.0 中文版”，即可进入 Visual Basic 6.0 编程环境。

第二种方法：使用“我的电脑”(或“计算机”)。操作如下：

(1) 双击桌面上的“我的电脑”(或“计算机”)，弹出一个窗口，然后双击 Visual Basic 6.0 所在的硬盘驱动器盘符，将打开相应的驱动器窗口。

(2) 双击驱动器窗口中包含 VB6.0 的文件夹，进入包含 VB6.0 的文件夹。

(3) 双击 VB6.EXE 图标，即可进入 Visual Basic 6.0 编程环境。

第三种方法：使用“开始”菜单中的“运行”命令。操作如下：

(1) 单击“开始”菜单，弹出一个菜单，单击“运行”命令，将弹出“运行”对话框。

(2) 在“运行”对话框的“打开”编辑框内输入 Visual Basic 6.0 启动文件的名字(包括路径)，例如“C:\Program Files(x86)\Microsoft Visual Studio\VB98\VB6.EXE”，单击“确定”按钮，即可启动 Visual Basic 6.0。或单击“运行”对话框中的“浏览”按钮，选定 VB6.EXE 文件后，单击“打开”按钮。

第四种方法：建立启动 Visual Basic 6.0 的快捷方式。操作如下：

(1) 重复第一种方法的(1)、(2)。

(2) 右击“Microsoft Visual Basic 6.0 中文版”，在弹出的快捷菜单中选择“发送到”|“桌面快捷方式”命令，在桌面上即可出现“Microsoft Visual Basic 6.0 中文版”的快捷方式图标。

(3) 双击“Microsoft Visual Basic 6.0 中文版”的快捷方式图标，即可启动 Visual Basic 6.0。

1.1.3 主窗口

1. 标题栏和菜单栏

1) 标题栏

标题栏是屏幕顶部的水平条，它显示的是应用程序的名字。

2) 菜单栏

在标题栏的下面是集成环境的主菜单。

2. 工具栏

Visual Basic 6.0 提供了 4 种工具栏，包括编辑、标准、窗体编辑器和调试，并可根据需要定义用户自己的工具栏。

1.1.4 其他窗口

标题栏、菜单栏和工具栏所在的窗口称为主窗口。除主窗口外，Visual Basic 6.0 的编程环境中还有其他一些窗口，包括窗体设计器窗口、属性窗口、工程资源管理器窗口、工具箱窗口、调色板窗口、代码窗口和立即窗口。

1.2 基础练习

1.2.1 单选题

(1) 一个应用程序________窗体。

A. 只许有一个　B. 可以没有　C. 应该有两个　D. 可包括多个

(2) 在一个工程中可以有多个________。

A. 资源文件　B. 工程文件　C. 机器代码文件　D. 窗体文件

(3) 工程资源管理器窗口标题栏下的________按钮用于切换到“窗体编辑窗口”，显示和编辑正在设计的窗体。

A. “查看代码”　B. “查看对象”

C. “切换文件夹”　D. “查看文件夹”

(4) 在一个工程中可以有多个________。

A. 资源文件　B. 工程文件

C. 标准模块文件　D. 机器代码文件

(5) 在代码窗口中，当从对象列表框中选择了某一对象后，在________中会列出适用该对象的事件。

A. 过程框　B. 事件列表框　C. 属性窗口　D. 布局窗口

(6) 保存一个工程至少应保存两个文件，这两个文件分别是________。

A. 文本文件和工程文件　B. 窗体文件和工程文件

C. 窗体文件和标准模块文件　D. 类模块文件和工程文件

(7) 工程文件的扩展名是________。

A. frm　B. vbp　C. bas　D. frx

(8) 窗体文件的扩展名是________。

A. frm　B. vbp　C. bas　D. vbg

(9) 标准模块文件的扩展名是________。

A. frm　B. vbp　C. bas　D. frx

(10) Visual Basic 的 MSDN 帮助窗口最明显的特征是________。

A. 具有 Windows 风格

B. 具有 Microsoft Office 应用程序窗口风格

C. 保持了浏览器的特征

D. 与 Visual Basic 编辑窗口相似

(11) Visual Basic 窗体设计器的主要功能是________。

A. 画图　　B. 编写源程序代码

C. 建立用户界面　　D. 显示文字

1.2.2 参考答案

(1) D　(2) D　(3) B　(4) C　(5) A　(6) B　(7) B　(8) A　(9) C　(10) C　(11) C

1.3 验证型实验

1.3.1 实验目的

(1) 掌握 Visual Basic 系统和帮助文件 MSDN 的安装与选项的设置。

(2) 掌握 Visual Basic 的启动和退出方法。

(3) 熟悉 Visual Basic 的集成开发环境。

(4) 掌握 Visual Basic 的帮助功能。

1.3.2 实验内容

1. Visual Basic 系统的安装和选项设置,帮助文件 MSDN 的安装

(1) 插入 VB 安装光盘,系统一般都会运行自动安装程序,也可以运行其中的 SETUP. EXE 程序,进入"安装向导",如实验图 1.1 所示。

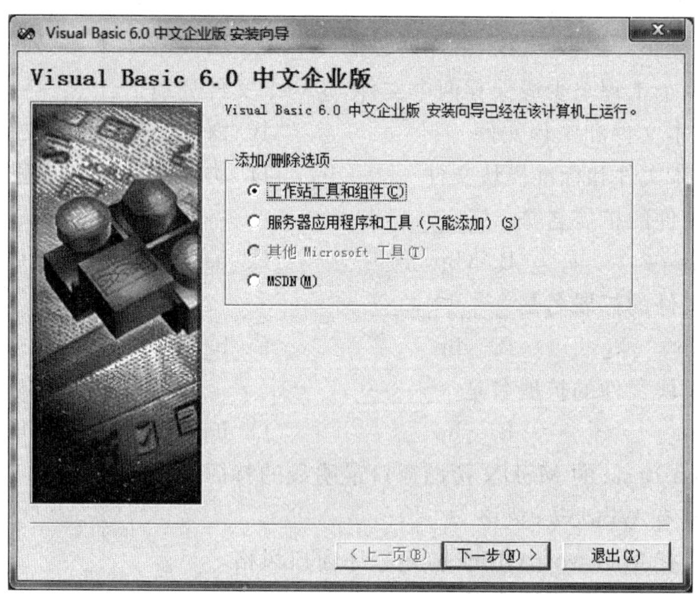

实验图 1.1 "安装向导"对话框

（2）单击“下一步”按钮后，出现最终用户许可协议对话框。阅读“最终用户许可协议”后，要单击“接受协议”按钮，才能进行下一步的操作。

（3）单击“下一步”按钮后，系统会要求用户输入产品的ID号、姓名、公司名称，输入完毕后，单击“下一步”按钮，进入“自定义——服务器安装程序选项”对话框。

（4）在“自定义——服务器安装程序选项”对话框中，选择“安装 Visual Basic 6.0 中文企业版”后，单击“下一步”按钮。

（5）这时，系统启动安装程序，按照提示操作，直到出现如实验图 1.2 所示的“安装程序”对话框。

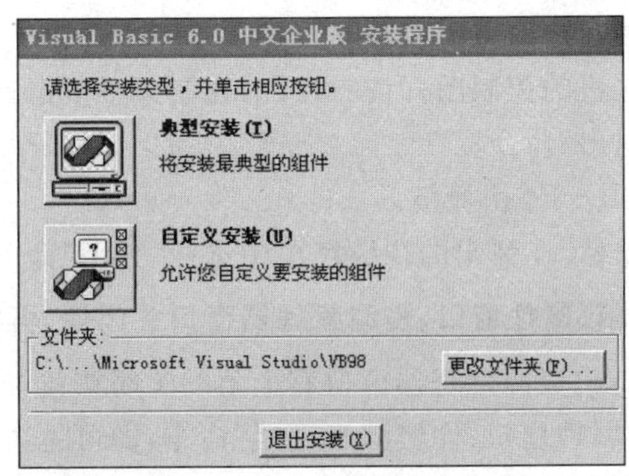

实验图 1.2　“安装程序”对话框

若选择“典型安装”，则根据系统规定的内容安装到硬盘上；若选择“自定义安装”，则按照用户选择的内容安装到硬盘上。

注意：*若安装时使用“典型安装”方式，则系统提供的图库没有装入(以后界面设计时将用到这些图形文件)。若用户需要，可直接将光盘中的 Graphics 子目录复制到硬盘对应的 VB 系统下。*

单击“更改文件夹”按钮，可改变安装的位置。

VB 系统安装完成后，接着可以安装 MSDN，MSDN 由两张光盘组成，可以像安装 VB 一样安装该系统。安装完成后，即可在 VB 中直接使用该帮助系统。

2. 用 4 种方法启动 Visual Basic 6.0

（1）使用“开始”菜单中的“所有程序”命令启动 VB。

选择“开始”|“所有程序”|“Microsoft Visual Basic 6.0 中文版”|“Microsoft Visual Basic 6.0 中文版”命令，即可启动 Visual Basic 6.0。

（2）使用快捷方式启动 VB 6.0。

双击桌面上的“Microsoft Visual Basic 6.0 中文版”快捷方式图标，即可启动 VB 6.0。

（3）使用“计算机”(或“我的电脑”)启动 VB 6.0。

① 双击桌面上的“计算机”(或“我的电脑”)图标，打开一个窗口，然后双击 VB 6.0 所在的硬盘驱动器盘符，将打开相应的驱动器窗口。

② 双击驱动器窗口中包含 VB 6.0 的文件夹，进入包含 VB 6.0 的文件夹。

③ 找到并双击 VB6.EXE 图标，即可启动 VB 6.0。

(4) 使用“开始”菜单中的“运行”命令启动 VB 6.0。

① 选择“开始”|“运行”命令，打开“运行”对话框。

② 在“运行”对话框中的“打开”编辑框内输入 VB 6.0 启动文件的文件名(包含路径，例如 C:\Program Files\Microsoft Visual Studio\VB98\VB6.EXE)，单击“确定”按钮，即可启动 VB 6.0。或单击该对话框的“浏览”按钮，选定 VB6.EXE 文件后，单击“打开”按钮。

3. 用 5 种方法退出 Visual Basic 6.0

(1) 单击标题栏上最右边的关闭按钮。

(2) 单击标题栏最左边的控制图标，在打开的控制菜单中选择“关闭”命令。

(3) 选择“文件”|“退出”命令。

(4) 按 Alt+Q 或 Alt+F4 快捷键。

(5) 右击主窗口标题栏，在弹出的快捷菜单中选择“关闭”命令。

4. 将系统中的工具箱、属性窗口、资源管理器窗口关闭后，再将其显示出来

单击工具箱、属性窗口、资源管理器窗口右上角的关闭按钮，即可将其关闭。选择“视图”菜单中的“工具箱”、“属性窗口”、“资源管理器”命令，即可将 3 个窗口显示出来。

5. 将代码窗口的代码字号设置为 20

选择“工具”|“选项”命令，打开“选项”对话框，如实验图 1.3 所示。选择“编辑器格式”选项卡，在“大小”下拉列表框中选择或直接输入数字，单击“确定”按钮即可。

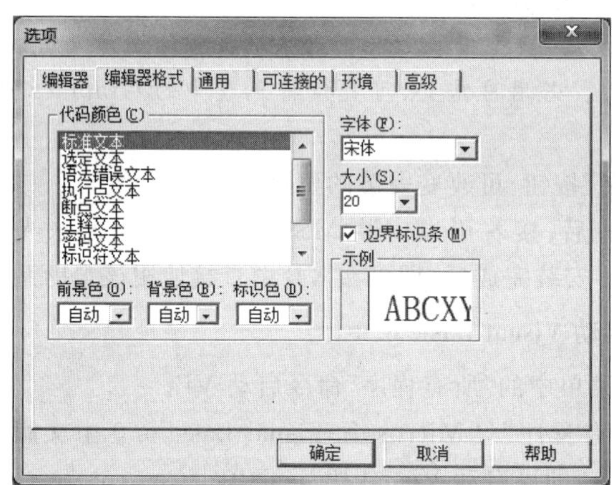

实验图 1.3 “选项”对话框

6. 利用 MSDN 查阅 CheckBox 控件的使用说明、窗体的 Show、Hide 方法及其参数的使用、窗体的 KeyPress、Load、UnLoad 事件及其参数的使用

将插入点置于代码窗口中的关键字上(或选中关键字)并按 F1 键，系统即可列出此关键字的各种帮助信息。

在 Visual Basic 界面的任何上下文相关部分上按 F1 键，即可显示有关该部分的信息。上下文相关部分包括：

- Visual Basic 中的每个窗口（“属性”窗口、代码窗口等）；
- 工具箱中的控件；
- 窗体或文档对象内的对象；
- “属性”窗口中的属性；
- Visual Basic 关键词（声明、函数、属性、方法、事件和特殊对象）；
- 错误信息。

例如，为了获取关键字 KeyPress 的帮助，只需选中代码窗口的关键字 KeyPress，如实验图 1.4 所示。然后按 Fl 键即可获得有关 KeyPress 的帮助，如实验图 1.5 所示。

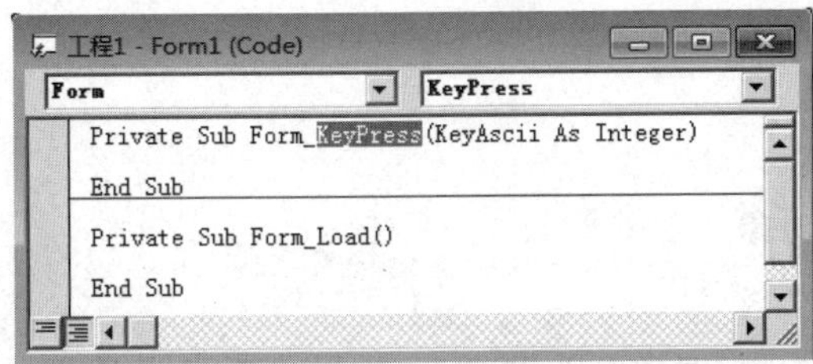

实验图 1.4　代码窗口

实验图 1.5　KeyPress 的帮助信息

第 2 章　简单的面向对象程序设计

2.1　知识要点

2.1.1　对象

1. Visual Basic 的对象

1）什么是对象

在 Visual Basic 6.0 中，对象分为两类，一类是由系统设计好的，称为预定义对象，可以直接使用或对其进行操作；另一类由用户定义，可以像 C++ 一样建立用户自己的对象。

2）对象属性

属性是一个对象的特性，不同的对象有不同的属性。对象常见的属性有标题(Caption)、名称(Name)、颜色(Color)、字体大小(Fontsize)、是否可见(Visible)等。

3）对象事件

所谓事件(Event)，是由 Visual Basic 预先设置好的、能够被对象识别的动作。

4）对象方法

在传统的程序设计中，过程和函数是编程语言的主要部件。而在面向对象程序设计(OOP)中，引入了称为方法(Method)的特殊过程和函数。方法的操作与过程、函数的操作相同，但方法是特定对象的一部分，正如属性和事件是对象的一部分一样。

其调用格式为：

```
对象名称.方法名称
```

2. 对象属性设置

为了在属性窗口中设置对象的属性，必须先选择要设置属性的对象，然后激活属性窗口。属性不同，设置新属性的方式也不一样。通常有以下 3 种方式：

(1) 直接键入新属性值。

(2) 选择输入，即通过下拉列表选择所需要的属性值。

(3) 利用对话框设置属值。

2.1.2　控件

窗体和控件都是 Visual Basic 中的对象，控件以图标的形式放在“工具箱”中，每种控件都有与之对应的图标。启动 Visual Basic 后，工具箱位于窗体的左侧。

1. 标准控件(内部控件)

Visual Basic 6.0 的控件分为以下 3 类：

(1) 标准控件(也称内部控件)；

(2) ActiveX 控件；

(3) 可插入对象。

2. 控件的命名和控件值

1) 控件的命名

在一般情况下，窗体和控件都有默认值，如 Form1、Command1、Text1 等。在应用程序中使用约定的前缀，可以提高程序的可读性。

2) 控件值

为了方便使用，Visual Basic 为每个控件规定了一个默认属性，在设置这样的属性时，不必给出属性名，通常把该属性称为控件的值。

2.1.3　控件的画法和基本操作

1. 控件的画法

可以通过两种方法在窗体上画一个控件。

2. 控件的基本操作

(1) 控件的缩放和移动；

(2) 控件的复制和删除；

(3) 通过属性窗口改变对象的位置和大小；

(4) 选择控件。

2.1.4　窗体

1. 窗体的结构与属性

窗体结构与 Windows 下的窗口十分类似。在程序运行前，即设计阶段，称为窗体；程序运行后也可以称为窗口。窗体与 Windows 下的窗口不但结构类似，而且特性也差不多。下面按字母顺序列出窗体的常用属性。这些属性适用于窗体，同时也适用于其他对象。

(1) AutoRedraw(自动重画)；

(2) BackColor(背景颜色)；

(3) BorderStyle(边框类型)；

(4) Caption(标题)；

(5) ControlBox(控制框)；

(6) Enabled(允许)；

(7) 字形属性设置；

(8) ForeColor(前景颜色);
(9) Height、Width(高、宽);
(10) Icon(图标);
(11) MaxButton、MinButton(最大、最小化按钮);
(12) Name(名称);
(13) Picture(图形);
(14) Top、Left(顶边、左边位置);
(15) Visible(可见性);
(16) WindowState(窗口状态)。

2. 窗体事件

与窗体有关的事件较多,其中常用的有以下几个:
(1) Click(单击)事件;
(2) DblClick(双击)事件;
(3) Load(装入)事件;
(4) Unload(卸载)事件;
(5) Activate(活动)、Deactivate(非活动)事件;
(6) Paint(绘画)事件。

2.1.5 文本控件

与文本有关的标准控件有两个,即标签和文本框。程序运行时标签中只能显示文本,用户不能进行编辑,而在文本框中既可显示文本,又可输入文本。

1. 标签

标签的部分属性及窗体与其他控件相同,包括 FontBold、FontItalic、FontName、FontSize、FontUnderline、Height、Left、Name、Top、Visible、Width。

2. 命令按钮

命令按钮通常用来在单击时执行指定的操作。它的属性包括 Caption、Enabled、FontBold、FontItalic、FontName、FontSize、FontUnderline、Height、Left、Name、Top、Visible、Width。此外,它还有以下属性:Cancel、Default、Style、Picture 等。

3. 文本框

文本框是一个文本编辑区域,在设计阶段或运行期间可以在这个区域中输入、编辑和显示文本,类似于一个简单的文本编辑器。需要掌握以下内容:
(1) 文本框属性;
(2) 选择文本;
(3) 文本框的事件和方法;
(4) 文本框的应用。

4. 焦点与 Tab 顺序

1) 设置焦点

用下面方法可以设置一个对象的焦点：

(1) 在运行时单击该对象；

(2) 运行时用快捷键选择该对象；

(3) 在程序代码中使用 SetFocus 方法。

2) Tab 顺序

Tab 顺序是在按 Tab 键时焦点在控件间移动的顺序。当窗体上有多个控件时，用鼠标单击某个控件，即可将焦点移到该控件中(控件中有获得焦点的方法)或者使该控件成为活动控件。除鼠标外，用 Tab 键也可以把焦点移到某个控件中。每按一次 Tab 键，可以使焦点从一个控件移到另一个控件。

2.1.6 创建 Visual Basic 应用程序

编写 Visual Basic 应用程序的步骤如下：

(1) 建立用户界面；

(2) 设置属性；

(3) 编写代码。

2.1.7 程序的保存和装入

1. 保存程序

Visual Basic 应用程序包括如下 4 种类型的文件：

(1) 单独的窗体文件，扩展名为 frm；

(2) 公用的标准模块文件，扩展名为 bas；

(3) 类模块文件，扩展名为 cls(本书不涉及类模块文件)；

(4) 工程文件，这种文件由若干个窗体和模块组成，扩展名为 vbp。

2. 程序的装入

一个应用程序包括 4 类文件，即窗体文件、标准模块文件、类模块文件和工程文件，这 4 类文件都有自己的文件名。但只要装入工程文件，就可以自动把与该工程有关的其他 3 类文件装入内存。

2.1.8 程序的运行

1. 运行模式

Visual Basic 应用程序可以在两种模式下运行：

(1) 解释运行模式；

(2) 编译运行模式。

2. 运行程序

(1) 解释运行;

(2) 生成可执行文件。

2.1.9 Visual Basic应用程序的结构与工作方式

1. Visual Basic 应用程序的结构

Visual Basic 应用程序通常由 3 类模块组成,即窗体模块、标准模块和类模块。

2. 事件驱动

事件是可以由窗体或控件识别的操作。事件驱动应用程序的典型操作序列为:

(1) 启动应用程序,加载和显示窗体;

(2) 窗体或窗体上的控件接收事件。事件可以由用户引发(例如键盘操作),可以由系统引发(例如计时器事件),也可以由代码间接引发(例如当代码加载窗体时的 Load 事件);

(3) 如果相应的事件过程中存在代码,则执行该代码;

(4) 应用程序等待下一次事件。

2.2 基础练习

2.2.1 单选题

(1) 在窗体上画一个名称为 Command1 的命令按钮,然后编写如下事件过程:

```
Private Sub Command1_Click()
    Move 500, 500
End Sub
```

程序运行后,单击命令按钮,产生的结果为________。

A. 将命令按钮移动到距窗体左边界、上边界各 500 的位置

B. 将窗体移动到距屏幕左边界、上边界各 500 的位置

C. 将命令按钮向左、上方向各移动 500

D. 将窗体向左、上方向各移动 500

(2) 在设计阶段,通过属性窗口为命令按钮的 Picture 属性装入一个图形,但没有显示,其原因是________。

A. 没有用按钮的 DisabledPicture 属性装入图形

B. 按钮的 Enabled 属性值为 False

C. 按钮的 Default 属性值为 False

D. 按钮的 Style 属性值为 0

(3) 对于命令按钮,下列说法中正确的是________。

A. 支持 DblClick 事件

B. Default 属性设置为 True 时，表示按 Esc 键与单击该命令按钮作用相同

C. Cancel 属性设置为 True 时，表示按 Enter 键与单击该命令按钮作用相同

D. 通过 Picture 属性可以给命令按钮指定一个图形

(4) 以下叙述中，错误的是________。

A. 在设计阶段不能调整通用对话框控件的大小

B. 当文本框失去焦点时，触发其 LostFocus 事件

C. 可以将计时器控件的 Enabled 属性设置为 False，使其不能自动触发 Timer 事件

D. 如果文本框的 TabStop 属性值为 False，则不能接收从键盘输入的数据

(5) 设有一名称为 txtName 的文本框，则下列能使其具有输入焦点的语句是________。

A. Focus＝True　　B. txtName. SetFocus＝True

C. txtName. SetFocus　　D. txtName＝SetFocus

(6) 下列说法中错误的是________。

A. 事件是 Visual Basic 预置的，且能够被对象识别的动作

B. 事件过程是指响应某个事件后执行的一段程序代码

C. 一个对象可以识别一个或多个事件

D. Visual Basic 是采用对象驱动编程机制的语言

(7) 在运行时，如果按 Tab 键跳过了一个可以获得焦点的控件(如文本框)，其原因可能是________。

A. 该控件的 TabStop 属性值为 True

B. 该控件的 TabStop 属性值为 False

C. 该控件的 Enabled 属性值为 True

D. 该控件的 Locked 属性值为 True

(8) 设窗体上有一个文本框 Text1，程序代码中有以下赋值语句(假定用到的控件和变量都存在)，其中错误的是________。

A. Text1. MaxLength＝30　　B. Text1. Text＝89

C. Text1. Caption＝89　　D. Text1. FontBold＝True

(9) 假定 Picture1 和 Text1 分别为图片框和文本框的名称，则下列语句中错误的是________。

A. Print 100　　B. Text1. Print 100

C. Debug. Print 100　　D. Picture1. Print 100

2.2.2 参考答案

(1) B (2) D (3) D (4) D (5) C (6) D (7) B (8) C (9) B

2.3 验证型实验

2.3.1 实验目的

(1) 掌握在 Visual Basic 环境中创建简单应用程序的方法。

(2) 掌握在窗体上添加控件的方法、对控件的调整方法。

(3) 掌握简单代码的编写。

2.3.2 实验内容

1. 创建一个无代码的简单程序

(1) 创建工程：启动 Visual Basic，在“新建工程”对话框中选择“标准 EXE”，如实验图 2.1(a)所示，单击“打开”按钮，进入 Visual Basic 集成开发环境(IDE)，如实验图 2.1(b)所示。

(2) 设计界面：双击工具箱 Label 控件，在窗体上添加一个标签(Label1)。

(3) 设置属性：

① 设置标签属性。在界面设计窗口选定标签，在属性窗口将标签的 Caption 属性值改为“积土而为山，积水而为海”。单击 Font 属性右侧的...按钮，在对话框中将字体大小设置为二号。在界面设计窗口调整标签控件的大小，使“积土而为山，积水而为海”显示为一行。在菜单栏中选择“格式”|“在窗体中居中对齐”|“水平对齐”命令(图 2.2)将标签放置在窗体中央。

② 设置窗体属性。在属性窗口将窗体的 Caption 属性值改为“——《荀子·儒效》”。

(4) 运行程序：单击工具栏中启动按钮▶或按 F5 键运行应用程序。程序运行结果如实验图 2.3 所示。

2. 创建一个含有简单代码的程序

(1) 新建工程：在 Visual Basic 集成开发环境中，在菜单栏中选择“文件”|“新建工程”命令，在打开的“新建工程”对话框中，单击“确定”按钮。

(2) 设计界面：单击工具箱 CommandButton 控件，在窗体上拖动鼠标画出 3 个命令按钮；单击工具箱 TextBox 控件，在窗体上画出文本框。

(3) 设置属性：单击特定对象，然后在属性窗口做如下设置。

将 3 个命令按钮(Command1、Command2、Command2)的 Caption 属性分别设置为“放大”“还原”和“退出”。将文本框的 Text 属性设置为“绳锯木断，水滴石穿”，字体设置为宋体，字号设置为 10，MultiLine 属性设置为 True，ScrollBars 属性设置为 1－Horizontal。将窗体的 Caption 属性设置为“——罗大经《鹤林玉露》”。

(4) 编写代码：

① 双击“放大”按钮，打开代码编辑器窗口，在 Command1_Click 事件过程的光标闪动处添加代码：Text1.FontSize＝Text1.FontSize＋2。

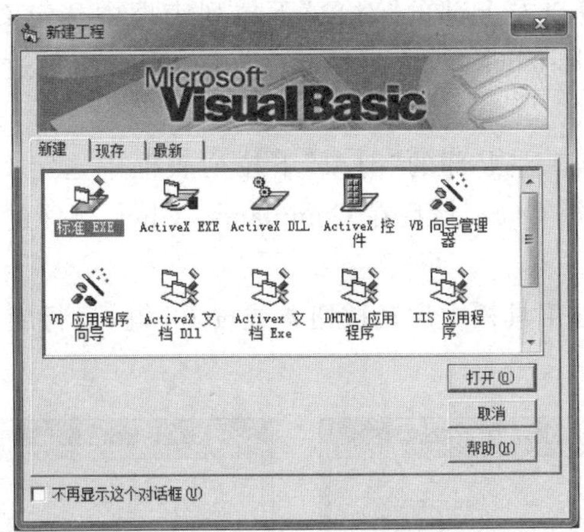

(a) 新建工程

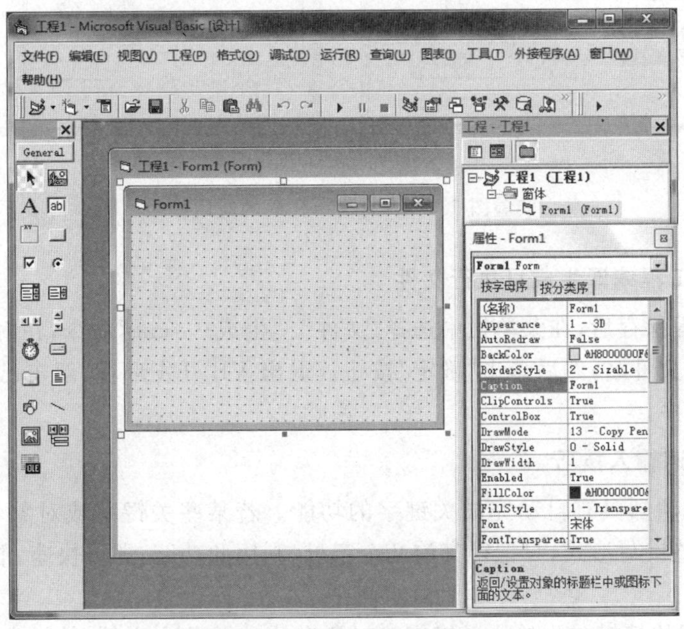

(b) Visual Basic集成开发环境（IDE）

实验图 2.1 创建工程

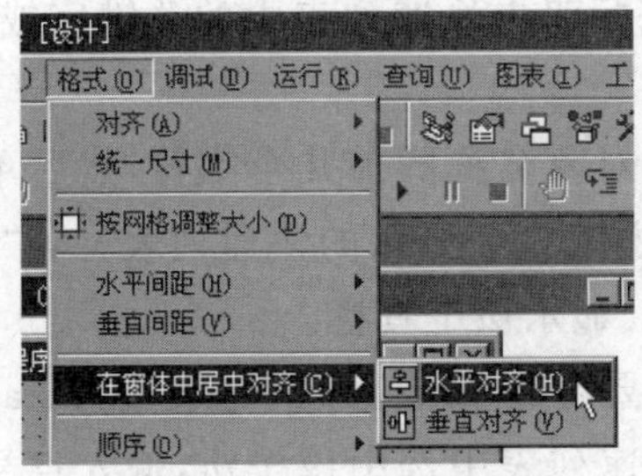

实验图 2.2 “格式”菜单

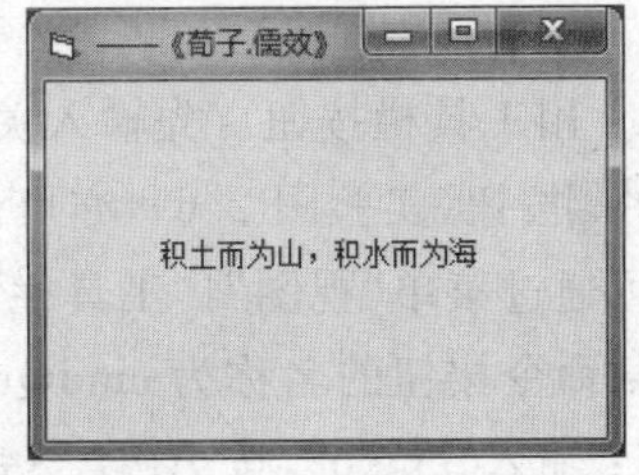

实验图 2.3 《荀子·儒效》

② 在代码编辑器窗口左上部的“对象”下拉列表框中选定 Command2，在右上部的“过程”下拉列表框中选择 Click，然后在 Command2_Click 事件过程的光标闪动处添加代码：Text1.FontSize=10。

③ 在代码编辑器窗口左上部的“对象”下拉列表框中选定 Command3，在右上部的“过程”下拉列表框中选择 Click，然后在 Command3_Click 事件过程的光标闪动处添加代码：End。

(5) 运行程序：单击工具栏中启动按钮▶或按 F5 键，运行应用程序。程序运行效果如实验图 2.4 所示。

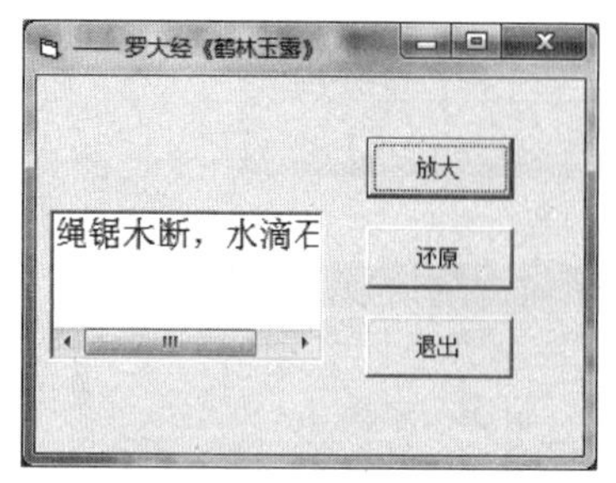

(a) 放大

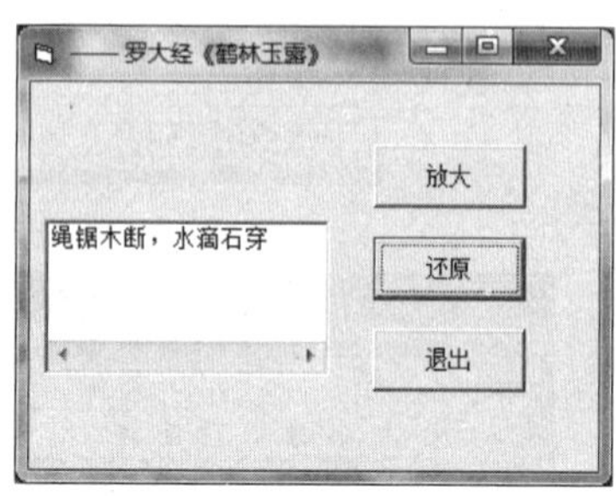

(b) 还原

实验图 2.4　含有简单代码的应用程序

3. 将 VB 工程编译生成可执行文件

将上述工程保存后，在菜单栏中选择“文件”|“生成….exe”命令，在对话框中选择保存位置，并输入文件名，然后单击“确定”按钮。退出 VB 开发环境，双击已生成的.exe 文件，运行应用程序。

4. 代码快速输入技巧

VB 代码编辑器具有自动完成关键字的功能。若某些关键字或对象名称较长，或忘记了它们的完整拼写形式，只记得其前几个字母，利用此功能，即可快速、准确地输入关键字或对象名称。

方法一：用快捷键。先输入关键字或对象名称的前几个字符，然后按 Alt+→键，此时在插入点处将会出现如实验图 2.5 所示的快速列表，用↓或↑键选中所需关键字或对象名称，然后按 Tab 键或其他分隔符(如空格、圆点“.”、逗号、等号、非字母运算符等)，即可准确无误地输入该关键字或对象名称。用鼠标双击快速列表中的关键字或对象名称，亦可完成输入。

方法二：用工具栏按钮。先输入关键字或对象名称的前几个字符，然后单击“编辑”工具栏中的按钮(实验图 2.6)，亦可调出实验图 2.5 所示的快速列表。若“编辑”工具栏未显示，可通过菜单“视图”|“工具栏”|“编辑”显示该工具栏。

例如，某命令按钮的名称为 cmdQuestion，要将其 Enabled 属性设置为 False，可按以下步骤操作：输入“cmdq”，按 Alt+→键，在快速列表中选中该按钮，输入点号“.”，输入“e”，输入赋值号“=”，按 Tab 键。

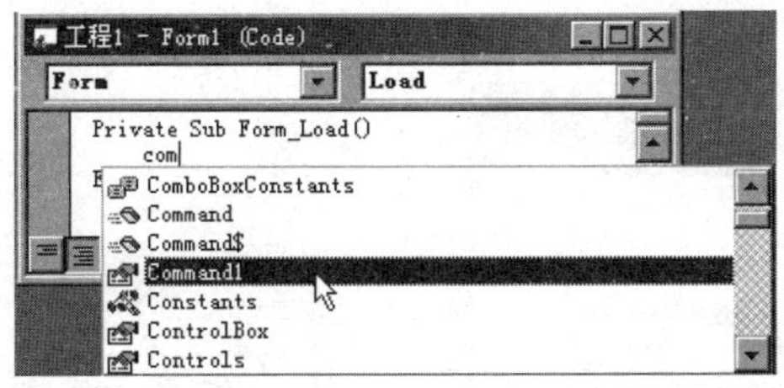

实验图 2.5 自动完成关键字

实验图 2.6 编辑工具栏

2.4 综合设计型实验

2.4.1 实验目的

掌握窗体及 3 个基本控件(标签、命令按钮和文本框)的常用属性、事件和方法,并掌握其综合应用。

2.4.2 实验内容

1. 窗体程序设计

1) 要求

(1) 通过代码设置窗体的标题、前景色、背景色、字体和字号。

(2) 用窗体的 Left、Top 属性和 Move 方法移动窗体。

(3) 用 Print 方法显示窗体的当前位置。

2) 分析

(1) 在窗体的 Load 事件中将窗体的 Caption 属性设置为“窗体属性、方法、事件示例”。设置窗体的前景色 ForeColor 为蓝色(vbBlue)、背景色 BackColor 为白色(vbWhite)、字体 FontName 为“黑体”、字号 FontSize 为 12、Left 和 Top 均为 300。

(2) 在 Command1 的 Click 事件中,通过改变 Left 和 Top 属性,使窗体右移、下移各 200 缇;在 Command2 的 Click 事件中,用 Move 方法使窗体右移、下移各 200 缇。

(3) 在窗体的 Click 事件中,通过改变 Left 和 Top 属性,使窗体恢复原位。

(4) 每次移动窗体以及窗体复位时,用 Print 方法,在窗体上显示窗体的当前坐标。

3) 设计界面及设置属性

在窗体上创建两个命令按钮,将 Command1 的 Caption 属性设置为“改变属性值移动窗体”,Command2 的 Caption 属性设置为“用 Move 方法移动窗体”。将窗体的 MaxButton 属性设置为 False(窗体最大化或最小化时,若移动窗体位置将会出错)。设计界面如实验图 2.7(a)所示,程序运行效果如实验图 2.7(b)所示。

2. 制作浮雕效果文字

1) 要求

利用两个标签控件,在设计时通过白色/黑色错位叠加,实现实验图 2.8 所示的文字浮雕效果。

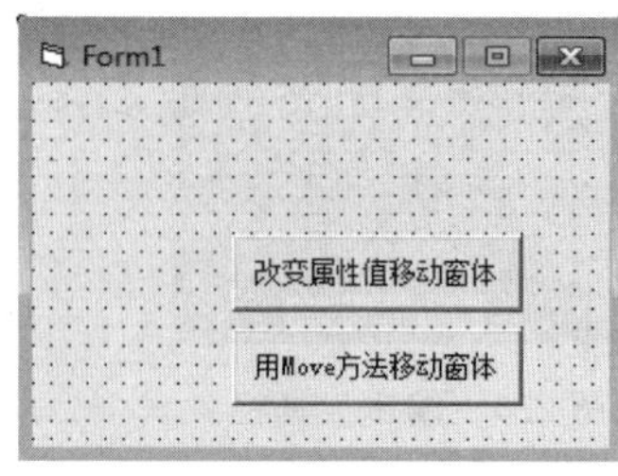

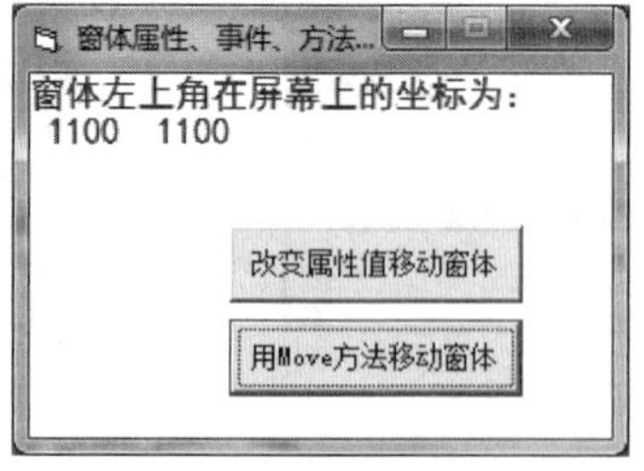

(a) 设计时界面　　(b) 运行时界面

实验图 2.7　窗体程序设计

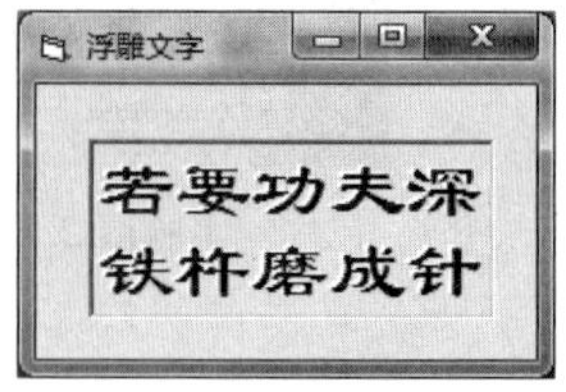

实验图 2.8　浮雕效果文字

2）分析

在窗体上放置两个标签控件，其 Caption 属性均为"若要工夫深铁杵磨成针"，字号均为"小一"，字体均为"隶书"。调整标签的宽度和高度，使文字分两行显示。

3）设置属性

按实验表 2.1 设置两个标签的其他属性。

实验表 2.1　标签控件属性

控件名	背景样式(BackStyle)	边框样式(BorderStyle)	前景色(ForeColor)	左(Left)	顶(Top)
Label1	1-Fixed Single	1-Opaque（不透明）	&H00FFFFFF&(白)	324	324
Label2	0-None	0-Transparent（透明）	&H00000000&(黑)	384	372

用类似的方法，还可以制作如实验图 2.9 所示的阴影文字。

3. 设置口令

1）要求

(1) 在名称为 Form1、标题为"设置口令"的窗体上添加 1 个名称为 Label1、标题为"口令"的标签；添加 1 个名称为 Text1 的文本框；再添加 3 个命令按钮，名称分别为 Command1、Command2、Command3，标题分别为"显示口令"、"隐藏口令"、"重新输入"。

(2) 程序运行时，在 Text1 中输入若干字符，单击"隐藏口令"按钮，则只显示与字符同样数量的"*"(如实验图 2.10 所示)；单击"显示口令"按钮，则正常显示输入的字符(如实验图 2.11 所示)；单击"重新输入"按钮，则清除 Text1 中的内容，并把光标定位到 Text1 中。

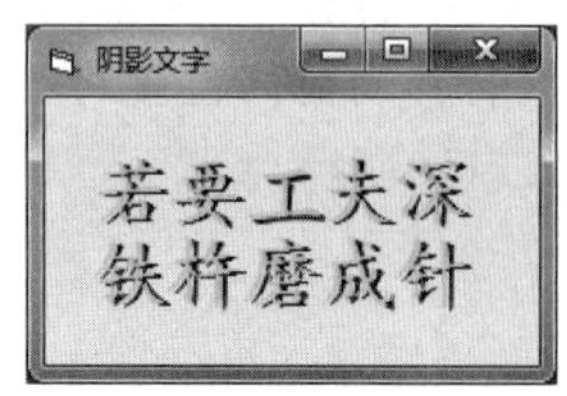

实验图 2.9　阴影文字

实验图 2.10　隐藏口令

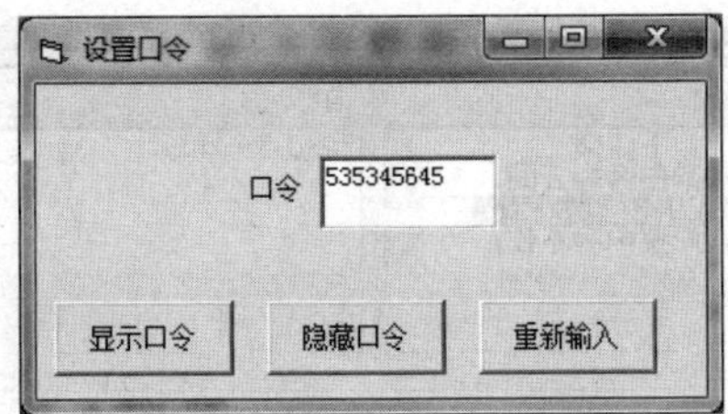

实验图 2.11 显示口令

2）分析

(1) PasswordChar 属性用来设置是否在控件中显示用户键入的字符。如果该属性设置为某一字符，那么无论 Text 属性值是什么，在文本框中都只显示该字符。

(2) MultiLine 属性必须设置为 False，一般默认为 False。

(3) 运用 SetFocus 方法使文本框获得焦点：Text1. SetFocus。

3）设计界面及设置属性

新建一个窗体，在窗体中添加 1 个文本框、3 个命令按钮和 1 个标签。在属性窗口中设置控件的属性，控件的属性见实验表 2.2。

实验表 2.2 控件属性

控 件	文本框		命令按钮 1		命令按钮 2		命令按钮 3		标 签	
属性	Name	Text	Name	Caption	Name	Caption	Name	Caption	Name	Caption
设置值	Text1		Command1	显示口令	Command2	隐藏口令	Command3	重新输入	Label1	口令

4）程序代码

```
Private Sub Command1_Click()
    Text1.PasswordChar=""
End Sub

Private Sub Command2_Click()
    Text1.PasswordChar="*"
End Sub

Private Sub Command3_Click()
    Text1=""
    Text1.SetFocus
End Sub
```

4. 复制、剪切和粘贴

1）要求

在文本框 Text1 中选定文本，通过按钮完成复制、剪切和粘贴操作，将复制或剪切的内容粘贴到文本框 Text2 中。程序运行效果如实验图 2.12 所示。

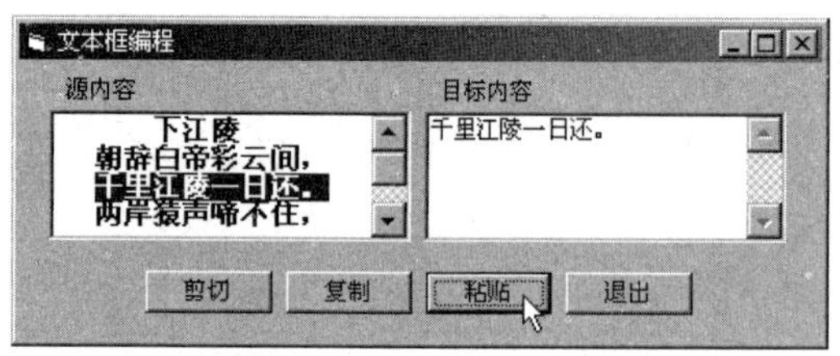

实验图 2.12 文本框编程

2）分析

（1）在代码的“通用-声明”段，定义一个模块级变量 strPaste，用于存放待粘贴的内容。

（2）程序运行时，在 Text1 中选定文本，单击“复制”按钮，通过文本框的 SelText 属性将选定的内容存入变量；单击“剪切”按钮，先将选定的内容存入变量，再删除选定内容；单击“粘贴”按钮，将变量中的内容粘贴到 Text2 中。单击“退出”按钮，结束运行。

3）设计界面及设置属性

在窗体上放置 Text1 和 Text2 两个文本框。添加 4 个命令按钮，分别命名为 cmdCut、cmdCopy、cmdPaste、cmdEnd，分别用于剪切、复制、粘贴、退出。用两个标签对文本框做简要说明。

4）程序代码

```
Option Explicit
Dim strPaste As String                    '模块级变量用于存放待粘贴的内容

Private Sub cmdCopy_Click()               '复制
    strPaste=Text1.SelText                '将选中的文本复制到变量中
End Sub

Private Sub cmdCut_Click()                '剪切
    strPaste=Text1.SelText                '将选中的文本复制到变量中
    Text1.SelText=""                      '删除文本框中被选中的文本
End Sub

Private Sub cmdEnd_Click()
    End
End Sub

Private Sub cmdPaste_Click()              '粘贴
    '将变量中的内容粘贴到 Text2 中。若 Text2 中有选定的文本,
    '则用变量内容将其覆盖;若无选定文本,粘贴到插入点处
    Text2.SelText=strPaste
End Sub
```

5. 显示选中文本信息

1）要求

在名称为 Form1 的窗体上添加 2 个名称分别为 Label1、Label2，标题分别为“开始位置”、“选中字符数”的标签；添加 3 个文本框，名称分别为 Text1、Text2、Text3；再添加 1 个名称为 Command1、标题为“显示选中信息”的命令按钮。程序运行时，在 Text1 中输入若干字符，并用鼠标选中部分文本后，单击“显示选中信息”按钮，则把选中的第一个字符的顺序号在 Text2 中显示，选中的字符个数在 Text3 中显示。程序运行界面如实验图 2.13 所示。

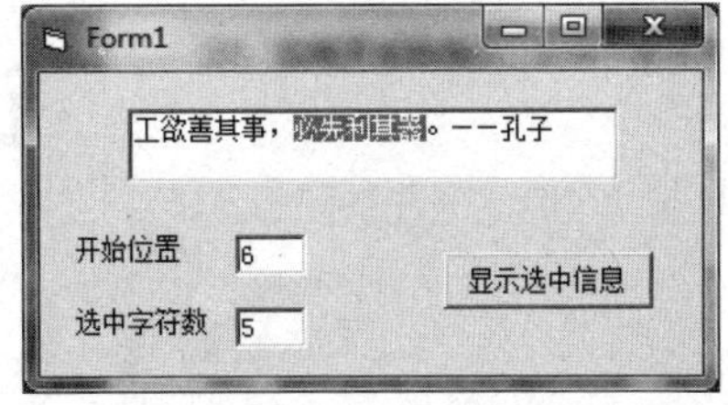

实验图 2.13　显示选中信息

2）分析

画出所有控件，通过标签的 Name、Caption 属性设置标签的名称和标题，通过命令按钮的 Name、Caption 属性设置命令按钮的名称和标题。编写命令按钮的 Click 事件过程，用于显示第一个字符的顺序号和显示选中的字符个数。

3）设置界面及设置属性

按照实验图 2.13 设计界面，在窗体中添加 3 个文本框，1 个命令按钮和 2 个标签控件，并设置控件的属性。程序中用到的控件及属性见实验表 2.3。

实验表 2.3　控件属性

控件	文本框 1		文本框 2		文本框 3		命令按钮		标签 1		标签 2	
属性	Name	Text	Name	Text	Name	Text	Name	Caption	Name	Caption	Name	Caption
设置值	Text1		Text2		Text3		Command1	显示选中信息	Label1	开始位置	Label2	选中字符数

4）程序代码

```
Private Sub Command1_Click()
    Text3=Text1.SelLength
    Text2=Text1.SelStart
End Sub
```

第3章 Visual Basic程序设计基础

3.1 知识要点

3.1.1 数据类型

1. 基本数据类型

Visual Basic 6.0提供的基本数据类型主要有字符串型和数值型，此外，还提供了字节、货币、对象、日期、布尔和变体数据类型。

2. 用户定义的数据类型

用户可以利用Type语句定义自己的数据类型，其格式如下：

```
Type 数据类型名
    数据类型元素名 As 类型名
    数据类型元素名 As 类型名
    …
End Type
```

3.1.2 常量和变量

1. 常量

Visual Basic中的常量分为3种：直接常量、用户声明的符号常量和系统提供的常量。

2. 变量

1）命名规则

变量是一个名字，给变量命名时应遵循以下规则：

(1) 名字只能由字母、数字和下画线组成；

(2) 名字的第一个字符必须是英文字母，最后一个字符可以是类型说明符；

(3) 名字的有效字符为255个；

(4) 不能用Visual Basic的保留字作变量名，但可以把保留字嵌入变量名中；同时，变量名也不能是末尾带有类型说明符的保留字。

2) 变量的类型和定义

任何变量都属于一定的数据类型,包括基本数据类型和用户定义的数据类型。在 Visual Basic 中,可以用下面几种方式来规定一个变量的类型:

(1) 用类型说明符来标识;

(2) 在定义变量时指定其类型;

(3) 隐式声明。

用类型说明符定义的变量,在使用时可以省略类型说明符。隐式声明的变量不需要使用 Dim 语句,因此比较方便,并能节省代码,但有可能带来麻烦,使程序出现无法预料的结果,而且较难查出错误。

3.1.3 运算符与表达式

1. 算术运算符

(1) 幂运算;

(2) 浮点数除法与整数除法;

(3) 取模运算;

(4) 算术运算符的优先级。

2. 字符串运算符

字符串连接运算符 & 和+。

3. 关系运算符

略。

4. 逻辑运算符

略。

5. 表达式的执行顺序

一个表达式可能含有多种运算,计算机按一定的顺序对表达式求值。一般顺序如下:

(1) 首先进行函数运算;

(2) 接着进行算术运算,其次序为:幂(^)→取负(-)→乘、浮点除(*、/)→整除(\)→取模(Mod)→加、减(+、-)→连接(&);

(3) 然后进行关系运算(=、>、<、<>、<=、>=);

(4) 最后进行逻辑运算,顺序为:Not→And→Or→Xor。

3.1.4 常用内部函数

1. 转换函数

(1) 取整函数 Int 和 Fix;

(2) 数制转换函数;

(3) 类型转换函数;

(4) 格式输出函数。

2. 数学函数

(1) 三角函数;
(2) 绝对值函数(Abs);
(3) 符号函数(Sgn);
(4) 平方根函数(Sqr);
(5) 指数和对数函数(Exp、Log)。

3. 日期和时间函数

(1) Microsoft Windows 的计时系统;
(2) 日期函数;
(3) 时间函数;
(4) 日期/时间数值化函数;
(5) 日期/时间运算函数;
(6) 用变体类型表示日期。

4. 随机数函数

(1) 随机数函数 Rnd;
(2) Randomize 语句。

5. 字符处理与字符串函数

1) 删除空白字符函数
(1) Ltrim $(字符串):去掉“字符串”左边的空白字符;
(2) Rtrim $(字符串):去掉“字符串”右边的空白字符;
(3) Trim $(字符串):去掉“字符串”两边的空白字符。
2) 字符串截取函数
用来截取字符串的一部分,可以从字符串的左部、右部或中部截取。
(1) 左部截取;
格式:

```
Left(C,N)
```

(2) 右部截取;
格式:

```
Right(C,N)
```

(3) 中部截取。
格式:

```
Mid(C,N1[,N2])
```

3) 字符串长度测试函数
格式:

```
Len(字符串)
Len(变量名)
```

4）String $函数

格式：

```
String$(n,ASCII码)
String$(n,字符串)
```

5）空格函数

格式：

```
Space$(n)
```

6）字符串匹配函数

在编写程序时，有时候需要知道是否在文本框中输入了某个字符串，这可以通过InStr函数来判断。

格式：

```
InStr([首字符位置,]字符串1,字符串2[,n])
```

7）字母大小写转换

格式：

```
Ucase$(字符串)
Lcase$(字符串)
```

8）Shell函数

格式：

```
Shell(命令字符串[,窗口类型])
```

3.2　基础练习

3.2.1　单选题

(1) 下列各声明语句中错误的是________。

A. Dim Test As String="计算机等级考试"

B. Const Country="English"

C. Public Sum As Integer

D. Static v1

(2) 设a=4,b=5,c=6,执行语句

```
Print a <b And b <c
```

窗体上显示的是________。

A. False　　B. True　　C. 出错信息　　D. 0

(3) 以下说法中,正确的是________。

A. 利用关系表达式 x/2=Int(x/2)不能判断变量 x 的值为偶数

B. 表达式-10 Mod 3 的值为 1

C. 表达式 Int(Rnd())的值是 0

D. 表达式 Chr(Asc("A"))=UCase("a")的值为 False

(4) 设有如下的记录类型:

```
Private Type Employee
  num As String
  name As String
End Type
```

则下列语句中正确的是________。

A. Dim e As Employee

B. Employee.name="Tom"

C. Dim e As Type Employee

D. Dim e As Employee="1001" & "John"

(5) Visual Basic 中,日期"1999 年 6 月 18 日"的表达形式为________。

A. {6/18/1999}　　B. {1999/6/18}

C. 1999/6/18　　D. #6/18/1999#

(6) 执行语句 Print Sgn(-2^3)+Abs(Int(-12.2)Mod 100\Sqr(100))的输出结果为________。

A. 1　　B. 2　　C. 3　　D. 4

(7) 执行语句 S=Len(Mid("VisualProgram", 6))后,S 的值为________。

A. 8　　B. 13　　C. Visual　　D. Program

(8) 设 a=10,b=5,c=1,执行语句

```
Print a >b >c
```

窗体上显示的是________。

A. True　　B. False　　C. 1　　D. 出错

(9) 设 a=2, b=3, c=4, d=5,表达式

```
Not a <=c Or 4 * c=b ^ 2 And b <>a+c
```

的值是________。

A. -1　　B. 1　　C. True　　D. False

(10) 表达式(-1) * Sgn(-100+Int(Rnd * 100))的值是________。

A. 0　　B. 1　　C. -1　　D. 随机数

(11) 设有如下程序段:

```
a$="BeijingShanghai"
```

```
b$=Mid(a$, InStr(a$, "g")+1)
```

执行该程序段后，变量 b $ 的值为________。

A. Shanghai　　　B. Beijing
C. Beijin　　　D. BeijingShanghai

(12) 下列逻辑表达式中，能正确表示条件“x 和 y 都是奇数”的是________。

A. x Mod 2=1 Or y Mod 2=0
B. x Mod 2=0 Or y Mod 2=0
C. x Mod 2=1 And y Mod 2=1
D. x Mod 2=0 And y Mod 2=0

(13) 下面表达式的值不为 5 的是________。

A. 251 \ 100 Mod 10　　　B. 251 \ 10 Mod 10
C. (251 Mod 100)\ 10　　　D. Int((251 Mod 100)/ 10)

(14) 表达式 Int(Rnd() * 11)+10 的值的范围是________。

A. 整数 0～20(含 0 和 20)　　　B. 整数 10～20(含 10 和 20)
C. 整数 0～11(含 0 和 11)　　　D. 整数 10～20(不含 10 和 20)

(15) 若变量 P 的值为－3，则－P^2 的值是________。

A. －6　　B. －9　　C. 6　　D. 9

(16) Visual Basic 数据类型中，占用内存最小的是________。

A. Integer　　B. Boolean　　C. Single　　D. Byte

(17) 在窗体上画一个文本框(名称为 Text1)和一个标签(名称为 Label1)，程序运行后，在文本框中每输入一个字符，都会立即在标签中显示文本框中字符的个数。以下可以实现上述操作的事件过程是________。

A.
```
Private Sub Text1_Change()
    Label1. Caption=Str(Len(Text1. Text))
End Sub
```
B.
```
Private Sub Text1_Click()
    Label1. Caption=Str(Len(Text1. Text))
End Sub
```
C.
```
Private Sub Text1_Change()
    Label1. Caption=Text1. Text
End Sub
```
D.
```
Private Sub Label1_Change()
    Label1. Caption=Str(Len(Text1. Text))
End Sub
```

(18) 下面是 Visual Basic 合法变量名的是________。

A. PrintA　　B. 10B　　C. Debug　　D. B#C

(19) 以下不是 Visual Basic 合法常量的是________。

A. 'a'　　　B. &O12

C. &H12&　　D. #1/20/2014#

(20) 下列符号常量声明中,不合法的是________。

A. Const conx="ok"　　B. Const conx&=20

C. Const conx As Integer=20　　D. Const conx=Int(20.67)

(21) 对于代数式 $\sin^2(x+y)+e^5$,正确的 Visual Basic 表达式为________。

A. sin ^ 2 * (x+y)+Exp(5)　　B. sin ^ 2 * (x+y)+e ^ 5

C. sin(x+y)^ 2+e ^ 5　　D. sin(x+y)^ 2+Exp(5)

(22) 在窗体上画一个文本框、一个标签,其名称分别为 Text1、Label1,然后编写如下事件过程:

```
Private Sub Text1_Change()
  Label1.Caption=UCase(Mid(Trim(Text1.Text), 7, 3))
End Sub
```

程序运行时,如果在文本框中输入字符串"VisualBasic 计算机等级考试",则在标签 Label1 中显示的内容是________。

A. asi　　B. ASI　　C. Bas　　D. BAS

(23) 下面说法中正确的是________。

A. 设 a=5,b=3,c=1,则执行语句 Print a>b>c 后的输出结果为 False

B. 语句 Const x As Double=Sqr(2)能够定义一个符号常量 x

C. 在过程中,要定义可选参数,应使用的关键字是 ParamArray

D. 用 Static 定义的变量,其值在程序运行过程中始终存在,因此,该种类型的变量是全局变量

3.2.2 参考答案

(1) A　(2) B　(3) C　(4) A　(5) D　(6) B　(7) A　(8) B　(9) D
(10) B　(11) A　(12) C　(13) A　(14) B　(15) A　(16) D　(17) A　(18) A
(19) A　(20) D　(21) D　(22) D　(23) A

3.3 验证型实验

3.3.1 实验目的

(1) 掌握常量与变量的类型及其定义方法。

(2) 掌握各种表达式的正确书写形式和用法。

(3) 掌握常用内部函数的功能以及其应用。

3.3.2 实验内容

1. 随机生成大小写字母

(1) 要求:在窗体上放置两个命令按钮,将其名称分别设置为 cmdUcase、cmdLcase,

将 Caption 属性分别设置为“大写字母”“小写字母”。程序运行结果如实验图 3.1 所示。

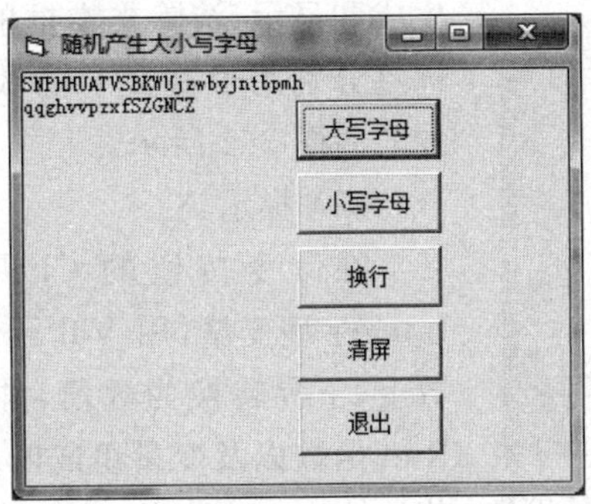

实验图 3.1 随机生成大小写字母

(2) 提示：在两个命令按钮的 Click 事件过程中，分别利用 Chr、Int 和 Rnd 函数组成的表达式随机生成大写和小写字母，并通过 Print 方法在窗体上显示表达式的结果。

(3) 设计界面及设置属性：根据题目要求，按照实验图 3.1 设计界面及设置属性。

(4) 编写代码：

```
'随机生成大写字母
Private Sub cmdLcase_Click()
  Print Chr(Int(Rnd * 26)+97);
End Sub

'随机生成小写字母
Private Sub cmdUcase_Click()
  Print Chr(Int(Rnd * 26)+65);
End Sub

'换行
Private Sub Command3_Click()
  Print
End Sub

'清屏
Private Sub Command4_Click()
  Cls
End Sub

'退出
Private Sub Command5_Click()
  End
End Sub
```

2. 生成指定范围的随机整数

(1) 要求：在窗体上放置 3 个文本框、3 个命令按钮、3 个标签。3 个文本框分别用于输入随机数的下界、上界、显示生成的随机整数，3个命令按钮分别用于执行随机整数的生成和显示、清除文本框的内容、结束程序运行，3个标签分别用于对文本框做简要说明。程序运行结果如实验图3.2所示。

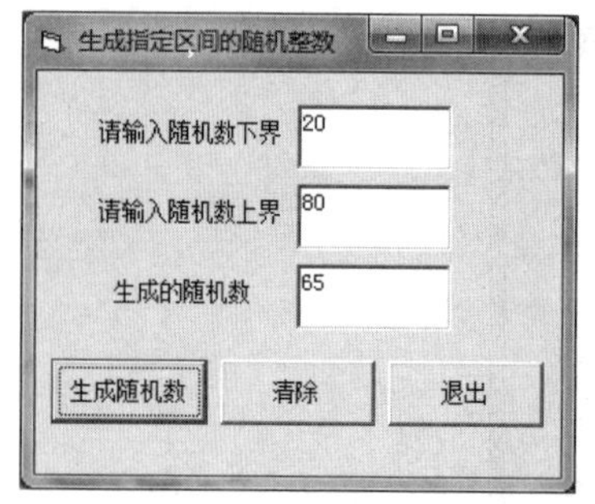

实验图3.2 生成指定范围的随机数

(2) 提示：

在命令按钮的Click事件过程中，定义两个Integer型变量，用Val函数将输入文本框中的随机数上、下界转换为数值，并赋值给变量。利用Int和Rnd函数以及变量组成的表达式生成随机整数，并赋值给输出文本框的Text属性。

生成指定范围随机整数的表达式为Int(Rnd *(上界－下界＋1)＋下界)。

在窗体的Load事件过程中使用Randomize语句，对随机数发生器进行初始化。

(3) 设计界面及设置属性：根据题目要求，按照实验图3.2设计界面及设置属性。

(4) 编写代码：

```
'生成随机整数并在文本框Text3中显示
Private Sub Command1_Click()
  Dim x As Integer, y As Integer
  x=Val(Text1.Text)
  y=Val(Text2.Text)
  Text3.Text=Int(Rnd * (y-x+1)+x)
End Sub

  '清除文本框中的值
Private Sub Command2_Click()
  Text1.Text=""
  Text2.Text=""
  Text3.Text=""
End Sub

'退出
Private Sub Command3_Click()
  End
End Sub

'使每次生成的随机整数不同
Private Sub Form_Load()
  Randomize
End Sub
```

3. 字符串函数的使用

(1) 要求：在窗体上放置两个文本框，在属性窗口，将Text1的Text属性设置为

"String Functions Demo"作为原始字符串,Text2 用于显示字符串函数的执行结果(若要使文本框显示多行文本,需在属性窗口将其 MultiLine 属性设置为 True)。放置 7 个命令按钮,将其 Caption 属性分别设置为"Left 函数""Right 函数""Mid 函数""Len 函数""Instr 函数""UCase 函数""LCase 函数"。程序运行效果如实验图 3.3 所示。

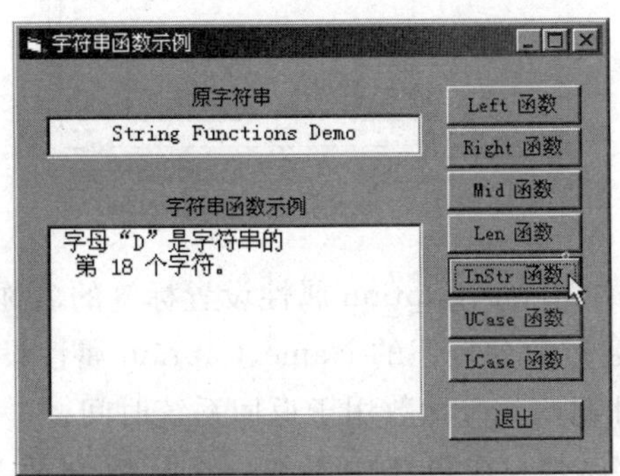

实验图 3.3 字符串函数示例

(2) 提示:

在代码窗口的"通用-声明"段,定义一个模块级的 String 型变量 strS。在窗体的 Load 事件过程中,将原始字符串赋值给该变量。

在各命令按钮的 Click 事件过程中,调用对应的字符串函数,并将执行结果显示在 Text2 中。各按钮的功能要求如下:

显示原始字符串的前 3 个字符、最后 3 个字符、第 8 至第 11 个字符和总字符数;显示字母"D"在原始字符串中的位置;将原始字符串全部转换为大写或小写。例如:

```
Dim strS1 As String                          '定义过程级(局部)变量
'调用 InStr 函数组成表达式为变量赋值。vbCrLf=Chr(13)+Chr(10),即回车换行。
strS1=" 字母"D"是字符串的" & vbCrLf & "  第 " & InStr(strS, "D") & " 个字符。"
Text2.Text=strS1                             '显示函数执行结果
```

(3) 设计界面及设置属性:根据题目要求,按照实验图 3.3 设计界面及设置属性。

4. 在"立即"窗口练习内部函数、运算符和表达式的使用

用 Print 方法可以在"立即"窗口中获得内部函数调用或表达式运算的结果。问号"?"可以代替 Print 关键字。例如,"? Time"与"Print Time"等效。

(1) 日期/时间函数。例如 Time、Date、Day、Month、Year、Weekday 等函数。

(2) 数学函数。例如 Abs、Sqr、Log 等函数。

(3) 转换函数。例如 Chr、Str、Val 等函数。

(4) 由函数、运算符和数据组成的表达式。

5. 系统日期和时间

(1) 要求:在名称为 Form1 的窗体上添加 1 个名称为 Label1 的标签,使其初始内容为空,且能根据其标题内容自动调整标签的大小;再添加 2 个命令按钮,标题分别为"日期""时间",名称分别为 Command1、Command2。编写 2 个命令按钮的 Click 事件过程,使得单击“日期”按钮时，标签内显示系统当前日期；单击“时间”按钮时，标签内显示系统当前时间。程序运行界面如实验图 3.4 所示。

实验图 3.4　系统日期和时间

(2) 提示：通过标签的 Name、Caption 属性设置标签的名称和标题，AutoSize 属性实现标题内容的自动调整，通过命令按钮的 Name、Caption 属性设置命令按钮名称和标题，Date 函数用于返回系统日期，Time 函数用于返回系统时间。

(3) 设计界面及设置属性：在窗体中添加一个标签和两个命令按钮，并按照实验表 3.1 设置控件的属性。

实验表 3.1　属性设置

对　象	属　性	值
窗体	Name	Form1
	Caption	系统日期和时间
标签 1	Name	Label1
	AutoSize	True
	Caption	
	FontSize	小五号
命令按钮 1	Name	Command1
	Caption	日期
命令按钮 2	Name	Command2
	Caption	时间

(4) 编写代码：

```
Private Sub Command1_Click()
    Label1=Date
End Sub

Private Sub Command2_Click()
    Label1=Time
End Sub
```

3.4 综合设计型实验

3.4.1 实验目的

(1) 掌握 VB 6.0 的数据类型、常量、变量、运算符和表达式的综合应用。

(2) 掌握 VB 6.0 的常用函数的使用,并学会其综合应用。

3.4.2 实验内容

1. 编程实现华氏温度与摄氏温度的相互转换

1) 要求

设计一应用程序,其程序运行界面如实验图 3.5 所示。单击“华氏转摄氏”按钮,则将华氏温度转换为摄氏温度,摄氏温度保留两位小数;同样单击“摄氏转华氏”按钮,则将摄氏温度转换为华氏温度。

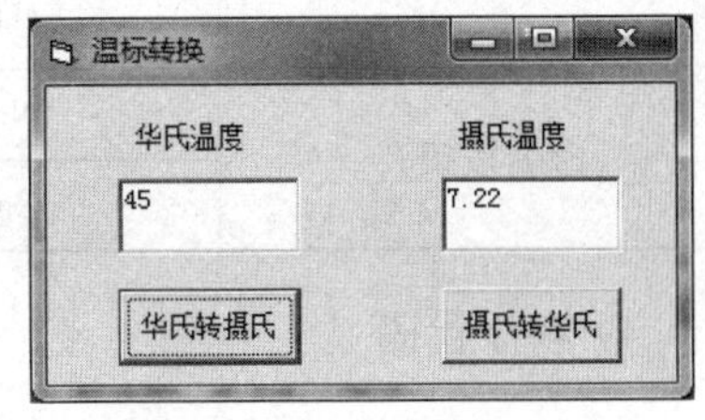

实验图 3.5 温标转换

2) 分析

(1) 将华氏温度转换为摄氏温度的公式为:$C=\frac{5}{9}(F-32)$,C 为摄氏温度;将摄氏温度转换为华氏温度的公式为:$F=\frac{9}{5}C+32$,F 为华氏温度。

(2) 将摄氏温度保留两位小数,需用 Format()函数。

(3) F 和 C 的值分别通过文本框 Text1. Text、Text2. Text 赋值获得。文本框的 Text 属性值为字符型,应使用 Val()函数将其转换为数值型。

3) 设计界面及设置属性

根据实验图 3.5 设计界面。按照实验表 3.2 设置对象属性。

实验表 3.2 控件及属性

控　件	属　性	设 置 值
窗体	Name	Form1
	Caption	温标转换
标签 1	Name	Label1
	AutoSize	True
	Caption	华氏温度
	FontSize	小五号

续表

控　件	属　性	设　置　值
标签 2	Name	Label2
	AutoSize	True
	Caption	摄氏温度
	FontSize	小五号
文本框 1	Name	Text1
	Text	
文本框 2	Name	Text2
	Text	
命令按钮 1	Name	Command1
	Caption	华氏转摄氏
命令按钮 2	Name	Command2
	Caption	摄氏转华氏

4）程序代码

```
Private Sub Command1_Click()
    Dim f!, c!                                  '使用变量
    f=Val(Text1)
    c=Format(5 / 9 * (f-32), "###.##")
    Text2=c
End Sub

Private Sub Command2_Click()
    Text1=9 / 5 * Val(Text2)+32                 '不使用变量,直接使用文本框
End Sub
```

2. 编程实现填写购物清单后计算出购物总金额的功能

1）要求

（1）界面设计如实验图 3.6 所示。

（2）程序运行后，在“姓名”文本框中输入姓名的同时，自动显示购物日期。

（3）单击“计算”按钮，显示所购每种商品的金额和总金额，程序运行结果如实验图 3.7 所示。

2）分析

（1）在窗体上需添加 19 个标签、16 个文本框和 1 个命令按钮。在文本框中输入数据，在标签中输出数据。

（2）要在文本框中输入姓名的同时，自动显示购物日期，则需在 Text1 的 Change 事件过程中写程序代码。用 Date 函数得到系统当前的日期，用 Year 函数得到当前日期的

实验图 3.6 “购物清单”界面设计

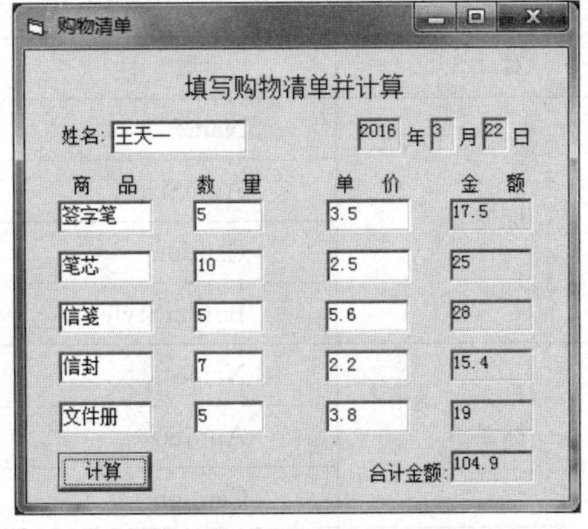

实验图 3.7 程序运行界面

年份代号，用 Month 函数得到当前日期的月份代号，用 Day 函数得到当前日期的日期代号。

3）设计界面及设置属性

按照实验图 3.6 设计界面，部分对象按照实验表 3.2 进行属性设置，其他对象可仿照实验表 3.2 按照实验图 3.6 进行属性设置。

实验表 3.3 属性设置

对　象	属　性	值
窗体	Name	Form1
	Caption	购物清单
标签 1	Name	Label1
	AutoSize	True
	Caption	填写购物清单并计算
	FontSize	小四号
标签 2	Name	Label2
	AutoSize	True
	Caption	姓名：
标签 3	Name	Label3
	AutoSize	True
	Caption	
	BorderStyle	1
标签 4	Name	Label4
	AutoSize	True
	Caption	年

续表

对　象	属　性	值
标签 5	Name	Label5
	AutoSize	True
	Caption	
	BorderStyle	1
标签 6	Name	Label6
	AutoSize	True
	Caption	月
标签 7	Name	Label7
	AutoSize	True
	Caption	
	BorderStyle	1
标签 8	Name	Label8
	AutoSize	True
	Caption	日

4）程序代码

```
'文本框的 Change 事件过程
Private Sub Text1_Change()
  Label3.Caption=Year(Date)
  Label5.Caption=Month(Date)
  Label7.Caption=Day(Date)
End Sub

'"计算"按钮的 Click 事件过程
Private Sub Command1_Click()
  Label13.Caption=Val(Text7) * Val(Text12)
  Label14.Caption=Val(Text8) * Val(Text13)
  Label15.Caption=Val(Text9) * Val(Text14)
  Label16.Caption=Val(Text10) * Val(Text15)
  Label17.Caption=Val(Text11) * Val(Text16)
  Label19.Caption = Val (Label13. Caption) + Val (Label14. Caption) + Val (Label15.
  Caption)+Val(Label16.Caption)+Val(Label17.Caption)
End Sub
```

说明：输出数据除了可用标签输出，也可用文本框输出，本题中的 Label13～Label19 可换成文本框。

3. 查找单词

1）要求

在名称为 Form1、标题为“查找单词”的窗体上，添加 2 个名称分别为 Command1、Command2，标题分别为“开始查找”“重新输入”的命令按钮；2 个名称分别为 Text1、Text2，初始值均为空的文本框；2 个名称分别为 Label1、Label2，标题分别为“输入字符串”“最长的单词是”的标签。程序运行时，实现以下功能：

(1) 在 Text1 文本框中，只输入含字母和空格(空格用于分隔不同的单词)的字符串后，单击“开始查找”按钮，则可以查找到输入字符串中最长的单词，并显示在 Text2 文本框中。程序运行界面如实验图 3.8 所示。

(2) 单击“重新输入”按钮，则清除 Text1 和 Text2 中的内容，并将焦点设置在 Text1 文本框中，为下一次的输入做好准备。

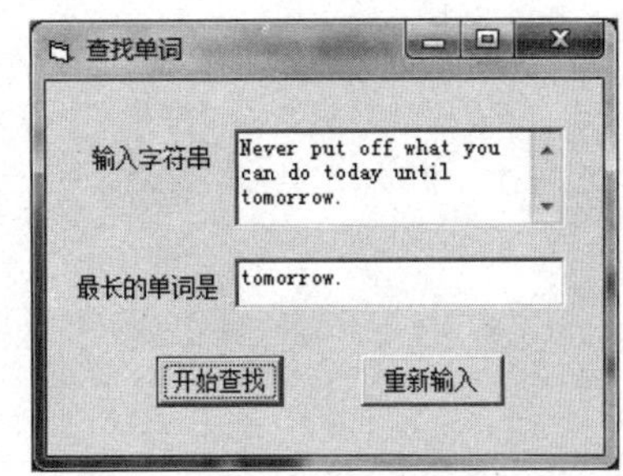

实验图 3.8 查找单词

2）分析

通过 InStr 函数找到单词之间间隔的第一个空格在输入字符串中的位置，通过 Left 函数分离出每个单词。

3）设计界面及设置属性

根据题目要求，按照实验图 3.8 设计界面及设置属性。

4）程序代码

```
Private Sub Command1_Click()
   Dim m As Integer, n As Integer      'n存放最长单词的长度
   Dim s As String, word_s As String
   Dim word_max As String              'word_max存放最长单词
   s=Trim(Text1.Text)                  '去掉字符串前后的空格
   Do While Len(s)>0
      m=InStr(s, Space(1))             '单词之间间隔的第一个空格在输入字符串中的位置
      If m=0 Then
         word_s=s
         s=""
      Else
         word_s=Left(s, m-1)           '分离出一个单词
         s=Mid(s, m+1, Len(s))         '剩余内容放入s
      End If
      If n <Len(word_s) Then
         n=Len(word_s)
         word_max=word_s
      End If
   Loop
```

```
    Text2.Text=word_max
End Sub

Private Sub Command2_Click()
    Text1.Text=""
    Text2.Text=""
    Text1.SetFocus                          '设置焦点
End Sub
```

第 4 章 控 制 结 构

4.1 知 识 要 点

4.1.1 语句

1. Visual Basic 中的语句

Visual Basic 中的语句是执行具体操作的指令，每个语句以 Enter 键结束。早期 BASIC 版本中的某些语句(如 Print 等)在 Visual Basic 中称为方法，而有些语句(如流程控制、赋值、注释、结束、暂停等)仍称为语句。

2. 赋值语句

用赋值语句可以把指定的值赋给某个变量或某个对象的属性，其一般格式为：

```
变量=表达式
```

3. 注释、暂停与程序结束语句

1) 注释语句

格式：

```
Rem 注释内容或'注释内容
```

2) 暂停语句(Stop)

格式：

```
Stop
```

3) 结束语句(End)

格式：

```
End
```

4.1.2 数据输出——Print 方法

1. Print 方法

Print 方法可以在窗体上显示字符串和表达式的值，并可在其他图形对象或打印机上输出信息。其一般格式为：

```
[对象名称.]Print[表达式表][,|;]
```

Print 方法的格式和功能与 BASIC 语言中的 Print 语句类似，它们都可以用来进行输出操作。

2. 与 Print 方法有关的函数

1）Tab 函数

格式：

```
Tab(n)
```

2）Spc 函数

格式：

```
Spc(n)
```

3）空格函数

格式：

```
Space$(n)
```

3. 格式输出

用格式输出函数 Format $ 可以使数值或日期按指定的格式输出。一般格式为：

```
Format$(数值表达式,格式字符串)
```

该函数的功能是：按"格式字符串"指定的格式输出"数值表达式"的值。如果省略"格式字符串"，则 Format $ 函数的功能与 Str $ 函数基本相同，唯一的差别是：当把正数转换成字符串时，Str $ 函数在字符串前面留有一个空格，而 Format $ 函数则不留空格。

4. 其他方法和属性

1）Cls 方法

格式：

```
[对象.]Cls
```

2）Move 方法

格式：

```
[对象.]Move 左边距离[,上边距离][,宽度[,高度]]]
```

4.1.3　MsgBox 函数和 MsgBox 过程（语句）

1. MsgBox 函数

MsgBox 函数的格式：

```
MsgBox(提示[,按钮][,标题])
```

该函数有 3 个参数。

2. MsgBox 语句

MsgBox 函数也可以写成语句形式，即：

```
MsgBox 提示[,按钮][,标题]
```

各参数的含义及作用与 MsgBox 函数相同，由于 MsgBox 语句没有返回值，因而常用于较简单的信息显示。

4.1.4 字形

1. 字体类型和大小

1）字体类型

字体类型通过 FontName 属性设置。

格式：

```
[对象名.]FontName="字体类型"
```

2）字体大小

字体大小通过 FontSize 属性设置。

格式：

```
[对象名.]FontSize=点数
```

这里的"点数"用来设定字体的大小。在默认情况下，系统使用最小的字体，"点数"为 9。

2 其他属性

1）粗体字

粗体字由 FontBold 属性设置。

格式：

```
[对象名.]FontBold[=Boolean]
```

该属性可以取两个值，即 True 或 False。当 FontBold 属性为 True 时，文本以粗体字输出，否则按正常字输出。默认为 False。

2）斜体字

斜体字通过 FontItalic 属性设置。

格式：

```
[对象名.]FontItalic[=Boolean]
```

当 FontItalic 属性被设置为 True 时，文本以斜体字输出。该属性的默认值为 False。

3）加删除线

格式：

```
[对象名.]FontStrikethru[=Boolean]
```

如果把 FontStrikethru 属性设置为 True，则在输出的文本中部画一条直线，直线的长度与文本的长度相同。该属性的默认值为 False。

4）加下画线

下画线即底线，用 FontUnderline 属性可以给输出的文本加上底线。

格式：

```
[对象名.]FontUnderline[=Boolean]
```

如果 FontUnderline 属性被设置为 True，则可使输出的文本加下画线。该属性的默认值为 False。在上面的各种属性中，可以省略方括号中的内容。在这种情况下，将输出属性的当前值或默认值。

5）重叠显示

当以图形或文本作为背景显示新的信息时，有时候需要保留原来的背景，使新显示的信息与背景重叠，这可以通过 FontTransparent 属性来实现。

格式：

```
[对象名.]FontTrnasparent[=Boolean]
```

如果该属性被设置为 True，则前景的图形或文本可以与背景重叠显示；如果被设置为 False，则背景将被前景的图形或文本覆盖。

4.1.5 打印机输出

1. 直接输出

所谓直接输出，就是把信息直接送往打印机，所使用的仍是 Print 方法，只是把 Print 方法的对象改为 Printer。

格式：

```
Printer.Print[表达式表]
```

2. 窗体输出

在 Visual Basic 中，还可以用 PrintForm 方法通过窗体来打印信息。

格式：

```
[窗体.]PrintForm
```

4.1.6 选择控制结构

1. 单行结构条件语句

单行结构条件语句比较简单，其格式如下：

```
If  条件 Then then 部分[Else else 部分]
```

该语句的功能是：如果“条件”为 True，则执行“then 部分”，否则执行“else 部分”。

2. 块结构条件语句

块结构条件语句与C、Ada等语言中的条件语句类似，一般格式如下：

```
If 条件 1 Then
    语句块 1
    [ElseIf 条件 2 Then
        语句块 2]
            [ElseIf 条件 3 Then
                语句块 3]
    …
    [Else
    语句块 n+1]
End If
```

块结构条件语句的功能是：如果“条件1”为True，则执行“语句块1”；如果“条件2”为True，则执行“语句块2”……否则执行“语句块n”；若无Else及其后面语句，则执行End If后面的语句。块形式的条件语句简化为：

```
If 条件 Then
    语句块
End If
```

3. IIf 函数

IIf函数可用来执行简单的条件判断操作，它是If…Then…Else结构的简写版本，IIf是Immediate If的缩略。IIf函数的格式如下：

```
result=IIf(条件,True 部分,False 部分)
```

result是函数的返回值，“条件”是一个逻辑表达式。当“条件”为真时，IIf函数返回“True部分”；而当“条件”为假时，返回“False部分”。“True部分”或“False部分”可以是表达式、变量或其他函数。注意，IIf函数中的3个参数都不能省略，而且要求“True部分”“False部分”及结果变量的类型一致。

4.1.7 多分支控制结构

情况语句的一般格式为：

```
Select Case 测试表达式
    Case 表达式列表 1
      语句块 1
    Case 表达式列表 2
      [语句块 2]
    …
    [Case Else
      [语句块 n]]
```

```
End Select
```

情况语句以 Select Case 开头，以 End Select 结束。其功能是：根据“测试表达式”的值，依次选择符合条件的一个语句块执行。

4.1.8 For 循环控制结构

For 循环也称 For-Next 循环或计数循环。其一般格式如下：

```
For 循环变量=初值 To 终值[Step 步长]
  [循环体 1]
  [Exit For]
  [循环体 2]
Next [循环变量]
```

4.1.9 当循环控制结构

其格式如下：

```
While 条件
  [语句块]
Wend
```

在上述格式中，“条件”为一布尔表达式。当循环语句的功能是：当给定的“条件”为 True 时，执行循环中的“语句块”(即循环体)。

4.1.10 Do 循环控制结构

Do 循环不仅可以不按照限定的次数执行循环体内的语句块，而且可以根据循环条件是 True 或 False 决定是否结束循环。Do 循环的格式如下：

1）先执行后判断

```
Do
  [语句块]
  [Exit Do]
Loop[While|Until 循环条件]
```

2）先判断后执行

```
Do[While|Until 循环条件]
  [语句块]
  [Exit Do]
Loop
```

Do 循环语句的功能是：当指定的“循环条件”为 True 或直到指定的“循环条件”变为 False 之前重复执行一组语句(即循环体)。

4.1.11 多重循环

通常把循环体内不含有循环语句的循环叫做单层循环,而把循环体内含有循环语句的循环称为多重循环。例如在循环体内含有一个循环语句的循环称为二重循环。多重循环又称多层循环或嵌套循环。

4.1.12 GoTo 型控制

1. GoTo 语句

GoTo 语句可以改变程序执行的顺序,跳过程序的某一部分去执行另一部分,或者返回已经执行过的某语句使之重复执行。因此,用 GoTo 语句可以构成循环。GoTo 语句的一般格式为:

```
GoTo 标号|行号
```

"标号"是一个以冒号结尾的标识符;"行号"是一个整型数,它不以冒号结尾。

2. On…GoTo 语句

On…GoTo 语句类似于情况语句,用来实现多分支选择控制,它可以根据不同的条件从多种处理方案中选择一种。其格式为:

```
On 数值表达式 GoTo 行号表列|标号表列
```

On…GoTo 语句的功能是:根据"数值表达式"的值,把控制转移到几个指定的语句行中的一个语句行。"行号表列"或"标号表列"可以是程序中存在的多个行号或标号,相互之间用逗号隔开。

4.2 基础练习

4.2.1 单选题

(1) 在窗体上画一个名称为 Command1 的命令按钮,然后编写如下事件过程:

```
Private Sub Command1_Click()
    Dim i As Integer
    Dim num As Integer
    Dim n As Integer
    n=0
    Randomize
    For i=1 To 10
        num=Int(Rnd * 10)+1
        Select Case num Mod 2
          Case 1
```

```
                Exit For
            Case 0
                Print num
                n=n+1
        End Select
    Next i
    Print "n="; n
End Sub
```

下面有关描述中正确的是________。

A. 变量 n 的作用是累计自过程运行开始到结束所产生的偶数个数

B. 当 num 的值为偶数时，则 For 循环将被终止

C. 程序运行过程中，变量 num 共被赋值 10 次

D. num 的值是 1～11 之间的整数

(2) 在窗体上画一个名称为 Command1 的命令按钮，然后编写如下程序代码：

```
Option Base 1
Dim arr() As Integer
Private Sub Command1_Click()
  Dim i As Integer, j As Integer
  Dim s As Integer
  ReDim arr(4, 2)
  s=0
  For i=1 To 3
    For j=1 To 2
        arr(i, j)=i+j
    Next j
  Next i
  ReDim Preserve arr(4, 4)
  For j=3 To 4
      arr(3, j)=j+10
  Next j
  For i=1 To 4
      s=s+arr(i, i)
  Next i
  Print s
End Sub
```

程序运行过程中，当单击 Command1 时，输出结果为________。

A. 0　　B. 18　　C. 19　　D. 程序出错

(3) 在窗体上画一个名称为 Command1 的命令按钮，并编写如下程序代码：

```
Private Const NUM As Integer=10
Private Sub Command1_Click()
    Dim a As Integer, b As Integer
```

```
    a=1
    b=NUM
    Do Until b >NUM
       a=a * NUM
       b=b+1
    Loop
    Print a
End Sub
```

则当程序运行时,单击 Command1 后,在窗体上的输出结果是________。

A. 10　　B. 1　　C. 21　　D. 100

(4) 已知文本框 Text1 中输入了一篇英文短文,并编写了如下程序段:

```
Str_x=Text1.Text
n=Len(Str_x)
m=0
t=0
For i=1 To n
    w=UCase(Mid(Str_x, i, 1))
    If w >="A" And w <="Z" Then
       If t=0 Then m=m+1
       t=t+1
    Else
      t=0
    End If
Next
Print m
```

该程序段的功能为统计并输出英文短文中________。

A. 首字母大写的单词的个数　　B. 大写字母的个数

C. 字母的个数　　D. 单词的个数

(5) 设窗体上有文本框 Text1 和命令按钮 Command1,并编写了下面的过程:

```
Private Sub Command1_Click()
    ch$=""
    x%=Val(Text1.Text)
    k=2
    For k=2 To x / 2
        If x Mod k=0 Then
            ch=ch & " " & k
        End If
    Next k
    Print ch
End Sub
```

程序运行后,在文本框中输入 28,单击命令按钮,则输出是________。

A. 2 4 7 14　　B. 14 7 4 2
C. 2 4 6 8 10 12 14　　D. 1 3 5 7 9 11 13

(6) 设有如下程序段：

```
Dim x As Integer
x=Val(InputBox("输入变量 x 的值"))
Select Case x
   Case ________
      Print "*"
   Case Else
      Print "#"
End Select
```

以上程序段的功能是：当变量 x 的值在 5～10 之间，或者大于 20 时，输出"*"，其他情况输出"#"，则程序中横线处应填入的内容是________。

A. 5 To 10，Is>20
B. 5－10 Or x>20
C. x>=5 And x<=10 Or x>20
D. 5 To 10：x>20

(7) 编写如下程序代码：

```
Private Sub Command1_Click()
   s="Visual Basic"
   x=Left(s, 1)
   For i=2 To Len(s)
      z=Mid(s, i, 1)
      If z >x Then x=z
   Next i
   Print x
End Sub
```

程序运行后，单击命令按钮 Command1，输出结果为________。

A. a　　B. V　　C. s　　D. u

(8) 设 a、b、c 为整型变量，其值分别为 4、5、6。以下程序段的输出结果是________。

```
a=b: b=c: c=a
Print a; b; c
```

A. 5 6 4　　B. 4 5 6
C. 5 6 5　　D. 6 5 4

(9) 以下 Case 子句中错误的是________。

A. Case Is>10 And Is<50　　B. Case Is>10
C. Case 0 To 10　　D. Case 3，5，Is>10

(10) 以下叙述中，错误的是________。

A. MsgBox 函数的返回值为一整数

B. InputBox 函数的返回值类型由用户在输入对话框中输入数据的类型决定

C. 有语句：x=InputBox("输入："，"输入整数")，则该语句打开的对话框的标题是"输入整数"

D. 可以用 MsgBox 函数输出一条信息

(11) 有如下程序代码：

```
Private Sub Form_Click()
    X=8
    If X >8 Then
        Print "X >8"
    ElseIf X <10 Then
        Print "X <10"
    ElseIf X=8 Then
        Print "X=8"
    End If
End Sub
```

运行程序，单击窗体，输出结果是________。

A. X<10
X=8　　B. X < 10　　C. X=8　　D. 不确定

(12) 在窗体上画一个名称为 Label1 的标签，然后编写如下事件过程：

```
Private Sub Form_Click()
    Dim S As Integer
    S=0
    For i=1 To 15
        x=2 * i-1
        If x Mod 3=0 Then
            S=S+1
        End If
    Next i
    Label1.Caption=S
End Sub
```

运行程序，单击窗体，标签中显示的是________。

A. 5　　B. 1　　C. 27　　D. 45

(13) 有如下程序段：

```
s=0
For i=1 To 10
    s=s+i
Next i
Print s
```

与上述程序段输出结果相同的程序段为________。

A.
```
s=0: i=0
While i <=10
   i=i+1
   s=s+i
Wend
Print s
```

B.
```
s=0: i=1
While i<10
   i=i+1
   s=s+i
Wend
Print s
```

C.
```
s=0: i=1
Do
   s=s+i
   i=i+1
Loop While i<10
Print s
```

D.
```
s=0: i=1
Do
   s=s+i
   i=i+1
Loop Until i>10
Print s
```

(14) 运行如下程序:

```
Private Sub Command1_Click()
    Dim a(5, 5)As Integer
    For i=1 To 5
      For j=1 To 4
         a(i, j)=i * 2+j
         If a(i, j)/ 7=a(i, j)\ 7 Then
            n=n+1
         End If
      Next j
    Next
    Print n
End Sub
```

则 n 的值是________。

A. 2　　B. 3　　C. 4　　D. 5

4.2.2 参考答案

(1) A　(2) C　(3) A　(4) D　(5) A　(6) A　(7) D　(8) C　(9) A
(10) B　(11) B　(12) A　(13) D　(14) B

4.3 验证型实验

4.3.1 实验目的

(1) 掌握赋值语句的格式、功能以及其应用。

(2) 掌握 InputBox 函数、MsgBox 函数或过程的格式、功能以及其应用。

(3) 掌握 Print 方法的格式、功能以及其应用。

(4) 掌握 If…Then 语句(单分支)、If…Then…Else 语句(双分支)、If…Then…ElseIf 语句(多分支)及 If 语句嵌套程序设计。

(5) 掌握 Select Case 语句程序设计。

(6) 掌握 For…Next 循环的使用,正确使用循环变量控制 For…Next 循环的起始和结束。

(7) 掌握 While…Wend 循环的使用。

(8) 熟悉 Do…Loop 循环的使用。

(9) 掌握多重循环的应用。

4.3.2　实验内容

1. Print 方法的应用

(1) 要求:在名称为 Form1 的窗体上画两个标签(名称分别为 Label1、Label2,标题分别显示为"姓名""年龄")、两个文本框(名称分别为 Text1、Text2,初始内容均为空)和一个命令按钮(名称为 Command1,标题为"显示")。程序运行后,在两个文本框中分别输入姓名和年龄,然后单击"显示"按钮,则在窗体上显示两个文本框中的内容,如实验图 4.1 所示。

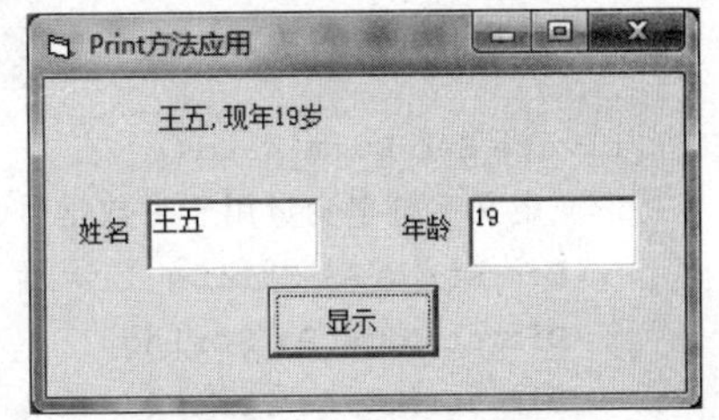

实验图 4.1　Print 方法应用

(2) 提示:通过标签的 Name、Caption 属性设置标签的名称和标题,通过文本框 Name、Text 属性设置文本框的名称和文本,通过命令按钮的 Name、Caption 属性设置命令按钮的名称和标题,"&"和"+"运算符均可将两个表达式作字符串连接。在窗体上输出文本内容可使用 Print 方法。

(3) 编写代码:

```
Private Sub Command1_Click()
    Print
    Form1.Print Tab(10); Text1.Text & ",现年" & Text2.Text & "岁"
End Sub
```

2. InputBox 函数和 MsgBox 过程

(1) 要求:在窗体的 Load 事件中两次调用 InputBox 函数,由用户分别输入学号和姓名存入两个变量,然后调用 MsgBox 过程分两行显示输入的学号和姓名。MsgBox 对话框关闭后卸载窗体,即在程序运行期间始终不显示窗体,仅显示 3 个对话框,如实验图 4.2 所示。

(a) 输入学号

(b) 输入姓名

(c) 显示学号和姓名

实验图 4.2　InputBox 函数和 MsgBox 过程

(2) 编写代码：

```
Private Sub Form_Load()
    '定义字符串变量用于存放学号、姓名和 MsgBox 过程提示信息
    Dim strNo As String
    Dim strName As String
    Dim strMsg As String
    '用 InputBox 函数输入学号和姓名
    strNo=InputBox("请输入您的学号:", "输入学号", 200301001)
    strName=InputBox("请输入您的姓名:", "输入姓名")
    'MsgBox 过程的提示信息字符串。vbCr=Chr(13),即回车。
    strMsg="您的学号是:" & strNo & vbCr & "您的姓名是:" & strName
    '用 MsgBox 过程显示学号和姓名
    MsgBox strMsg, vbInformation, "感谢合作"
    '卸载窗体
    Unload Me
End Sub
```

3. 判断字符

实验图 4.3　判断字符

(1) 要求：在窗体上创建 1 个文本框、2 个标签。程序运行时，在文本框中每输入一个字符，则立即判断。若是小写字母，则将它的大写形式显示在标签 Label1 中；若是大写字母，则把它的小写形式显示在标签 Label1 中；若是其他字符，则将该字符直接显示在标签 Label1 中。输入的字母总数则显示在标签 Label2 中，如实验图 4.3 所示。

（2）提示：通过 Right 函数获取输入的字符，通过 LCase 函数、UCase 函数实现字母大小写的转换。

（3）编写代码：

```
Dim n As Integer

Private Sub Text1_Change()
  Dim ch As String
  ch=Right$(Text1, 1)
  If ch>="A" And ch <="Z" Then
        Label1.Caption=LCase(ch)
        n=n+1
  ElseIf ch >="a" And ch <="z" Then
        Label1.Caption=UCase(ch)
        n=n+1
  Else
      Label1.Caption=ch
  End If
  Label2.Caption=n
End Sub
```

4. 三值排序

（1）要求：程序运行时，在 3 个文本框中输入数字，单击“排序”按钮后按从大到小排序。

（2）提示：在“排序”按钮的 Click 事件过程中，将 3 个文本框中的数字分别赋予 3 个变量 x、y、z，用 If 语句判断其大小，根据排序要求确定变量中的数据是否需要交换。若需交换，则借助中间变量 t 进行。这是两个变量进行数据交换最常用的算法。例如，以下语句可以完成 x 和 y 之间的数据交换：

```
t=x:: x=y: y=t
```

排序完成后，用窗体的 Print 方法在窗体上显示排序结果。

程序运行结果如实验图 4.4 所示。

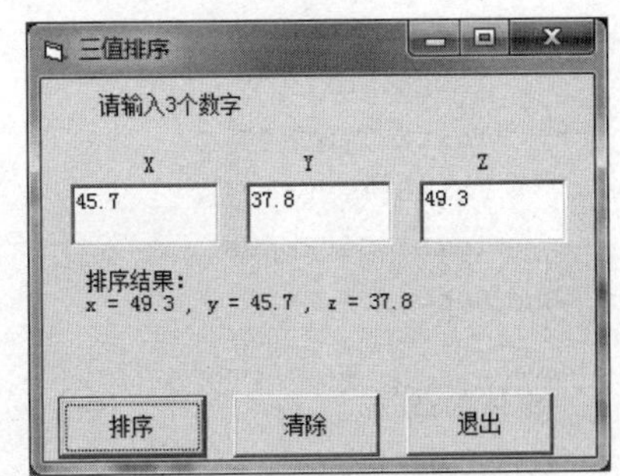

实验图 4.4　三值排序

（3）设计界面及设置属性：按照实验图 4.4，在窗体上放置 3 个文本框，Text 属性均设置为空。添加 4 个标签，Caption 属性分别设置为“请输入 3 个数字：”“x”“y”“z”。添加 3 个命令按钮，Caption 属性分别为“排序”“清除”“退出”。

（4）编写代码：

```
Option Explicit
```

```
Private Sub Command1_Click()
    'x、y、z 用于存放在文本框中输入的数字
    Dim x As Single, y As Single, z As Single
    Dim t As Single                    't 作为中间变量,用于 x、y、z 之间的数据交换
    x=Val(Text1.Text)                  '将文本框中的数字分别赋予变量
    y=Val(Text2.Text)
    z=Val(Text3.Text)
    If x <y Then                       '若 x <y, x 与 y 交换,使 x>y
        t=x: x=y: y=t
    End If
    If y <z Then                       '若 y <z, y 与 z 交换,使 y>z
        t=y: y=z: z=t
        If x <y Then                   '再判断 x 与 y
            t=x: x=y: y=t
        End If
    End If
    Cls
    CurrentY=ScaleHeight / 2           '为 Print 方法设置垂直坐标(窗体内部高度的 1/2)
    Print Tab(5); "排序结果:";          '显示结果
    Print Tab(5); "x="; x; ", y="; y; ", z="; z
End Sub

'结束
Private Sub Command2_Click()
    End
End Sub

'清除
Private Sub Command3_Click()
    Cls                                '清除窗体上的打印文字或图形
    Text1.Text=""                      '清空各文本框
    Text2.Text=""
    Text3.Text=""
    Text1.SetFocus                     '设置焦点
End Sub

'窗体加载
Private Sub Form_Load()
    Caption="三值排序"
    Command1.Default=True              '回车键默认按钮为排序按钮
    Command2.Cancel=True               'Esc 键默认按钮为退出按钮
End Sub
```

5. 计算出租车费

(1) 要求：已知出租车行驶不超过 4 千米时一律收费 10 元。超过 4 千米时分段处

理，具体处理方式为：15 千米以内每千米加收 1.2 元，15 千米以上每千米收 1.8 元。单击“输入”按钮，将弹出一个输入对话框，接收出租车行驶的里程数；单击“计算”按钮，则可根据输入的里程数计算应付的出租车费，并将计算结果在名称为 Text1 的文本框内显示。程序运行界面如实验图 4.5 所示。

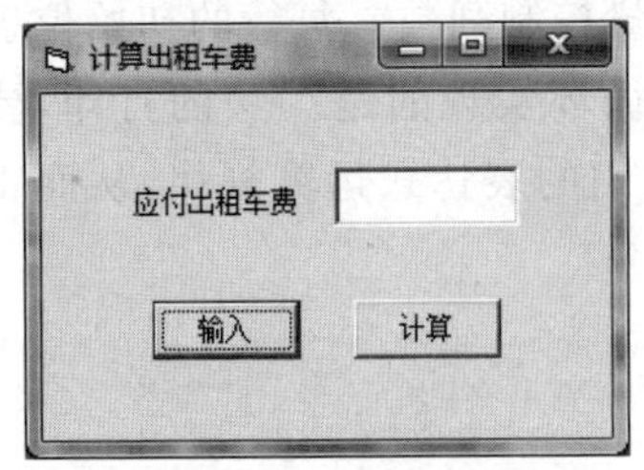

实验图 4.5 计算出租车费

(2) 提示：

① 通过 InputBox 函数，输入出租车行驶的里程数，运用 Val 函数，将字符型转换为数值型，并把数值赋给变量 s。

② 若 s 大于 0，则进入 Select Case 语句，对 s 值进行判断，当行驶不超过 4 千米时一律收费 10 元，超过 4 千米时分段处理，具体处理方式为：15 千米以内每千米加收 1.2 元，15 千米以上每千米收 1.8 元，然后把得出的结果显示到文本框中；若 s 的值小于等于 0 或是其他字符，则通过 MsgBox 过程弹出对话框，提示“请单击‘输入’按钮输入里程数!”。

(3) 编写代码：

```
Dim s As Integer

Private Sub Command1_Click()
    s=Val(InputBox("输入里程数(单位:千米)"))
End Sub

Private Sub Command2_Click()
    If s >0 Then
        Select Case s
                Case Is <=4
                    f=10
                Case Is <=15
                    f=10+(s-4) * 1.2
                Case Is >15
                    f=10+11 * 1.2+(s-15) * 1.8
        End Select
        Text1.Text=f
    Else
        MsgBox "请单击'输入'按钮输入里程数!"
    End If
End Sub
```

6. 打印图形

(1) 要求：程序运行时，单击窗体，则显示如实验图 4.6 所示的图案。窗体的第一行是空行，图形显示在窗体中间。

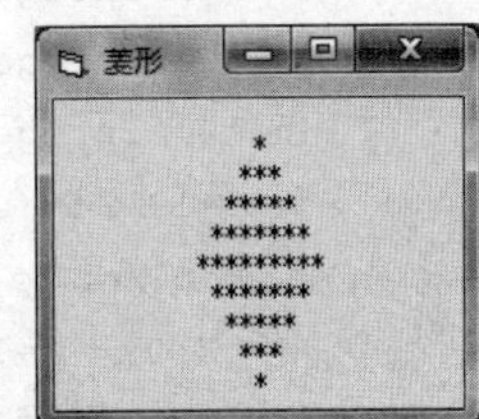

实验图 4.6 菱形

(2) 提示：本题主要考查的是对循环的嵌套和并列循环的理解以及 Print 方法的应用，以及对于循环上限的判断。第一行是空行,用空 Print 语句来实现。整个图形由两个并列的双循环的结构实现。在双循环的程序结构中,外循环的循环变量控制行数,内循环的循环变量控制列数。每行的初始位置由 Tab 函数控制,注意列数与外循环变量之间的关系。内循环实现的是"＊"的打印,要注意行数 i 和输入符号"＊"个数之间的关系,也就是找出它们的表达式运算规律,从而得到循环上限。

(3) 编写代码:

```
Private Sub Form_Click()
  Print                              '输出空行
  For i=1 To 5
        Print Tab(16-i);             '控制初始位置
        For j=1 To 2 * i-1
            Print "*";
        Next j
        Print                        '换行
  Next i
  For i=1 To 4
        Print Tab(i+11);
        For j=1 To(9-2 * i)
            Print "*";
        Next j
        Print
  Next i
End Sub
```

7. 勾股定理

(1) 要求:勾股定理中 3 个数的关系是: $a^2+b^2=c^2$。例如,3、4、5 就是一个满足条件的整数组合(注意:a、b、c 分别为 4、3、5 与分别为 3、4、5 被视为同一个组合,不应该重复计算)。编写程序,统计均在 60 以内的 3 个数满足上述关系的整数组合的个数,并显示在标签 Label1 中。

(2) 提示:通过循环嵌套实现遍历 60 以内的整数,通过勾股定理表达式判断是否为勾股数整数组合,并通过变量的累加实现勾股定理整数组合个数的统计。

(3) 编写代码:

```
Private Sub Command1_Click()
    Dim i As Integer
    Dim j As Integer
    Dim k As Integer
    For i=1 To 60
        For j=1 To 60
            For k=1 To 60
                If i ^ 2=j^2+k^2 Then
                    m=m+1
```

```
            End If
         Next k
      Next j
   Next i
   Label1=m / 2
End Sub
```

8. 分解因子

(1) 要求：在窗体上添加 2 个标题分别为“分解”“退出”的命令按钮，1 个名称为 Text1、初始值为空的文本框。编程实现如下功能：

① 单击“分解”按钮，程序提示输入一个大于 2 的整数，并将该数分解为因数的乘积，最后将分解结果显示在 Text1 文本框内，程序运行结果如实验图 4.7 所示。

② 单击“退出”按钮，则结束程序运行。

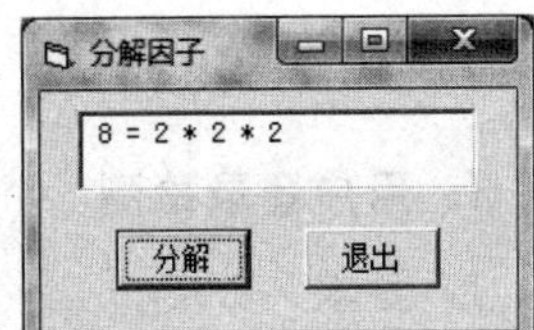

实验图 4.7 分解因子

(2) 提示：本题主要练习 Do…Loop 循环，Do…Loop 循环用于循环次数未知的情况。用于控制循环的条件既可以放在 Do 后面，也可以放在 Loop 后面。引导循环的条件既可以用 While，也可以用 Until。

(3) 编写代码：

```
Private Sub Command1_Click()
   Dim n As Integer, Factor As Integer
   Dim First As Boolean
   Do
      n=InputBox("请输入一个大于 2 的整数")
      If n <=2 Then MsgBox("请重新输入")
   Loop Until n >2
   Factor=2
   First=True
   Do
     Do While n Mod Factor=0
        If First Then
           Text1.Text=Str(n)+Space(1)+"="+Str(Factor)
           First=False
        Else
           Text1.Text=Text1.Text+Space(1)+" * "+Str(Factor)
        End If
        n=n / Factor
     Loop
     Factor=Factor+1
   Loop Until Factor >n
End Sub
```

```
Private Sub Command2_Click()
   End
End Sub
```

4.4 综合设计型实验

4.4.1 实验目的

(1) 掌握顺序结构、选择结构和循环结构三大程序控制结构的综合应用。

(2) 掌握几个问题的常用算法。

4.4.2 实验内容

1. 用户登录检测

1) 要求

设计一个用户登录检测程序,若用户输入的用户名和密码均无误,显示“欢迎使用本系统”,否则提示用户名或密码错误,请用户重新输入。若用户名或密码连续 3 次输入错误,则提示“对不起,您不是本系统的合法用户”。程序运行效果如实验图 4.8 所示。

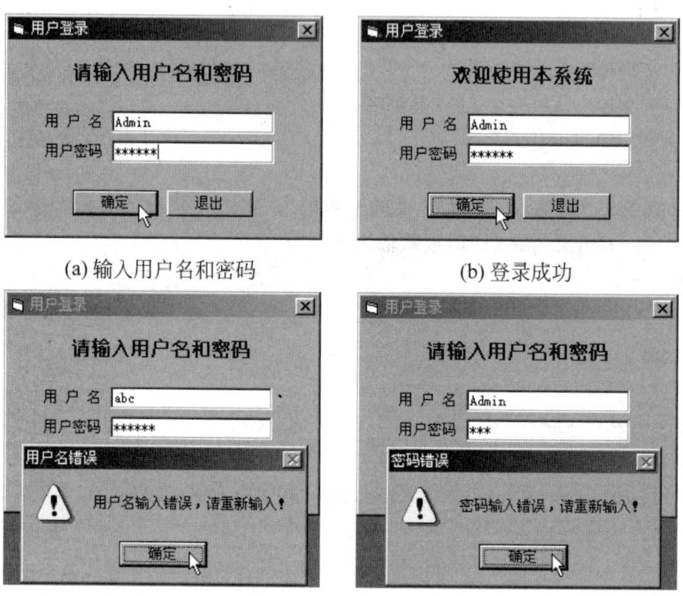

(a) 输入用户名和密码　(b) 登录成功

(c) 用户名错误　(d) 密码错误

实验图 4.8 用户登录检测

2) 分析

在各种管理信息系统的用户登录界面,一般需要进行用户名和密码的双重检测,并且规定了出错的最多次数。按照信息服务用户管理的常规,应当先对用户名进行检测(用户名具有唯一性),若用户名输入正确,则不再要求用户重复输入用户名,仅检查密码即可,这样做也符合界面友好的原则。在“确定”按钮的单击事件过程中,检测用户在文本框中输入的用户名和密码。用If语句判断其正误,根据判断结果显示相应的信息。若用户输入有误,除提示出错信息外,应将焦点返回出错的文本框,并且反相显示出错内容。

3) 设计界面及设置属性

在窗体上放置2个文本框,分别命名为txtUserID和txtPassword,Text属性均设置为空。添加3个标签,Caption属性分别设置为“请输入用户名和密码”“用户名”“用户密码”。添加2个命令按钮,Caption属性分别为“确定”“退出”。界面布局如实验图4.8(a)所示。

4) 程序代码

```
Option Explicit

Private Sub cmdExit_Click()                          '退出
    Unload Me
End Sub

Private Sub cmdOk_Click()                            '"确定"按钮
    Static intErrUser As Integer                     '静态变量累加出错次数
    Static intErrPass As Integer
    '检查用户名
    If UCase$(Trim$(txtUserID.Text))="ADMIN" Then    '若用户名正确
        '检查密码
        If Trim$(txtPassword.Text)="123456" Then     '若密码正确
            Label1.Caption="欢迎使用本系统"
            Label1.Left=(Me.Width-Label1.Width)/2
        Else                                         '若密码错误
            intErrPass=intErrPass+1                  '错误数+1
            If intErrPass=3 Then                     '若出错3次,退出系统
                MsgBox "对不起,您不是本系统的合法用户。", vbInformation, "提示"
                Unload Me
            Else                                     '若出错不足3次,重新输入
                MsgBox "密码输入错误,请重新输入!", vbExclamation, "密码错误"
                With txtPassword                     '焦点返回密码框
                    .SelStart=0
                    .SelLength=Len(.Text)
                    .SetFocus
                End With
            End If
        End If
    Else                                             '若用户名错误
        intErrUser=intErrUser+1                      '错误数+1
        If intErrUser=3 Then                         '若出错3次,退出系统
```

```
            MsgBox "对不起,您不是本系统的合法用户。", vbInformation, "提示"
            Unload Me
        Else                                        '若出错不足 3 次,重新输入
            MsgBox "用户名输入错误,请重新输入!", vbExclamation, "用户名错误"
            With txtUserID                          '焦点返回用户框
                .SelStart=0
                .SelLength=Len(.Text)
                .SetFocus
            End With
        End If
    End If
End Sub
```

2. 算术考试

1）要求

设计一个小学低年级四则运算算术考试程序。程序中各种运算的操作数均为整数，其中加法、减法和乘法运算的操作数以及除法运算中除数的取值范围为1～10，被除数为1～20。操作数和运算符(＋、－、×、÷)均随机产生。减法运算的结果不应为负数，除法运算的结果应为整数。程序出题后，考生在文本框中输入答案并按回车键确认，由程序判断正误并显示结果(√、×)。当出题总数达10道题或单击"计分"按钮时，显示考试成绩，并根据成绩显示不同的鼓励信息。单击"重新开始"按钮，重新出题。

2）分析

(1) 程序中信息的基本流程为：出题→考生输入答案→判断正误并显示结果→统计并显示得分。

(2) 出题在Form_Load事件过程中完成。每道题用随机函数Rnd和取整函数Int产生范围为1～10的两个随机整数作为操作数，若为减法或除法，应将大数作为被减(除)数。为避免生成不能整除的除法题目，可进行以下处理：

```
If intN1 Mod intN2 Then intN1=(intN1 \ intN2+1) * intN2
```

上面的语句中intN1为被除数，intN2为除数，括号中的＋1可避免被除数与除数相等的题目生成过多，还可以使被除数的取值在20以内。

(3) 加、减、乘、除4种运算也是随机的，用范围为1～4的随机整数作为运算符代码，分别代表＋、－、×、÷。

(4) 判断正误在考生输入答案并按回车键后进行，因此，相关代码应置于文本框的按键事件过程中(如KeyPress、KeyDown、KeyUp)。首先应判断考生是否按了回车键，然后将考生输入的答案与标准答案比较，输出判断结果。同时，分别累加考生答对和答错的题数，以备统计得分之用。考生每做完一题(按回车键)，调用Form_Load事件过程生成下一题。

(5) 统计得分在"计分"按钮的单击事件过程中处理，答对题数/总题数×100即为分数。

程序运行界面如实验图 4.9 所示。

(a) 出题和输入答案

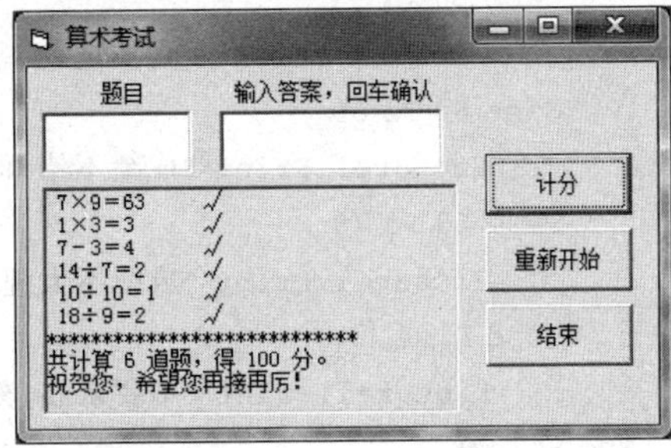

(b) 单击“计分”按钮

实验图 4.9 算术考试

3) 设计界面及设置属性

在窗体上放置 3 个标签，Label1 用于显示题目，将其 Caption 属性设置为空，背景色为白色，边框样式(BorderStyle)为 1-Fixed Single，使其看上去像 1 个文本框。另外 2 个标签用于对控件的说明。添加 1 个文本框，Text 属性为空。添加 1 个图片框，背景色为白色，用于显示答题结果。添加 3 个命令按钮，Caption 属性分别为“计分”“重新开始”和“结束”。

4) 程序代码

```
Option Explicit
'模块级变量存放计算结果和正误题数
Dim intResult As Integer
Dim intOK As Integer
Dim intErr As Integer

Private Sub Command1_Click()                          '计分按钮
    Dim intTotal As Integer
    Dim intGrade As Integer
    intTotal=intOK+intErr                             '总题数
    If intTotal=0 Then
        MsgBox "您还没有答题,不能计分!", vbInformation, "提示"
        Text1.SetFocus
        Exit Sub
    End If
    intGrade=Int(intOK / intTotal * 100)              '得分
    Label1=""
    Picture1.Print String(28, "*")
    Picture1.Print "共计算 " & intTotal & " 道题,"; "得 " & intGrade & " 分。"
    '根据得分情况显示不同内容
    Select Case intGrade
        Case 100
```

```
            Picture1.Print "祝贺您,希望您再接再励!"
        Case 90 To 99
            Picture1.Print "再加把劲,争取得 100 分!"
        Case 80 To 89
            Picture1.Print "成绩不错,但还需努力!"
        Case 60 To 79
            Picture1.Print "成绩不太理想,继续努力!"
        Case Else
            Picture1.Print "不要灰心,刻苦学习!"
    End Select
End Sub

Private Sub Command2_Click()                           '重新开始
    Label1=""
    Text1=""
    Picture1.Cls
    Text1.SetFocus
    intOK=0
    intErr=0
    Form_Load                                          '调用 Form_Load 事件过程
End Sub

Private Sub Command3_Click()                           '退出
    End
End Sub

Private Sub Form_Load()
    Dim intN1 As Integer, intN2 As Integer             '操作数
    Dim intOp As Integer, strOp As String              '操作代码、操作符
    Dim intTmp As Integer                              '用于两数交换
    Randomize
    intN1=Int(10 * Rnd+1)                              '随机取操作数和操作符代码
    intN2=Int(10 * Rnd+1)
    intOp=Int(4 * Rnd+1)
    '若为减法或除法,将大数置前
    If intN1 <intN2 And intOp Mod 2=0 Then
        intTmp=intN1
        intN1=intN2
        intN2=intTmp
    End If
    Select Case intOp                                  '四则运算
        Case 1
          intResult=intN1+intN2
          strOp="+"                                    '将操作代码转换为操作符
```

```
        Case 2
          intResult=intN1-intN2
          strOp="－"
        Case 3
          intResult=intN1 * intN2
          strOp="×"
        Case 4
          '若有余数,将被除数设为除数的整倍数,被除数<20
          If intN1 Mod intN2 Then
            intN1=(intN1 \ intN2+1) * intN2
          End If
          intResult=intN1 / intN2
          strOp="÷"
    End Select
    Label1=intN1 & strOp & intN2 & "＝"              '标签显示题目
End Sub

'按回车键后,在图片框显示结果
Private Sub Text1_KeyPress(KeyAscii As Integer)
    '若按键为回车键(ASCII 码=13),判断正误并显示
    If KeyAscii=13 Then
        If Val(Text1)=intResult Then                '若答题正确
            Picture1.Print " "; Label1; Text1; Tab(15); "√"
            intOK=intOK+1                           '答对题数+1
        Else                                        '若答错
            Picture1.Print " ";Label1;Text1;Tab(15);"×";"(";intResult;")"
            intErr=intErr+1                         '答错题数+1
        End If
        Text1=""
        Text1.SetFocus
        If intOK+intErr=10 Then                     '回答 10 道题后,直接显示计分结果
            Command1_Click                          '调用"计分"按钮单击事件过程
        Else                                        '若不足 10 道题,
            Call Form_Load                     '执行窗体加载事件过程中各语句生成下一题
        End If
    '若按键非数字键或回删键(ASCII 码=8),取消按键
    ElseIf Not IsNumeric(Chr(KeyAscii))And KeyAscii <>8 Then
        KeyAscii=0                        '将 KeyAscii 参数设为 0 的作用是使本次按键无效
    End If
End Sub
```

3. 鸡兔同笼

1）要求

已知鸡有 2 条腿,兔有 4 条腿,鸡和兔的总只数为 h 及总腿数为 f,求鸡和兔各有多少

只。要求用 Do…Loop 循环限制用户输入有效数据。程序运行时通过 InputBox 函数由用户依次输入已知条件，即鸡兔总只数 h 和总腿数 f。在输入数据时，应根据用户输入的鸡兔总数 h 限定总腿数 f 的有效范围，即 2h<f<4h，且 f 必须为偶数。若输入错误，则通过循环控制重新输入。

2）分析

在命令按钮 Command1 的 Click 事件中，通过 InputBox 函数在程序运行时由用户输入鸡兔总数 h。将输入鸡兔总腿数 f 的 InputBox 函数放在 Do…Loop 循环中，若输入的数据有效，则通过 Exit Do 语句退出循环，否则报告错误，并在循环中继续调用 InputBox 函数，直至输入正确或单击对话框中的“取消”按钮为止。程序运行界面如实验图 4.10 所示。

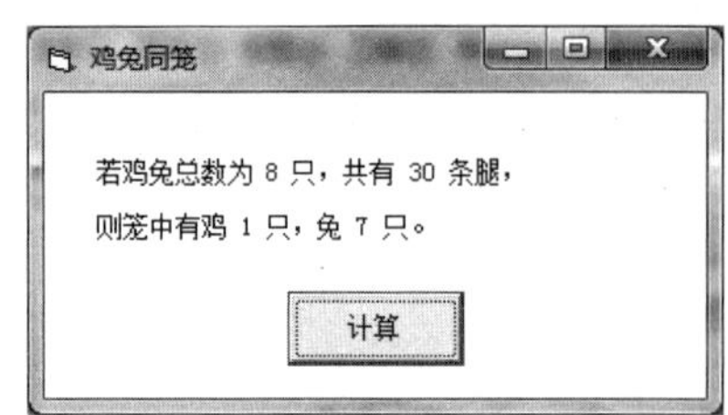

实验图 4.10　鸡兔同笼

3）设计界面及设置属性

将窗体背景色设置为白色，Caption 属性设置为“鸡兔同笼”，在窗体上添加 1 个命令按钮，设置其 Caption 属性为“计算”。

4）程序代码

```
Option Explicit

Private Sub Command1_Click()
    Dim C%, R%, h%, f%                          '鸡数、兔数、总只数、总腿数变量
    h=Val(InputBox("请输入鸡兔总数(≥2):", "鸡兔总数"))
    If h <2 Then Exit Sub                       '用户单击"取消"或鸡兔总数<2,退出本过程
    Do                                          '无条件循环。在循环中设置退出循环的语句
        f=Val(InputBox("请输入鸡兔总腿数," & vbCr & "该数字必须是大于" & 2 * h & ",
        并且小于" & 4 * h & "的偶数", "鸡兔总腿数"))
        If f=0 Then Exit Sub                    '用户单击"取消"按钮退出本过程
        '输入错误时,重新输入,正确则退出循环
        If f <=2 * h Or f >=4 * h Or f Mod 2 Then
            MsgBox "输入错误,请重新输入!", vbCritical
        Else
            Exit Do                             '退出循环
        End If
    Loop
    R=(f-2 * h)/ 2                              '求兔数
    C=h-R                                       '鸡数
    Cls
    Me.CurrentY=Me.Height / 6                   '为 Print 方法设置坐标
    Print Tab(5); "若鸡兔总数为"; h; "只,共有"; f; "条腿,"
    Print
    Print Tab(5); "则笼中有鸡"; C; "只,"; "兔"; R; "只。"
End Sub
```

4. 生成数列

1）要求

产生并显示一个数列的前 n 项。数列产生的规律是：数列的前 2 项是小于 10 的正整数，将此两数相乘，若乘积小于 10，则以此乘积作为数列的第 3 项；若乘积大于 10，则以乘积的十位数为数列的第 3 项，以乘积的个位数为数列的第 4 项。再用数列的最后 2 项相乘，用上述规则形成后面的项，直至产生了第 n 项。窗体上部是 1 个标签，显示提示信息，其下面从左到右 3 个文本框的名称分别为 Text1、Text2、Text3，窗体下部的文本框名称为 Text4。程序运行时，在 Text1、Text2 中输入数列的前两项，Text3 中输入要产生的项数 n，单击“计算”按钮，则产生此数列的前 n 项，并显示在 Text4 中。程序运行界面如实验图 4.11 所示。

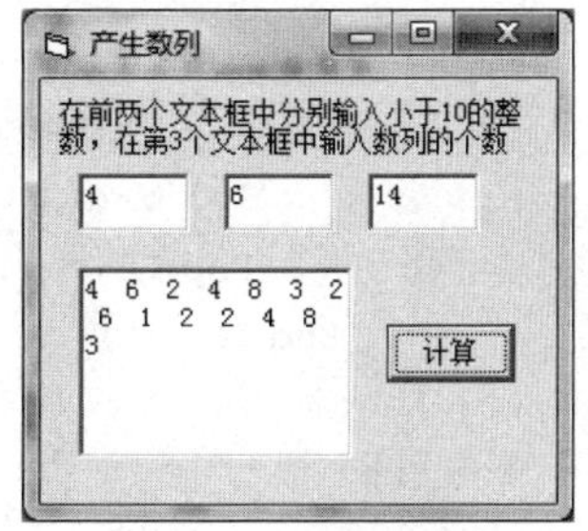

实验图 4.11　产生数列

2）分析

Text3 的数值是数列的项数，定义一个变量 k，前两项已经确定，所以 k 的取值范围为 3 到 n，先计算前两项的积，判断是否小于 10，若乘积小于 10，则以此乘积作为数列的第 3 项，若乘积大于等于 10，则以乘积的十位数为数列的第 3 项，以乘积的个位数为数列的第 4 项，再用数列的最后 2 项相乘，运用循环语句，用上述规则形成后面的项，直至产生了第 n 项。在这里运用的是 Do While 语句，和 For 语句有所不同，要注意区别。

3）设计界面及设置属性

按照实验图 4.11 的界面，在窗体上添加 1 个标签、4 个文本框、1 个命令按钮。在属性窗口，将标签的 Caption 属性值设置为“在前两个文本框中分别输入小于 10 的整数，在第 3 个文本框中输入数列的个数”，AutoSize 属性值设置为 True，WordWrap 属性值设置为 True；文本框的 Text 属性值均设置为空；命令按钮的 Caption 属性值设置为“计算”；窗体的 Caption 属性值设置为“产生数列”。

4）程序代码

```
Private Sub Command1_Click()
    Text4=""
    a=Val(Text1)
    b=Val(Text2)
    n=Val(Text3)
    Text4=Text4 & a & "  " & b
    k=2
    Do While k <n
        c=a * b
        k=k+1
        If c <10 Then
            Text4=Text4 & "  " & c
            a=b
```

```
            b=c
        Else
            d=c \ 10
            Text4=Text4 & "  " & d
            a=d
            k=k+1
            If k <=n Then
                d=c Mod 10
                Text4=Text4 & "  " & d
                b=d
            End If
        End If
    Loop
End Sub
```

第5章　数　组

5.1　知识要点

5.1.1　数组的概念

1. 数组的定义

在 Visual Basic 中,可以用 4 个语句来定义数组,这 4 个语句格式相同,但适用范围不一样。Dim 用在窗体模块的通用声明段,定义窗体模块数组,也可用于过程中。Private 用在窗体模块的通用声明段,定义窗体模块数组。Static 用在过程中。Public 只能用在标准模块中,定义全局数组。

2. 默认数组与嵌套数组

在 Visual Basic 中,允许定义默认数组,并可用一个数组作为另一个数组的元素,即数组嵌套。

1) 默认数组

默认数组就是默认数据类型的数组。在一般情况下,定义数组应指明其类型。

2) 嵌套数组

在一般情况下,数组元素是一个具体的数据。而在 Visual Basic 中,可以用数组作为另一个数组的元素,这样的数组称为嵌套数组。

5.1.2　静态数组与动态数组

静态数组和动态数组由其定义方式决定,即:

(1) 用数值常数或符号常量作为下标定维的数组是静态数组;

(2) 用变量作为下标定维的数组是动态数组。

5.1.3　数组的基本操作

1. 数组元素的输入、输出和复制

1) 数组的引用

数组的引用通常是指对数组元素的引用,其方法是,在数组后面的括号中指定下标。

2）数组元素的输入

数组元素一般通过 For 循环语句及 InputBox 函数输入。

3）数组元素的输出

数组元素的输出可以用 Print 方法来实现。

4）数组元素的复制

单个数组元素可以像简单变量一样从一个数组复制到另一个数组。

2. For Each…Next 语句

For Each…Next 语句类似于 For…Next 语句，两者都用来执行指定重复次数的一组操作，但 For Each…Next 语句专门用于数组或对象“集合”（本书不涉及集合），其一般格式为：

```
For Each 成员 In 数组
    循环体
    [Exit For]
    …
Next[成员]
```

这里的“成员”是一个变体变量，它是为循环提供的，并在 For Each…Next 结构中重复使用，它实际上代表的是数组中的每个元素。“数组”是一个数组名，没有括号和上下界。用 For Each…Next 语句可以对数组元素进行处理，包括查询、显示或读取。它所重复执行的次数由数组中元素的个数确定，也就是说，数组中有多少个元素，就自动重复执行多少次。

5.1.4 数组的初始化

数组声明，并初始化所有数组元素。数值型数组中的元素初值是 0，字符型数组中的元素初值是空字符串（""），逻辑型数组中的元素初值是 False，变体类型数组中的元素初值是空（Null）。

5.1.5 选择控件——列表框和组合框

1. 列表框

1）属性

列表框所支持的标准属性包括 Enabled、FontBold、FontItalic、FontName、FontUnderline、Height、Left、Top、Visible、Width。此外，列表框还具有以下特殊属性：Columns、List、ListCount、ListIndex、MultiSelect、Selected、SelCount、Sorted、Style、Text。

2）列表框事件

列表框接收 Click 和 DblClick 事件，但有时不用编写 Click 事件过程代码，而是当单击一个命令按钮或发生 DblClick 事件时，读取 Text 属性。

3) 列表框方法

列表框可以使用 AddItem、Clear 和 RemoveItem 等方法，用来在运行程序期间修改列表框的内容。

2. 组合框

组合框(ComboBox)是由列表框和文本框的特性组合而成的控件。或兼有列表框和文本框两者特性的控件。

1) 组合框属性

列表框的属性基本上都可用于组合框，此外它还有自己的一些属性：Style、Text。

2) 组合框事件

通过代码改变了 Text 属性的设置时，将触发其 Change 事件。

3) 组合框方法

同列表框的方法。

5.1.6 控件数组

控件数组是针对控件建立的，因此与普通数组的定义不一样。可以通过以下两种方法来建立控件数组。

第一种方法步骤如下：

(1) 在窗体上画出作为数组元素的各个控件；

(2) 单击要包含到数组中的某个控件，将其激活；

(3) 在属性窗口中选择“(名称)”属性，并键入控件的名称；

(4) 对每个要加到数组中的控件重复(2)、(3)步，键入与第(3)步中相同的名称。当对第二个控件键入与第一个控件相同的名称后，Visual Basic 将显示一个对话框，询问是否确实要建立控件数组。单击“是”按钮将建立控件数组，单击“否”按钮则放弃建立操作。

第二种方法步骤如下：

(1) 在窗体上画出一个控件，将其激活；

(2) 执行“编辑”菜单中的“复制”命令(Ctrl+C)，将该控件放入剪贴板；

(3) 执行“编辑”菜单中的“粘贴”命令(Ctrl+V)，将显示一个对话框，询问是否建立控件数组；

(4) 单击对话框中的“是”按钮，窗体的左上角将出现一个控件，它就是控件数组的第二个因素，执行“编辑”菜单中的“粘贴”命令，或按快捷键 Ctrl+V，建立控件数组中的其他元素。控件数组建立后，只要改变一个控件的 Name 属性值，并把 Index 属性置为空(不是 0)，就能把该控件从控件数组中删除。控件数组中的控件执行相同的事件过程，通过 Index 属性可以决定控件数组中的相应控件所执行的操作。

5.2 基础练习

5.2.1 单选题

(1) 列表框控件 List1 中已有若干个列表项，以下能表示被选中列表项内容的表达式是________。

A. List1. ListIndex B. List1. List(List1. ListIndex)

C. List1(List1. ListIndex) D. List1. List(ListIndex)

(2) 下列说法中正确的是________。

A. 用 Erase 语句可以清除静态数组中各元素的值,但不释放其所占的内存空间

B. 当按下键盘上任意键时都会触发 KeyPress 事件

C. 语句 Dim x[1 To 5] As Double 能够定义一个一维数组 x

D. 用 Array 函数可以对任何数组初始化

(3) 组合框兼有两种控件的特性,这两种控件是________。

A. 标签和文本框 B. 列表框和文本框

C. 复选框和单选按钮 D. 标签和列表框

(4) 在窗体上画一个列表框 List1、一个组合框 Combo1 和一个文本框 Text1,编写如下程序代码:

```
Private Sub Form_Load()
    List1.AddItem "111"
    List1.AddItem "222"
    List1.AddItem "333"
    Combo1.AddItem "444"
    Combo1.AddItem "555"
    Combo1.AddItem "666"
    Text1.Text=""
End Sub
```

程序运行后,如果单击窗体,要求在文本框中显示"222555",以下能实现该操作的事件过程是________。

A.
```
Private Sub Form_Click()
        Combo1. ListIndex=1
        List1. ListIndex=1
        Text1. Text=List1. Text+Combo1. Text
    End Sub
```

B.
```
Private Sub Form_Click()
        Text1. Text=List1. ListIndex(1)+Combo1. ListIndex(1)
    End Sub
```

C.
```
Private Sub Form_Click()
        Combo1. ListIndex=2
        List1. ListIndex=2
        Text1. Text=List1. Text+Combo1. Text
    End Sub
```

D.
```
Private Sub Form_Click()
```

```
    Text1.Text=List1.ListIndex(2)+Combo1.ListIndex(2)
End Sub
```

(5) 在窗体上画一个名称为 Command1 的命令按钮,然后编写如下程序代码:

```
Option Base 1
Private Sub Command1_Click()
  Dim a(5)As String
  Dim i As Integer
  Dim b As Variant
  For i=LBound(a)To UBound(a)
      a(i)=Chr(Asc("a")+(26-i))
  Next i
  For Each b In a
      Print b;
  Next
End Sub
```

程序运行时,单击 Command1,则输出结果是________。

A. 12345　　　B. abcde　　　C. zyxwv　　　D. 出错

(6) 在窗体上画一个名称为 Command1 的命令按钮和一个名称为 Label1 的标签,然后编写如下程序代码:

```
Option Base 0
Private Sub Command1_Click()
    Dim a(5)As Integer, n As Integer
    For i=0 To 5
        a(i)=i
        n=n+a(i)
    Next i
    Label1=n
End Sub
```

运行程序,单击命令按钮,在标签中显示的内容是________。

A. 5　　　B. 10　　　C. 15　　　D. 20

(7) 如果将数组名作为函数调用的实参,则传递给形参的是________。

A. 数组全部元素的值　　　B. 数组最后一个元素的值

C. 数组第一个元素的值　　　D. 数组第一个元素的地址

(8) 设窗体上有一个名称为 Option1 的单选按钮数组(其下标从 0 开始),共有 4 个单选按钮,并有下面的事件过程:

```
Private Sub Option1_Click(Index As Integer)
    n=Index
    If Index <3 Then n=n+1
    Print Option1(n).Caption
```

```
End Sub
```

程序运行时，单击其中一个单选按钮，则在窗体上显示的是________。

A. 被选中单选按钮的下一个按钮的标题，但如果选中的是最后一个，则显示最前面一个单选按钮的标题

B. 被选中单选按钮的下一个按钮的标题，但如果选中的是最后一个，则显示该单选按钮的标题

C. 被选中的单选按钮的标题

D. 被选中单选按钮的上一个按钮的标题，但如果选中的是最前面的一个，则显示最后面按钮的标题

(9) 在窗体上画一个名称为 List1 的列表框和一个名称为 Text1 的文本框，然后编写如下两个事件过程：

```
Private Sub Form_Load()
    List1.AddItem "100"
    List1.AddItem "200"
    List1.AddItem "300"
    List1.AddItem "400"
    Text1.Text=""
End Sub
Private Sub List1_DblClick()
    a=List1.Text
    Print a+Text1.Text
End Sub
```

程序运行后，在文本框中输入"500"，然后双击列表框中的"400"，则输出结果为________。

A. 400500　　B. 500400　　C. 900　　D. 0

(10) 设在程序开始处有语句：Option Base 0，则下面定义的数组中正好有 12 个元素的是________。

A. Dim s%(3, 2)　　B. Dim a%(12)

C. Dim s%(3, 4)　　D. Dim a%(−6 To 6)

(11) 设组合框 Combo1 中有 5 个项目，则以下能删除最后一项的语句是________。

A. Combo1. RemoveItem 4

B. Combo1. RemoveItem 5

C. Combo1. RemoveItem Combo1. ListCount+1

D. Combo1. RemoveItem Combo1. ListCount

(12) 假定列表框 List1 中没有被选中的项目，则执行

```
List1.RemoveItem List1.ListIndex
```

语句的结果是________。

A. 删除最后加入列表中的一项

B. 删除最后一项

C. 出错

D. 删除第一项

(13) 设窗体上有一个列表框控件 List1,含有若干列表项。以下能表示当前被选中的列表项内容的是________。

A. List1. List　　　B. List1. ListIndex

C. List1. Text　　　D. List1. Text

(14) 若在窗体上画了一个名称为 List1 的列表框,并编写了如下事件过程:

```
Private Sub Form_Load()
    List1.AddItem "数学"
    List1.AddItem "物理"
    List1.AddItem "化学"
    List1.AddItem "外语"
    List1.AddItem "语文"
End Sub
Private Sub Form_Click()
    List1.RemoveItem 1
    List1.RemoveItem 2
End  Sub
```

运行程序后,单击窗体,则列表框中显示的项目是________。

A. 数学	B. 数学	C. 化学	D. 物理
化学	外语	外语	外语
语文	语文	语文	语文

5.2.2 参考答案

(1) B　(2) A　(3) B　(4) A　(5) C　(6) C　(7) D　(8) B　(9) A

(10) A　(11) A　(12) C　(13) C　(14) A

5.3 验证型实验

5.3.1 实验目的

(1) 掌握一维数组、二维数组和动态(可调)数组的声明和使用方法。

(2) 掌握 ListBox 和 ComboBox 控件的列表项目的添加、删除、选择的方法。

(3) 掌握控件数组的建立和使用方法。

5.3.2 实验内容

1. 输出最大值

(1) 要求:随机产生 30 个[0,1000]的整数,将其放入一个数组中,然后输出其中的最大值。程序运行后，单击命令按钮（名称为 Command1，标题为“输出最大值”），即可求出其最大值，并显示在窗体上。程序运行界面如实验图 5.1 所示。

实验图 5.1　输出最大值

（2）提示：Rnd 函数用于产生一个小于 1 但大于或等于 0 的随机小数。本题程序用变量 Max 记录最大数，最初把数组的第一个元素的值赋给 Max，然后通过 For 循环语句将其后的元素依次与之比较，如果其值大于 Max，则将其赋给 Max，以此类推，最终 Max 的值就是数组各元素中的最大值。

（3）编写代码：

```
Option Base 1

Private Sub Command1_Click()
    Dim arrN(30)As Integer
    Dim Max As Integer
    Randomize
    For i=1 To 30
        arrN(i)=Int(Rnd * 1001)
    Next i
    Max=arrN(1)
    For i=2 To 30
        If arrN(i)>Max Then
            Max=arrN(i)
        End If
    Next i
    Print Max
End Sub
```

2. 产生可变正方形图案

（1）要求：在窗体上创建 1 个名称为 Cmd1、标题为“产生可变正方形图案”的命令按钮。当单击“产生可变正方形图案”按钮时，则弹出输入对话框，要求输入可变数；在输入可变数后，将根据可变数在窗体上显示可变正方形图案；图案的最外层为第 1 层，且每层上显示的数字与其所处的层数相同，如实验图 5.2 所示。实验图 5.2(a)为输入可变数 5 时的可变正方形图案，实验图 5.2(b)为输入可变数 8 时的可变正方形图案。

（2）提示：本题主要练习动态数组的应用。

（3）编写代码：

```
Option Base 1

Private Sub Cmd1_Click()
   Dim a()
   n=InputBox("请输入控制正方形图案层数的可变数")
```

```
  ReDim a(n, n)
'产生一个二维数组 a
For k=1 To(n+1)\ 2
      For i=k To n-k+1
         For j=k To n-k+1
            a(i, j)=k
         Next j
      Next i
Next k
'输出图形
   For i=1 To n
      For j=1 To n
         Print Tab(j * 3); a(i, j);
      Next j
      Print
   Next
End Sub
```

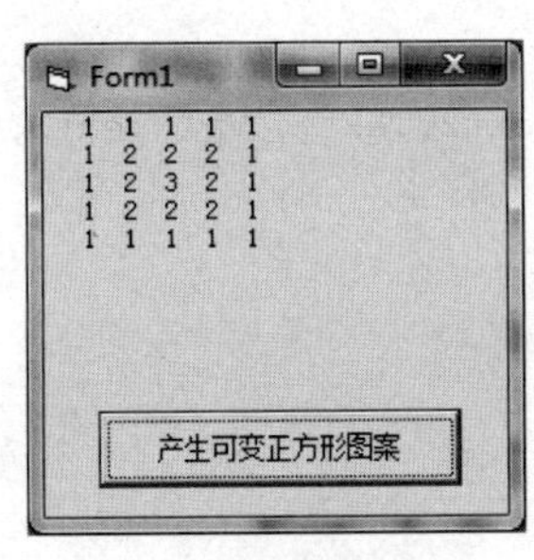

(a) 输入可变数为5

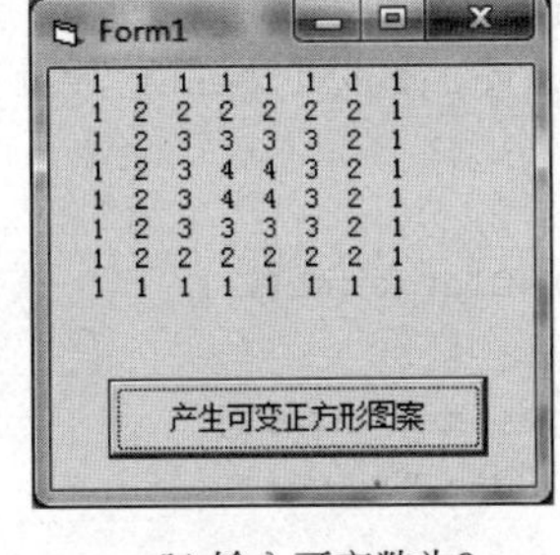

(b) 输入可变数为8

实验图 5.2 产生可变正方形图案

3. 求平均值

(1) 要求：在名称为 Form1、标题为“求平均值”的窗体上添加 4 个文本框和 1 个命令按钮。编写应用程序，通过调用过程 Average 求数组的平均值。程序运行后，在 4 个文本框中各输入一个整数，然后单击命令按钮，即可求出其平均值，并显示在窗体上，程序运行界面如实验图 5.3 所示。

(2) 提示：文本框里的内容(包括数字)默认情况下都是当作字符串来处理的，如果要参与数据运算，则需先用 Val 函数将其转化为数值类型。这里需要指出的是，利用 Array 函数对数组各元素赋值，声明的数组只能是 Variant 类型，数组的上下界可用 UBound 和 LBound 函数获得，LBound 函数返回数组某一维的下界，而 UBound 函数返回数组某一维的上界，这两个函数一起使用即可确定一个数组的大小。

实验图 5.3 求平均值

（3）编写代码：

```
Option Base 1

Private Sub Average(a()As Integer, x As Single)
    Dim Start As Integer, Finish As Integer
    Dim i As Integer
    Dim Sum As Integer
    Start=LBound(a)
    Finish=UBound(a)
    Sum=0
    For i=Start To Finish
        Sum=Sum+a(i)
    Next i
    x=Sum / 4
End Sub

Private Sub Command1_Click()
    Dim arr1
    Dim arr2(4)As Integer
    arr1=Array(Val(Text1.Text), Val(Text2.Text), Val(Text3.Text), Val(Text4.
    Text))
    For i=1 To 4
        arr2(i)=CInt(arr1(i))
    Next i
    Call Average(arr2, Aver!)
    Print "平均值是: "; Aver
End Sub
```

4. 价目表维护

（1）要求：窗体上有 1 个组合框 Combo1，其中已经预设了内容；还有 1 个文本框 Text1 和 3 个命令按钮，名称分别为 Command1、Command2、Command3，标题分别为“修改”“确定”“添加”。程序运行时，“确定”按钮不可用，程序运行界面如实验图 5.4 所示。如果选中组合框中的一个列表项，单击“修改”按钮，则把该项复制到 Text1 中（可在 Text1 中修改），并使“确定”按钮可用；若单击“确定”按钮，则把修改后的 Text1 中的内容替换组合框中该列表项的原有内容，同时使“确定”按钮不可用；若单击“添加”按钮，则把 Text1 中的内容添加到组合框中。

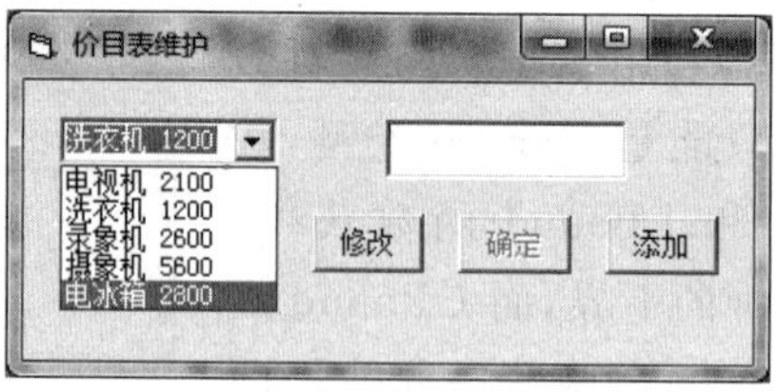

实验图 5.4　价目表维护

(2) 提示：通过属性窗口将"确定"按钮的 Enabled 属性设置为 False；由 Combo1.AddItem 方法实现将文本框的内容添加到组合框中。

(3) 设置属性：程序中用到的控件及属性见实验表 5.1。

实验表 5.1 控件及属性

控件	命令按钮 1		命令按钮 2		命令按钮 3	
属性	Name	Caption	Name	Caption	Name	Caption
设置值	Command1	修改	Command2	确定	Command3	添加

(4) 编写代码：

```
Private Sub Command1_Click()
    Text1=Combo1.Text
    Command2.Enabled=True
End Sub

Private Sub Command2_Click()
    Combo1.List(Form1.Combo1.ListIndex)=Text1
    Text1=""
    Command2.Enabled=False
End Sub

Private Sub Command3_Click()
    Combo1.AddItem Text1
End Sub
```

5. 选课

(1) 要求：在窗体中"待选课程"下的 List1 列表框中有若干门课程。程序运行时，选中 List1 中若干个列表项，如实验图 5.5(a)所示，单击"选中"按钮，则把选中的项目移到 List2 中；单击"显示"按钮，则在 Text1 文本框中显示这些选中的课程，如实验图 5.5(b)所示。

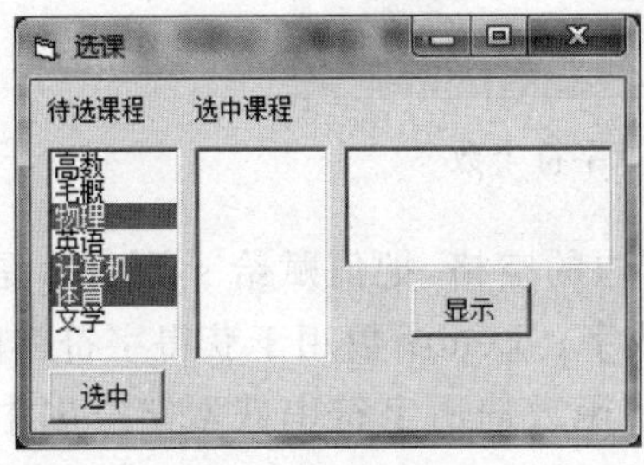

(a) 选中多项

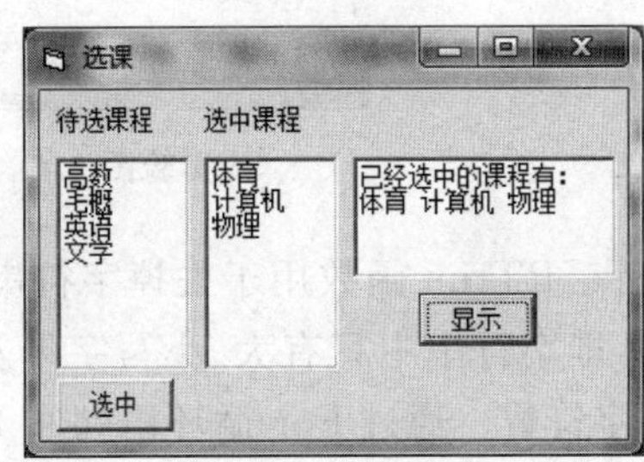

(b) 显示选中的课程

实验图 5.5 选课

(2) 提示：Selected 属性是一个与 List 数组中的各个元素相对应的一维数组，记录

List 数组中每个项目是否被选取。例如，若 List(1)被选取，则 Selected(1)的值为 True，若 List(1)未被选取，则 Selected(1)的值为 False。List 属性是一个一维数组，数组中元素的值就是在执行时看到的列表项。设计时可以在属性窗口中通过 List 属性来建立列表项，运行时对 List 数组从 0 到 ListCount－1 依次取值，可以获得列表的所有项目。通过对 Selected 属性返回值的判断，得知列表项是否被选中，从而进行删除和添加操作。

(3) 编写代码：

```
Private Sub Command1_Click()
    Dim k%
    For k=List1.ListCount-1 To 0 Step-1
        If List1.Selected(k)=True Then
            List2.AddItem List1.List(k)
            List1.RemoveItem k
        End If
    Next k
End Sub

Private Sub Command2_Click()
    Dim k%
    Text1="已经选中的课程有:"
    For k=0 To List2.ListCount-1 Step 1
        Text1=Text1.Text & " " & List2.List(k)
    Next k
End Sub
```

6. 统计字符个数

(1) 要求：通过键盘向文本框中输入大、小写字母和数字。单击“统计”按钮，分别统计输入字符串中大写字母、小写字母及数字字符的个数，并将统计结果分别在标签控件数组 x 中显示。程序运行界面如实验图 5.6 所示。

实验图 5.6 统计字符个数

(2) 提示：RTrim 函数用于去掉字符串右边的空格，把值赋给 s，那么 s 是没有空字符的字符串，即字符串中只有大、小写字母及数字。Len 函数用于获得字符串的长度，即字符串中的字符数。通过 For 循环语句和 Mid 函数遍历字符串获取字符串中的每一个字符，并运用 Asc 函数获取字符的 ASCII 码进行判断，通过 Select Case 语句实现不同字符个数的统计，将其保存到数组 a 中，通过 For 循环语句将统计结果分别显示在标签控件数组 x 中。

可通过复制和粘贴、给多个控件取相同的名称、给控件设置一个 Index 属性值 3 种方法创建标签控件数组 x。

(3) 编写代码：

```
Private Sub Command1_Click()
    Dim n As Integer
    Dim b As Integer
    Dim a(3) As Integer
    s=RTrim(Text1.Text)
    n=Len((Text1.Text))
    For i=1 To n
        b=Asc(Mid(s, i, 1))
        Select Case b
            Case 48 To 57
                a(0)=a(0)+1
            Case 65 To 90
                a(1)=a(1)+1
            Case 97 To 122
                a(2)=a(2)+1
        End Select
    Next
    For i=0 To 2
        x(i)=a(i)
    Next
End Sub
```

5.4　综合设计型实验

5.4.1　实验目的

(1) 掌握一维数组、二维数组和动态(可调)数组的综合应用。

(2) 掌握列表框、组合框以及控件数组的综合应用。

5.4.2　实验内容

1. 排序

1) 要求

在名称为 Form1、标题为“排序”的窗体上，添加 2 个文本框，名称分别为 Text1、Text2，Text 属性均为空，都可以多行显示。添加 4 个命令按钮，名称分别为 C1、C2、C3、C4，标题分别为“产生随机数：”“冒泡排序后：”“沉底排序后：”“选择法排序后：”。“产生随机数：”按钮的功能是产生 10 个[1,99]区间的随机整数，并在 Text1 中显示出来；“冒泡排序后：”“沉底排序后：”“选择法排序后：”按钮的功能分别是将这 10 个数采用冒泡、沉底、选择法按升序排序，并显示在 Text2 中，程序运行界面如实验图 5.7 所示。

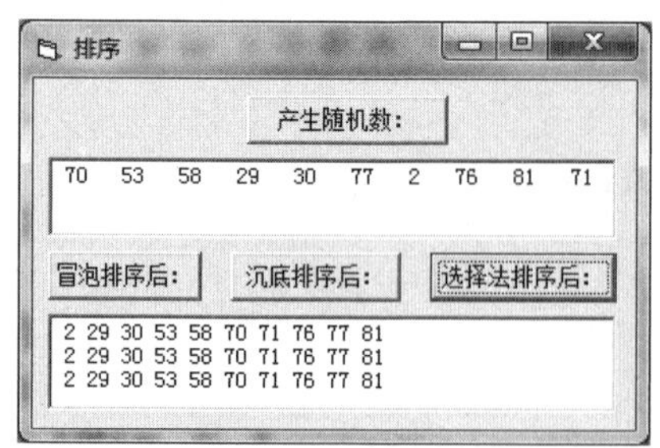

实验图 5.7 排序

2) 分析

(1) 使用公式 Int(Rnd * 99+1),产生[1,99]区间的随机整数。整型数组 a 的使用范围是窗体中的所有事件过程,用来存放随机产生的整数。

(2) "冒泡"排序算法的核心思路是:将相邻两个数比较,小的调到前头(升序)。在每一轮排序时从序列后面将相邻的数比较,当次序不对就交换位置,出了内循环,最小数已冒出。

假设将有 n 个数的数组 a(1 To n)按升序进行排列,步骤为:

① 第一轮从后面开始将每相邻两个数比较,小的调到前头,经 n−1 次两两相邻比较后,最小的数已"冒出",放在最前一个位置,大数下沉。

② 第二轮对余下的 n−1 个数(最小的数已"冒出")按上述方法比较,经 n−2 次两两相邻比较后得次小的数。

③ 以此类推,n 个数共进行 n−1 轮比较,在第 j 轮中要进行 n−j 次两两比较。

在排序中,使用双重循环,外循环每循环一次,内循环把本次循环中最小的数放在数组的最前面,依次循环下去,这样就可以实现对这 10 个数的升序排序。

(3) "沉底"排序算法的核心思想是:将相邻两个数比较,大的调到后头(升序)。在每一轮排序时从序列前面将相邻的数比较,当次序不对就交换位置,出了内循环,最大数已沉底。

假设将有 n 个数的数组 a(1 To n)按升序进行排列,步骤为:

① 第一轮将每相邻两个数比较,大的调到后头,经 n−1 次两两相邻比较后,最大的数已"沉底",放在最后一个位置,小数上升"浮起"。

② 第二轮对余下的 n−1 个数(最大的数已"沉底")按上述方法比较,经 n−2 次两两相邻比较后得次大的数。

③ 以此类推,n 个数共进行 n−1 轮比较,在第 j 轮中要进行 n−j 次两两比较。

(4) "选择法"排序算法思想:每次将最小(或最大)的数找出来放在序列的最前面。

若一组整数放在数组 a(1), a(2), …, a(n)中,按升序排列步骤为:

① 第一轮在 a(1)～ a(n)找出最小值,与 a(1)交换。

② 第二轮在 a(2)～ a(n)找出最小值,与 a(2)交换。

……

以此类推,直到从 a(n−1)和 a(n)中找到最小值。

3）程序代码

```
Dim a(10)As Integer                          '声明窗体级数组

'产生随机整数
Private Sub C1_Click()
    Dim k As Integer, ch As String
    ch=""
    For k=1 To 10
        a(k)=Int(Rnd * 99+1)
        ch=ch+Str(a(k))+"  "
    Next k
    Text1.Text=ch
End Sub

'冒泡排序
Private Sub C2_Click()
    Dim t As Integer
    Dim i As Integer
    Dim j As Integer
    Dim ch As String
    ch=""
    For i=1 To 9
        For j=10 To i+1 Step-1
            If a(j)<a(j-1)Then
                t=a(j)
                a(j)=a(j-1)
                a(j-1)=t
            End If
        Next j
    Next i
    For j=1 To 10
        ch=ch+Str(a(j))+""
    Next j
    Text2.Text=ch
End Sub

'沉底排序
Private Sub C3_Click()
Dim t As Integer
    Dim i As Integer
    Dim j As Integer
    Dim ch As String
    ch=""
    For i=1 To 9
        For j=1 To 10-i
```

```
                If a(j)>a(j+1)Then
                    t=a(j)
                    a(j)=a(j+1)
                    a(j+1)=t
                End If
            Next j
        Next i
        For j=1 To 10
            ch=ch+Str(a(j))+""
        Next j
        Text2.Text=Text2.Text+vbCrLf+ch
    End Sub

    '选择法排序
    Private Sub C4_Click()
        For i=1 To 9
          iMin=i
          For j=i+1 To 10
            If a(j)<a(iMin)Then iMin=j
          Next j
        t=a(i)
        a(i)=a(iMin)
        a(iMin)=t
        Next i
        For j=1 To 10
            ch=ch+Str(a(j))+""
        Next j
        Text2.Text=Text2.Text+vbCrLf+ch
    End Sub
```

2. 统计

1）要求

在窗体上添加 3 个文本框，其名称分别为 Text1、Text2 和 Text3，其中 Text1、Text2 可多行显示。添加 3 个命令按钮，名称分别为 Cmd1、Cmd2 和 cmd3，标题分别为“产生数组”“统计”“退出”。程序运行界面如实验图 5.8 所示。程序功能如下：

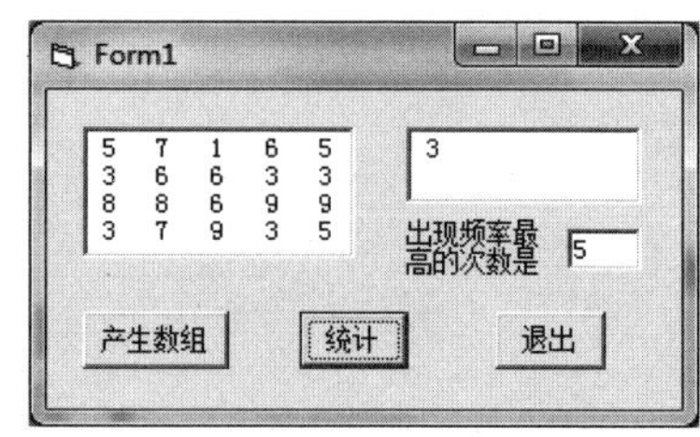

实验图 5.8　程序运行界面

(1) 单击“产生数组”按钮,随机生成 20 个 0～10 之间(不含 0 和 10)的数值,并将其保存到一维数组 a 中,同时也将这 20 个数值在 Text1 文本框内显示。

(2) 单击“统计”按钮,统计出数组 a 中出现频率最高的数值及其出现的次数,并将出现频率最高的数值在 Text2 文本框内显示,出现频率最高的次数在 Text3 文本框内显示。

(3) 单击“退出”按钮时,结束程序运行。

2) 分析

(1) 单击“产生数组”按钮时,通过 Rnd 函数随机生成 20 个 0～10 之间(不含 0 和 10)的数值,并将其保存到一维数组 a 中,同时运用 Space 函数和 Str 函数将这 20 个数值显示在 Text1 文本框内。单击“统计”按钮,统计出数组 a 中出现频率最高的数值及其出现的次数,并把出现的次数赋值给数组 b,通过对数组 b 中数值的排序,找出最高次数,并通过判断最高次数的值,找出出现频率最高的数值,并将其数值显示在 Text2 文本框内,出现次数显示在 Text3 文本框内。单击“退出”按钮,运用 End 语句结束程序运行。Str 函数将数值转化为字符串,Val 函数将数字字符转换为数值。Space(n)函数用于输入空格,n 为空格的个数。Fix 函数用于截尾取整,生成整数。

(2) 这里用到的字符串连接运算符为“＋”,注意两个连接运算符的区别:“&”作为字符串连接运算符只能生成字符串;“＋”既可以作为字符串连接运算符生成字符串,也可以作为数学运算符加号,因为 VB 会自动进行类型转换,所以在类型不明确的情况下,使用“＋”连接字符串,在一些情况下,可能造成混乱,例如:

```
a$＝"3"
b!＝4
msgbox(a＋b)
```

结果是 7,而不是“34”,而用“&”连接则不会出现这种情况。

3) 设计界面及设置属性

程序中用到的控件及属性见实验表 5.2。

实验表 5.2 控件属性

控件	命令按钮 1		命令按钮 2		命令按钮 3	
属性	Name	Caption	Name	Caption	Name	Caption
设置值	Cmd1	产生数组	Cmd2	统计	Cmd3	退出

4) 程序代码

```
Option Base 1
Dim a(20) As Integer, b(20) As Integer

Private Sub Cmd1_Click()
  Text1.Text=""
  Text2.Text=""
```

```
    Text3.Text=""
    For i=1 To 20
        a(i)=Fix(Rnd * 9+1)
        b(i)=1
        Text1.Text=Text1.Text+Str(a(i))+Space(2)
    Next i
End Sub

Private Sub Cmd2_Click()
    fmax=0
    For i=1 To 20
        For j=1 To i-1
            If a(i)=a(j)Then
                b(i)=b(i)+1
            End If
        Next j
        If b(i)>fmax Then fmax=b(i)
    Next i
    For i=1 To 20
        If b(i)=fmax Then
            Text2.Text=Text2.Text+Str(a(i))+Space(2)
        End If
    Next i
    Text3.Text=fmax
End Sub

Private Sub Cmd3_Click()
    End
End Sub
```

3. 数制转换

1）要求

制作一个将十进制整数转换为二进制、八进制和十六进制数的程序。程序运行效果如实验图 5.9 所示。

(a) 十进制转二进制

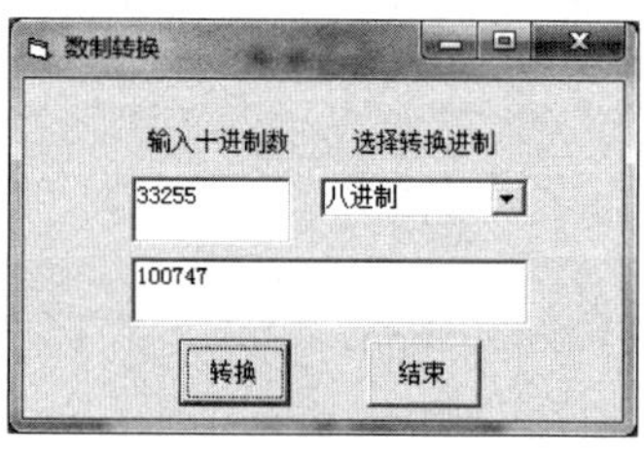

(b) 十进制转八进制

(c) 十进制转十六进制

实验图 5.9　数制转换

2）分析

(1) 十进制整数转换为其他(N)进制数的基本方法是“N 除取余，逆排序”，即用 N 去除十进制整数，取其余数，再用 N 去除商，取余数，如此反复，直至商为零。将每次所得余数逆序排列，即为要转换的 N 进制数。在十六进制数中有 A～F 6 个特殊数码，与十进制数 10～15 相对应，为了便于转换，可将 0～F 16 个数码存入一个下界为 0，上界为 15 的静态字符型数组中。转换时按照数组元素的下标取出对应的字符即可。该数组同样适用于向二进制和八进制的转换。

(2) 定义一个模块级的字符串型静态数组 Char(15)，默认下界为 0。在窗体的 Form_Load 事件中将字符 0～9、A～F 赋给该数组各元素，以备调用。

(3) 在组合框的单击事件中，将用户选择的进制通过组合框的 ItemData 属性获取进制基数，并存入变量以备计算。

(4) 在“转换”按钮的单击事件中，通过循环进行“N 除取余，逆排序”，将用户输入的十进制数转换为其他进制。在循环中，根据每次所得余数，取 Char 数组中对应位置的“0～F”字符，即转换为特定进制的数码字符。将每次所得数码字符按以下方式存入字符串变量，即可实现“逆排序”。

(5) 字符串变量＝数字字符 & 字符串变量

注意：数字字符应在“&”连接符之前。

3）设计界面及设置属性

按照实验图 5.9 所示的程序运行界面，在窗体上放置两个标签，其 Caption 属性分别为“输入十进制数”“选择转换进制”。添加两个文本框，用于输入十进制数和显示转换结果，名称分别为“txtInput”“txtResult”，将 Text 属性均设置为空。添加一个组合框，将名称改为“cboSelect”，按照实验图 5.10，选择该控件属性窗口的 List 属性，单击右侧的下拉按钮，在弹出的下拉框中输入 3 项内容：“二进制”“八进制”和“十六进制”(每项输入完成后，按 Ctrl＋Enter 组合键换行)；再选择属性窗口的 ItemData 属性，单击右侧的下拉按钮，在弹出的下拉框中输入 3 项内容：“2”“8”和“16”，分别与 List 属性中各项相对应。再添加两个命令按钮，名称分别为“cmdStart”“cmdEnd”，Caption 属性分别为“转换”“结束”。

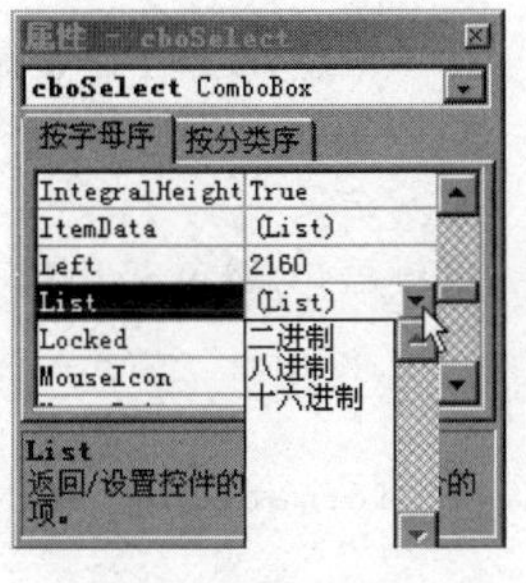

(a) 设置List属性

(b) 设置ItemData属性

实验图 5.10　设置组合框属性

说明：组合框的 ItemData 属性是一个长整型数的数组，它的项目数(元素个数)与控件的 List 属性(本质是字符串数组)的项目数相等。ItemData 属性中的各项与 List 属性中的各项一一对应。在本程序中,当用户选择待转换的数制(如“二进制”)时,可以直接利用 ItemData 属性中对应的数值进行计算。

4) 程序代码

```
Option Explicit
Dim n As Integer                           '保存数制
Dim Char(15)As String                      '静态字符串数组保存"0~F"数字字符

PrivateSub cboSelect_Click()               'cboSelect 为数制组合框
    'ItemData 为组合框中项目的代号,分别为 2,8,16
    'ListIndex 为组合框中项目的索引,代表当前被选中的项目
    '单击时将所选数制存入 n
    n=cboSelect.ItemData(cboSelect.ListIndex)
End Sub

Private Sub cmdEnd_Click()                 '"结束"按钮
    End
End Sub

Private Sub cmdStart_Click()               '"转换"按钮
    On Error GoTo ErrInfo                  '出错时(如数字太大,溢出)转向 ErrInfo 语句
    Dim strResult As String                '存转换结果
    Dim lngNum As Long                     '存待转换数字
    Dim r As Integer                       '存余数
    lngNum=Val(txtInput)                   '将输入框中的十进制数存入 lngNum
    Do Until lngNum=0                      '循环除 n 取余,直到原十进制数商=0 为止
        r=lngNum Mod n                     '除 n 取余
        '根据余数,取 Char 数组中对应位置的"0~F"字符,
        '转换为特定进制的数字符号。
        '将余数逆序排列(注意"&"前后变量的位置)赋予 strResult
        strResult=Char(r) & strResult
        lngNum=lngNum \ n                  '除 n 取整,准备下一次循环
    Loop
    txtResult=strResult                    '显示结果
    Exit Sub                               '关键语句,避免未出错时亦执行后面的语句
'错误处理程序段(避免溢出)
    ErrInfo:
    MsgBox "请输入 ≤2147483647 的数字。", vbInformation, " 提示"
    WithtxtInput
        .SelStart=0
        .SelLength=Len(.Text)
        .SetFocus
    End With
```

```
End Sub

Private Sub Form_Load()                    '窗体加载
    Dim i As Integer
    '将 0～9 赋值给 Char 数组
    For i=0 To 9
        Char(i)=i
    Next
    '将字符 A～F 赋值给 Char 数组元素(10)～(15)。65 是"A"的 ASCII 码
    For i=0 To 5
        Char(10+i)=Chr(65+i)
    Next
    n=2                                    '预设转换数制为二进制
    cboSelect.ListIndex=0                  '设组合框第 1 项(二进制)为默认选项
    cmdStart.Default=True                  '"转换"按钮为回车缺省按钮
End Sub

Private Sub txtInput_KeyPress(KeyAscii As Integer)
    '若按键非数字键或回删键,取消按键
    If Not IsNumeric(Chr(KeyAscii))And KeyAscii <>8 Then
        KeyAscii=0
    End If
End Sub
```

4. 输入和查询

1) 要求

编写程序,要求能通过文本框控件数组输入学生的学号、姓名、性别、年龄等个人简况,输入的学生人数不限,并可按学号或姓名查询。程序运行结果如实验图 5.11 所示。

2) 分析

(1) 上述学生个人信息类似于数据库中的一个二维表格,每名学生的信息是一条"记录"(行),学号、姓名等是记录的"字段"(列),因此可将学生信息存入一个二维数组中以备查询。由于要求输入的学生人数不限,即数组中"行"的上界是浮动的,所以应将该二维数组定义为动态数组,当增加新记录时,用 ReDim 语句改变数组"行"的上界。为了在改变数组大小时保留数组中原有信息,需要在 ReDim 语句中使用 Preserve 关键字。按照习惯,一般是将二维数组中的第一维作为"行",第二维作为"列"。但是,VB 规定,使用 Preserve 关键字保留数组原有信息时,只能对数组最后一维的大小重新定义。因此,需要改变通常的做法,即将第一维作为"列",第二维作为"行"。

(2) 在窗体的"通用-声明"段声明一个字符串型动态数组 arStu()(用于保存学生信息)和一个整型变量(用于保存已输入的学生数)。

(3) 在"输入"按钮的单击事件过程中,定义一个静态整型变量 i,用于累加学生数。通过循环检查各输入文本框,若均有内容,则令 i=i+1,用 ReDim Preserve 语句重新定

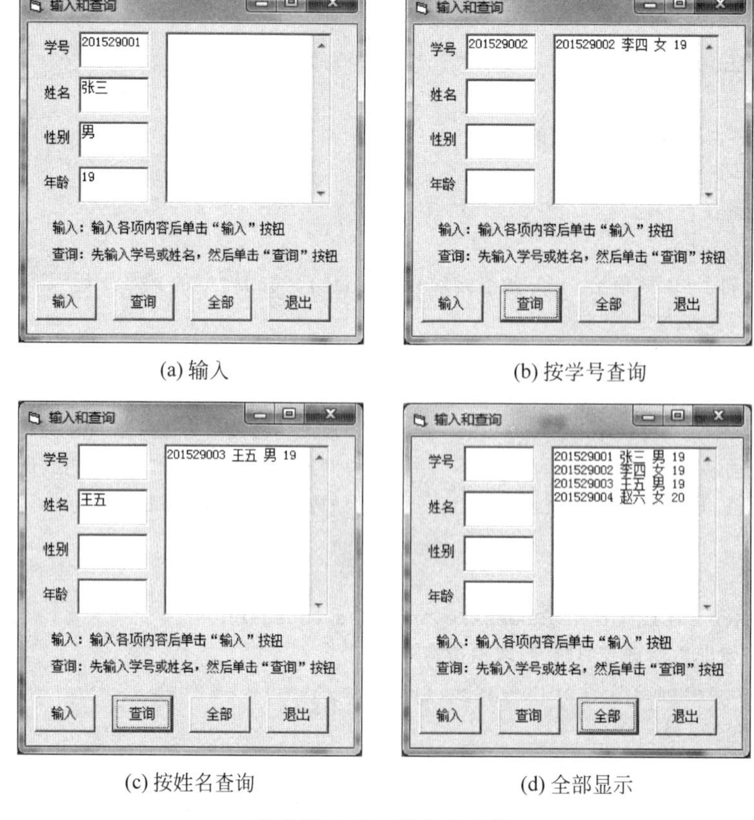

(a) 输入　　(b) 按学号查询

(c) 按姓名查询　　(d) 全部显示

实验图 5.11　输入和查询

义动态数组的第二维上界为 i(数组第一维上界始终为 3)，即 ReDim Preserve arStu(3, i)。然后用 For 循环将文本框控件数组中的数据存入动态数组(文本框控件数组各元素的下标与动态数组各元素第一维下标相对应)。

(4) 在“查询”按钮的单击事件过程中，用 For 循环按第二维遍历动态数组元素，查找符合条件的学号或姓名。若找到，在 Text2 中显示；若未找到，用 MsgBox 过程给出提示。

(5) 在“全部”按钮的单击事件过程中，用 For 双重循环(外循环变量为第二维下标，内循环变量为第一维下标)将全部学生的信息显示在 Text2 中。

3) 设计界面及设置属性

按照实验图 5.11 所示的程序运行界面，在窗体上放置一个文本框 Text1，设置 Text 属性为空。选定该文本框后，单击工具栏中的“复制”按钮，再单击“粘贴”按钮，在弹出的对话框中单击“是”，然后再单击两次“粘贴”按钮，即创建了含有 4 个元素的文本框(Text1)控件数组，用于输入学生信息。添加一个标签 Label1，按上述方法，创建含有 4 个元素的标签(Label1)控件数组，Label1(0)～Label1(3)的 Caption 属性分别为“学号”“姓名”“性别”“年龄”，用作对文本框的说明。添加一个文本框 Text2，用于显示查询结果，MultiLine 属性为 True，ScrollBars 属性为 2-Vertical，具有垂直滚动条。添加两个标签 Label2 和 Label3，其 Caption 属性分别为“输入：输入各项内容后单击‘输入’按钮”“查询：先输入学号或姓名，然后单击‘查询’按钮”。添加 4 个命令按钮，名称分别为“cmdInput”“cmdQuery”“cmdAll”“cmdEnd”，Caption 属性分别为“输入”“查询”“全部”“退出”。

4）程序代码

```
Option Explicit
Dim arStu()As String                          '动态数组
Dim intNum As Integer                         '存记录数

Private Sub cmdAll_Click()                    '"全部"按钮，显示全部记录
    If intNum=0 Then Exit Sub                 '若记录数为零，退出过程
    Dim i As Integer, j As Integer
    Dim strAll As String
    For i=1 To intNum                         'i 为数组第 2 维下标
        For j=0 To 3                          'j 为数组第 1 维下标
            '以 i 为行，j 为列，将数组元素存入变量
            strAll=strAll & arStu(j, i)& " "
        Next j
        strAll=strAll & vbCrLf                '行尾加回车换行符
    Next i
    For i=0 To i
      Text1(i)=""
    Next i
    Text2.Text=strAll                         '在文本框显示
End Sub

Private Sub cmdEnd_Click()                    '"结束"按钮
    End
End Sub

Private Sub cmdInput_Click()                  '"输入"按钮
    Static i As Integer                       '静态变量存记录数
    Dim j As Integer
    For j=0 To 3                              '检查各文本框是否为空
        If Trim$(Text1(j).Text)="" Then       '若第(j)个文本框无内容
            '利用标签控件数组对应元素的 Caption 属性提示应输入哪一项内容
            MsgBox "请输入" & Label1(j).Caption, vbInformation, "提示"
            Text1(j).SetFocus
            Exit Sub
        End If
    Next
    i=i+1                                     '静态变量累加记录数
    ReDim Preserve arStu(3, i)                '根据记录数重新定义动态数组末维上界
    '将各文本框的数据存入数组，同时清空文本框以备输入下一记录
```

```
    For j=0 To 3
        arStu(j, i)=Trim$(Text1(j).Text)
        Text1(j).Text=""
    Next
    intNum=i                                    '保存记录数
    Text1(0).SetFocus                           '焦点返回学号文本框
End Sub

Private Sub cmdQuery_Click()                    '"查询"按钮
    If intNum=0 Then Exit Sub                   '若记录数为零,退出过程
    Dim i As Integer, j As Integer
    Dim strQ As String
    If Trim$(Text1(0))<>"" And Text1(1)="" Then
                                                '若未输入姓名,但已输入学号,则按学号查找
        For i=1 To intNum
            '若找到,则在查询结果文本框显示记录内容并退出本过程
            If arStu(0, i)=Trim$(Text1(0))Then
                For j=0 To 3
                    '以 i 为行,j 为列,将数组元素存入变量
                    strQ=strQ & arStu(j, i)& " "
                Next
                Text2.Text=strQ                 '显示
                Exit Sub                        '找到退出
            End If
        Next
    ElseIf Trim$(Text1(1))<>"" And Text1(0)="" Then
                                                '若未输入学号,但输入了姓名,则按姓名查找
        For i=1 To intNum
            '若找到,则在查询结果文本框显示记录内容并退出本过程
            If arStu(1, i)=Trim$(Text1(1))Then
                For j=0 To 3
                    strQ=strQ & arStu(j, i)& " "
                Next
                Text2.Text=strQ
                Exit Sub                        '找到退出
            End If
        Next
    Else                                        '若学号、姓名均未输入
        MsgBox "请先输入学号或姓名,再单击"查询"按钮。", vbInformation, "提示"
        Text1(0).SetFocus
        Exit Sub
    End If
    '若未找到
    MsgBox "对不起,没有您要查询的学生。", vbInformation, " 查询结果"
End Sub
```

第6章　过　　程

6.1　知识要点

6.1.1　Function过程

1. 建立Function过程

Function过程定义的格式如下：

```
[Static][Private][Public]Function 过程名[(参数列表)][As 类型]
    [语句块]
    [过程名=表达式]
    [Exit Function][语句块]
End Function
```

2. 调用Function过程

Function过程的调用比较简单，因为可以像使用Visual Basic内部函数一样来调用Function过程。实际上，由于Function过程能返回一个值，因此完全可以把它看成是一个函数，它与内部函数(如Sqr、Str$、Chr$等)没有什么区别，只不过内部函数由系统提供，而Function过程由用户自己定义。

6.1.2　Sub过程

1. 建立Sub过程

通用Sub过程的结构与前面多次见过的事件过程的结构类似。一般格式如下：

```
[Static][Private][Public]Sub 过程名[(参数列表)]
    语句块
    [Exit Sub]
    [语句块]
End Sub
```

2. 调用Sub过程

调用引起过程的执行，也就是说，要执行一个过程，必须调用该过程。Sub过程的调用有两种方式：一种是把过程的名字放在一个Call语句中，一种是把过程名作为一个语句来使用。

1）用 Call 语句调用

调用 Sub 过程的格式：

```
Call 过程名[(实际参数)]
```

2）把过程名作为一个语句来使用

在调用 Sub 过程时，如果省略关键字 Call，就成为调用 Sub 过程的第二种方式。与第一种方式相比，它有两点不同：

（1）去掉关键字 Call；

（2）去掉“实际参数”的括号。

6.1.3 参数传送

在 Visual Basic 中，通常把形式参数叫做“参数”，而把实际参数叫做“自变量”。

1. 形参与实参

形参是在 Function、Sub 过程的定义中出现的变量名，实参则是在调用 Function 或 Sub 过程时传送给 Function 或 Sub 过程的常数、变量、表达式或数组。在 Visual Basic 中，可以通过两种方式传送参数，即按位置传送和指名传送。

2. 引用

在 Visual Basic 中，参数通过两种方式传送，即传地址和传值，其中传地址习惯上称为引用。在默认情况下，变量（简单变量、数组或数组元素以及记录）都是通过“引用”传送给 Function 或 Sub 过程。在这种情况下，可以通过改变过程中相应的参数来改变该变量的值。这意味着，当通过引用来传送实参时，可以改变传送给过程的变量的值。

3. 传值

传值就是通过值传送实际参数，即传送实参的值而不是传送它的地址。在这种情况下，系统把需要传送的变量复制到一个临时单元中，然后把该临时单元的地址传送给被调用的通用过程。由于通用过程没有访问变量（实参）的原始地址，因而不会改变原来变量的值，所有的变化都是在变量的副本上进行的。在 Visual Basic 中，传值方式通过关键字 ByVal 来实现。也就是说，在定义通用过程时，如果形参前面的关键字是 ByVal，则该参数用传值方式传送，否则用引用（即传地址）方式传送。

4. 数组参数的传送

Visual Basic 允许把数组作为实参传送到过程中。用数组作为过程的参数时，应在数组名的后面加上一对括号，以免与普通变量相混淆。

6.1.4 可选参数与可变参数

Visual Basic 6.0 提供了十分灵活和安全的参数传送方式，允许使用可选参数和可变参数。在调用一个过程时，可以向过程传送可选的参数或者任意数量的参数。

6.1.5 对象参数

对象作为参数与用其他数据类型作为参数的过程没有什么区别，其格式为：

```
Sub 过程名 (形参表)
    语句块
    [Exit Sub]
    …
End Sub
```

“形参表”中形参的类型通常为 Control 或 Form。注意，在调用含有对象的过程时，对象只能通过传地址方式传送。因此在定义过程时，不能在其参数前加关键字 ByVal。

6.1.6 变量和过程的作用域

1. 变量的作用域

1）局部变量与全局变量

根据变量的定义位置和所使用变量定义语句的不同，Visual Basic 中的变量可以分为 3 类，即局部(Local)变量、模块(Module)变量及全局(Public)变量，其中模块变量包括窗体模块变量和标准模块变量。

2）静态变量

有时候，在过程结束时，可能不希望失去保存在局部变量中的值。如果把变量声明为全局变量或模块级变量，则可解决这个问题。但如果声明的变量只在一个过程中使用，则这种方法并不好。为此，Visual Basic 提供了一个 Static 语句，其格式如下：

```
Static 变量表
```

其中“变量表”的格式如下：

```
变量[()][As 类型][,变量[()][As 类型]]……
```

2. 过程的作用域

过程的作用域是指过程可以使用的有效范围，它决定了该过程可以被程序中的哪些过程调用。过程按作用域的不同可分为模块级(文件级)过程和全局级(工程级)过程。

6.2 基础练习

6.2.1 单选题

(1) 已知过程定义的首行为 Sub sum(a As Integer, b As Integer)，则下面过程调用语句中正确的是________。

A. Call sum(x;y)　　B. sum x; y

C. sum(x, y)　　D. sum x, y

(2) 为了在程序运行时弹出一个菜单,程序中应使用________。

A. 窗体的 PopupMenu 方法　　B. 窗体的 Show 方法

C. 窗体的 ShowMenu 方法　　D. 所单击控件的 PopupMenu 方法

(3) 设有如下程序代码:

```
Dim a%
Public b%, c%
Private Sub Form_Click()
    Dim b%
    Print a; b; c
End Sub
Private Sub Form_Load()
    Dim a%
    a=5
    b=8
    c=10
End Sub
```

运行程序时单击窗体,则在窗体上显示的是________。

A. 0　0　10　　B. 0　8　10　　C. 5　8　10　　D. 5　0　10

(4) 设有以下程序片段:

```
Public x%
Private y$
Private Sub Command1_Click()
    Dim a
    …
End Sub

Private Sub Command2_Click()
    Static b
    …
End Sub
```

在 Command1_Click 过程中无法访问的变量是________。

A. a　　B. b　　C. x　　D. y

(5) 编写如下程序代码:

```
Private Sub Command1_Click()
  Const n=5
  Dim arrx(n)As Integer
  For i=1 To 5
     arrx(i)=i * i
  Next i
  Call swap(arrx(), n)
```

```
    For i=1 To n
       Print arrx(i);
    Next
End Sub

Public Sub swap(a()As Integer, k As Integer)
    For i=1 To k / 2
       t=a(i)
       a(i)=a(k-i+1)
       a(k-i+1)=t
    Next
End Sub
```

程序运行后,单击命令按钮 Command1,输出结果为________。

A. 1　4　9　4　1　　　B. 4　1　9　25　16

C. 1　4　9　16　25　　　D. 25　16　9　4　1

(6) 如果在过程 A 中用语句: Call proc(a, b)调用下面的过程:

```
Private Sub proc(b As Integer, ByVal a As Integer)
   a=a+1
   b=b * 2
End Sub
```

则调用结束后的结果是________。

A. 过程 A 中变量 b 的值变为原有值的 2 倍

B. 过程 A 中变量 a 的值变为原有值的 2 倍

C. 过程 A 中变量 a 的值变为原有值的 2 倍,b 的值等于原有值加 1

D. 过程 A 中变量 b 的值变为原有值的 2 倍,a 的值等于原有值加 1

(7) 在窗体上画一个名称为 Command1 的命令按钮和一个名称为 Text1 的文本框,然后编写以下程序代码:

```
Private Sub sub1(ByRef d(), ByRef m1 As Integer)
  Dim i As Integer
  m1=d(LBound(d))
  For i=LBound(d)+1 To UBound(d)
    If m1 <d(i)Then m1=d(i)
  Next i
End Sub
Private Sub Command1_Click()
  Dim n1 As Integer
  n1=-1
  Dim data()
  data=Array(10, 20, -20, 50, 15, -5)
  Call sub1(data(), n1)
```

```
  Text1.Text=n1
End Sub
```

程序运行过程中，当单击命令按钮 Command1 时，则在文本框 Text1 中显示的结果为________。

A. −5　　B. −1　　C. 0　　D. 50

(8) 有以下程序代码：

```
Private Sub Command1_Click()
    Print fun(10), fun(5)
End Sub
Private Function fun(n As Integer) As Integer
    Static t
    For k=1 To n
        t=t+k
    Next k
    fun=t
End Function
```

执行 Command1_Click 过程产生的输出是________。

A. 55　　15　　B. 55　　70

C. 15　　55　　D. 15　　70

(9) 以下叙述中错误的是________。

A. 保存程序时，应分别保存窗体文件和工程文件

B. 打开一个工程文件时，系统自动装入与该工程有关的窗体文件

C. 一个工程中可以包含一个或多个窗体，但不能包含其他模块

D. 标准模块文件的扩展名是 .bas，工程文件的扩展名是 .vbp

(10) 以下叙述中错误的是________。

A. 一个 Visual Basic 应用程序可以包含一个或多个工程

B. 一个 Sub 过程内不能嵌套定义另一个 Sub 过程

C. MsgBox 函数的返回值与在对话框中所单击的按钮有关，为一整数

D. Visual Basic 应用程序只能以解释方式执行

(11) 要求函数的功能是：从参数 str 字符串中删除所有参数 ch 所指定的字符，返回实际删除字符的个数，删除后的字符串仍在 str 中，为此某人编写了函数 DelChar 如下：

```
Function DelChar(str As String, ch As String) As Integer
    Dim n%, st$, c$
    st=""
    n=0
    For k=1 To Len(str)
        c=Mid(str, k, 1)
        If c=ch Then
            st=st & c
```

```
        Else
            n=n+1
        End If
    Next k
    str=st
    DelChar=n
End Function
```

并用下面的 Command1_Click()过程观察函数调用结果

```
Private Sub Command1_Click()
    ch$=Text1.Text
    Print DelChar(ch, "x"), ch
End Sub
```

发现结果有错误，程序代码需要修改，以下正确的修改方案是________。

A. 把语句 If c=ch Then 改为 If c <> ch Then

B. 把语句 Print DelChar(ch, "x"), ch 改为 Print DelChar(ch, "x"): Print ch

C. 把语句 DelChar=n 改为 DelChar=st

D. 删掉语句 str=st

(12) 如果窗体模块 A 中有一个过程：

```
Private Sub Proc()
    …
End Sub
```

则下面叙述中错误的是________。

A. 在标准模块中不能调用此过程

B. 在窗体模块 B 中可以有与此相同名称的过程

C. 窗体模块 A 中任何其他过程都可以调用此过程

D. 在窗体模块 B 中可以调用此过程

(13) 以下关于 VB 文件的叙述中，正确的是________。

A. 标准模块文件的扩展名是. frm

B. 一个. vbg 文件中可以包括多个. vbp 文件

C. 一个. vbp 文件只能含有一个标准模块文件

D. 类模块文件的扩展名为. bas

(14) 下面叙述中正确的是________。

A. 一个工程由一个窗体模块和一个标准模块组成

B. 一个窗体是一个窗体模块

C. 一个工程中只能有一个标准模块

D. 窗体模块中包含本窗体的所有事件过程，标准模块中包含本标准模块的所有事件过程

(15) 以下叙述中错误的是________。

A. 保存程序时,应分别保存窗体文件和工程文件

B. 打开一个工程文件时,系统自动装入与该工程有关的窗体文件

C. 一个工程中可以包含一个或多个窗体,但不能包含其他模块

D. 标准模块文件的扩展名是 .bas ,工程文件的扩展名是 .vbp

(16) 以下叙述中错误的是________。

A. 标准模块文件的扩展名是.bas

B. 标准模块文件是纯代码文件

C. 在标准模块中声明的全局变量可以在整个工程中使用

D. 在标准模块中不能定义过程

(17) 下面有关标准模块的叙述中,错误的是________。

A. 标准模块不完全由代码组成,还可以有窗体

B. 标准模块中的 Private 过程不能被工程中的其他模块调用

C. 标准模块的文件扩展名为.bas

D. 标准模块中的全局变量可以被工程中的任何模块引用

(18) 下面关于标准模块的叙述中错误的是________。

A. 标准模块中可以声明全局变量

B. 标准模块中可以包含一个 Sub Main 过程,但此过程不能被设置为启动过程

C. 标准模块中可以包含一些 Public 过程

D. 一个工程中可以含有多个标准模块

(19) 在标准模块中用 Public 关键字定义的变量,其作用域为________。

A. 本模块所有过程　　B. 整个工程

C. 所有窗体　　D. 所有标准模块

(20) 以下叙述中错误的是________。

A. 一个工程中可以包含多个窗体文件

B. 在一个窗体文件中用 Private 定义的通用过程可以被其他窗体调用

C. 窗体和标准模块需要分别保存为不同类型的磁盘文件

D. 全局变量可以在标准模块中定义

(21) 下列关于标准模块的叙述中,错误的是________。

A. 标准模块中的 Public 过程可以被不同窗体的程序调用

B. 标准模块是一个纯代码文件

C. 标准模块可以在某个窗体中建立

D. 标准模块文件的扩展名为.bac

(22) Visual Basic 集成环境的“工程”菜单(部分)如实验图 6.1 所示。为了编写全局变量和通用过程,要为当前工程创建一个新的.bas 文件,为此,应在菜单中选择的是________。

实验图 6.1 “工程”菜单

A. 添加窗体　　B. 添加 MDI 窗体

C. 添加模块　　D. 添加类模块

(23) 以下关于 VB 文件的叙述中,错误的是________。

A. 标准模块文件不属于任何一个窗体

B. 工程文件的扩展名为.frm

C. 一个工程只有一个工程文件

D. 一个工程可以有多个窗体文件

(24) 以下关于VB文件的叙述中,正确的是________。

A. 标准模块文件的扩展名是.frm

B. VB应用程序可以被编译为.exe文件

C. 一个工程文件只能含有一个标准模块文件

D. 类模块文件的扩展名为.bas

(25) 设一个工程文件包含多个窗体及标准模块,以下叙述中错误的是________。

A. 如果工程中有Sub Main过程,则程序一定首先执行该过程

B. 不能把标准模块设置为启动模块

C. 用Hide方法只是隐藏窗体,不能从内存中清除该窗体

D. Show方法用于显示一个窗体

(26) 如果在窗体模块中所有程序代码的前面有语句: Dim x,则x是________。

A. 全局变量 B. 局部变量 C. 静态变量 D. 窗体级变量

6.2.2 参考答案

(1) D (2) A (3) A (4) B (5) D (6) B (7) D (8) B (9) C

(10) D (11) A (12) D (13) B (14) B (15) C (16) D (17) A (18) B

(19) B (20) B (21) D (22) C (23) B (24) B (25) A (26) D

6.3 验证型实验

6.3.1 实验目的

(1) 掌握Function过程、Sub过程的定义与调用的方法。

(2) 掌握参数传送的方式及规则。

(3) 掌握变量和过程的作用域。

6.3.2 实验内容

1. 温标转换

(1) 要求:编写一个函数过程(Function过程),实现摄氏温标与华氏温标之间的相互转换。两种温标转换的公式如下:

华氏温度(℉) = 摄氏温度 × 9/5 + 32

摄氏温度(℃) = (华氏温度 − 32) × 5/9

(2) 提示:创建一个函数过程TransTh,用于两种温标的相互转换。该函数过程含

有两个参数(形参),分别为单精度型和逻辑型,用于传送待转换温度和温标类型标志。函数过程的返回值为字符串型。在函数过程中,根据温标类型标志进行换算,将换算结果用Format 函数保留一位小数后返回。

在两个命令按钮的单击事件中,以文本框中的温度和温标类型标志作为实参调用TransTh 函数过程。若转换类型为摄氏转华氏,则设置温标类型标志为 True,否则为False。调用函数过程后,将返回值显示在 Label1 中,并根据温标转换类型,将 Label2 和Label3 的 Caption 属性分别设置为"℃"或"℉"。

程序运行界面如实验图 6.2 所示。

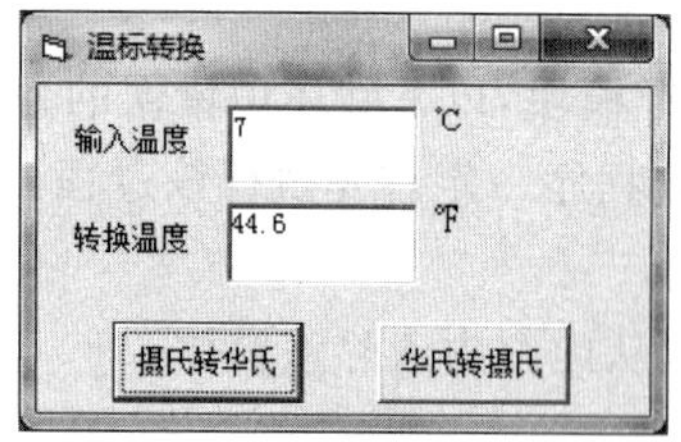

(a) 摄氏转华氏

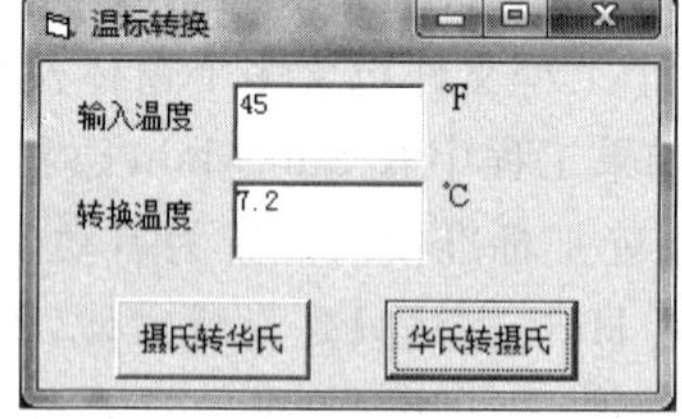

(b) 华氏转摄氏

实验图 6.2 温标转换

(3) 设计界面及设置属性:在窗体上添加 1 个文本框、5 个标签、2 个命令按钮,按照实验表 6.1 进行属性设置。

实验表 6.1 控件及属性

控件	属性	设置值
窗体	Name	Form1
	Caption	温标转换
文本框 1	Name	Text1
	Text	
标签 1	Name	Label1
	Caption	
	BorderStyle	1-Fixed Single
	BackColor	白色(&H00FFFFFF&)
标签 2	Name	Label2
	Caption	
	FontSize	小五号
标签 3	Name	Label3
	Caption	
	FontSize	小五号

续表

控　件	属　性	设　置　值
标签 4	Name	Label4
	Caption	输入温度
	AutoSize	True
标签 5	Name	Label5
	Caption	转换温度
	AutoSize	True
命令按钮 1	Name	Command1
	Caption	摄氏转华氏
命令按钮 2	Name	Command2
	Caption	华氏转摄氏

(4) 编写代码：

```
Option Explicit

'摄氏转华氏
Private Sub Command1_Click()
    If Trim$(Text1)="" Then Text1="0"
    Label1.Caption=TransTh(Val(Text1.Text), True)            '调用自定义函数
    Label2="℃"
    Label3="℉"
End Sub

'华氏转摄氏
Private Sub Command2_Click()
    If Trim$(Text1)="" Then Text1="0"
    Label1.Caption=TransTh(Val(Text1.Text), False)           '调用自定义函数
    Label2="℉"
    Label3="℃"
End Sub

'自定义函数:摄氏温标与华氏温标相互转换
Private Function TransTh(sngT As Single, blnCtoF As Boolean) As String
    If blnCtoF Then
        TransTh=Format(sngT * 9 / 5+32, "0.#")                 '摄氏转华氏
    Else
        TransTh=Format((sngT-32) * 5 / 9, "0.#")               '华氏转摄氏
    End If
End Function
```

2. 找水仙花数

(1) 要求：分别编写 Function 过程(funisnarc)和 Sub 过程(subisnarc)，找出 100 到 999 之间的所有水仙花数(注：水仙花数是指一个 n 位数(n≥3)，它的每位上的数字的 n 次幂之和等于它本身。例如，$153=1^3+5^3+3^3$，153 就是一个水仙花数)，程序运行结果如实验图 6.3 所示。

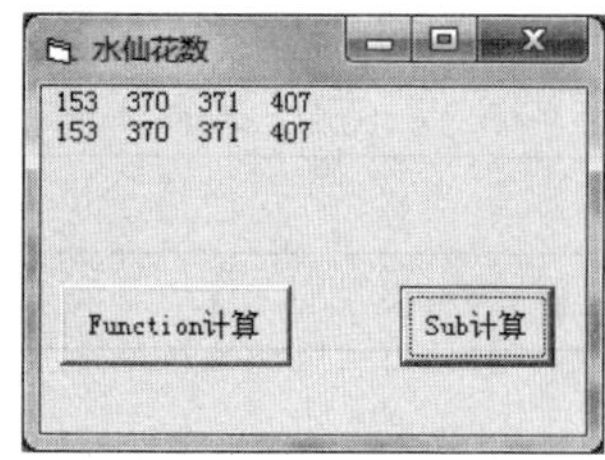

实验图 6.3 水仙花数

(2) 提示：Fix 函数删除 number 参数的小数部分，并返回其整数部分。格式为：Fix(number)，number 参数可以是任意有效的数值表达式。如果 number 参数包含 Null，则返回 Null。

调用 Function 过程可通过函数名返回计算结果，而调用 Sub 过程必须通过参数传递，才能返回计算结果。

(3) 编写代码：

```
Private Sub Command1_Click()
  Dim i As Integer
  For i=100 To 999
        If funisnarc(i)Then
          Print i;
        End If
  Next i
End Sub

Private Sub Command2_Click()
  Dim i As Integer
  Dim subnarc As Boolean
  Print
  For i=100 To 999
      Call subisnarc(i, subnarc)
      If subnarc Then
        Print i;
      End If
  Next i
End Sub

'以下 Function 过程用于判断某数是否为水仙花数
Function funisnarc(p As Integer)
   x=Fix(p / 100)
   y=Fix((p-x * 100)/ 10)
   z=p-x * 100-y * 10
   If p=x ^ 3+y ^ 3+z ^ 3 Then
      funisnarc=True
   Else
      funisnarc=False
```

```
   End If
End Function

'以下 Sub 过程用于判断某数是否为水仙花数
Sub subisnarc(p As Integer, narc As Boolean)
   x=Fix(p / 100)
   y=Fix((p-x * 100)/ 10)
   z=p-x * 100-y * 10
   If p=x ^ 3+y ^ 3+z ^ 3 Then
      narc=True
   Else
      narc=False
   End If
End Sub
```

3. 求多个数的最大公约数

(1) 要求：编写一个用辗转相除法求两个数的最大公约数的子过程(Sub 过程)，通过多次调用该子过程，求出多个数(超过两个数)的最大公约数。

(2) 提示：

① 辗转相除法是以两数中的小数作除数，大数作被除数，相除取余。若余数为零，则除数即为最大公约数；若余数不为零，则将除数改作被除数，余数改作除数，继续相除，直至余数为零时为止。在最后一次相除时，所用的除数(即最后一个不为零的余数)就是所求两数的最大公约数。整个过程可以用循环实现。

② 对多个数求最大公约数时，先求出前两个数的最大公约数，将所得最大公约数与第 3 个数求最大公约数，以此类推。在计算过程中，只要出现最大公约数为 1，即不必再对后续的其他数求公约数。

③ 创建一个子过程 GCD，该子过程含有两个参数(形参)m 和 n，采用传址方式，均为 Long 型，用于传送拟求最大公约数的两个数。在子过程中，始终以 n 作为除数，通过循环用辗转相除法求最大公约数，计算结束时，n 即为最大公约数。由于采用传址方式，形参 n 与对应的实参占用同一内存地址，实参值随形参改变，因此当子过程结束时，主调过程中与形参 n 对应的实参值就是求得的最大公约数。

④ 在"开始"按钮的单击事件中，定义一个动态数组，用 InputBox 函数获取用户欲求最大公约数的数字个数，以该数值定义动态数组的上界，再通过 For 循环，用 InputBox 函数将每个数存入数组，并在图片框中显示每个数。计算多个数的最大公约数时，仍然采用 For 循环(循环次数＝数字个数－1)，在循环中依次取出动态数组中的数字，调用 GCD 子过程计算。计算结束后，将计算结果显示在图片框中。程序运行结果如实验图 6.4 所示。

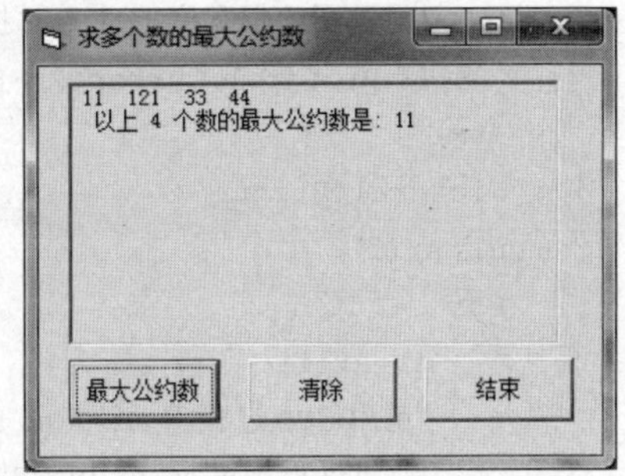

实验图 6.4 最大公约数

(3) 设计界面及设置属性：在窗体上添加一个图片框 Picture1，设置背景色为白色，

AutoRedraw 属性为 True。添加 3 个命令按钮，Caption 属性分别为“开始”“清除”“退出”。

(4) 编写代码：

```
Option Explicit

'自定义子过程,参数传递为传址方式
Private Sub GCD(ByRef m As Long, ByRef n As Long)
    '用辗转相除法求两数的最大公约数
    Dim r As Long, t As Long
    If m <n Then t=m: m=n: n=t                'm 中存大数(被除数),n 为除数
    Do
        r=m Mod n                              '相除取余,r 为余数
        If r=0 Then Exit Do                    '若余数为 0, n 即为最大公约数,退出循环
        m=n                                    '否则,除数改作被除数
        n=r                                    '余数改作除数
    Loop
End Sub

Private Sub Command1_Click()                   '开始
    Dim Ar()As Long                            '动态数组用于存放拟求最大公约数的数字
    Dim n%, i%, n1&, m1&                       '%=Integer, &=Long
    n=Val(InputBox("求几个数的最大公约数?", "求公约数"))
    If n <2 Or n >20 Then Exit Sub
    ReDim Ar(n)                                '重新定义数组上界
    For i=1 To n                               '输入 n 个数,为求其最大公约数做准备
        '将第 i 个数存入数组
        Ar(i)=Val(InputBox("输入第" & i & "个数:"))
        If Ar(i)<=0 Then                       '若输入数≤0,或单击"取消"按钮
            Picture1.Cls
            Exit Sub
        End If
        Picture1.Print Ar(i);                  '在图片框中显示输入的数
        '超过图片框宽度的 4/5 时换行
        If Picture1.CurrentX >Picture1.Width * 0.8 Then Picture1.Print
    Next
    Picture1.Print
    n1=Ar(1)                                   '将第 1 个数存入 n1
    For i=2 To n                               'n 个数调用 n-1 次 GCD 过程求最大公约数
        m1=Ar(i)                               '将第 i 个数存入 m1
        '调用 GCD 过程求 m1 和 n1 的最大公约数。由于采用传址方式,
        'GCD 过程结束时,n1 中的数字即为两数的最大公约数
        Call GCD(m1, n1)
        If n1=1 Then                           '只要本次求得的最大公约数为 1,不再继续
            Exit For
```

```
        End If
    Next
    Picture1.Print "  以上"; n; "个数的最大公约数是:"; n1
End Sub

Private Sub Command2_Click()                    '清除
    Picture1.Cls
End Sub

Private Sub Command3_Click()                    '结束
    End
End Sub
```

4. 数组参数

(1) 要求：将第 5 章综合设计型实验 1 修改为用子过程排序。程序运行结果如实验图 6.5 所示。

(2) 提示：需要定义 3 个子过程，分别实现 3 种方法的排序。传递数组参数只能是地址传递。在被调过程中不能用 Dim 语句对形参数组声明，否则会产生“重复声明”的编译错误。

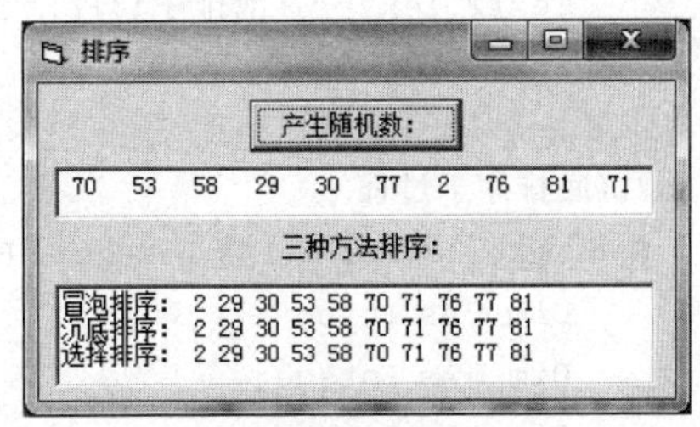

实验图 6.5 排序

(3) 设计界面及设置属性：按照实验图 6.5，在名称为 Form1、标题为“排序”的窗体上，创建一个名称为 Command1，标题为“产生随机数：”的命令按钮；2 个名称分别为 Text1、Text2，Text 属性均为空的文本框；一个名称为 Label1，标题为“三种方法排序：”的标签。

(4) 编写代码：

```
Private Sub Command1_Click()
    Dim a(10)As Integer, k As Integer, ch As String
    ch=""
    For k=1 To 10
        a(k)=Int(Rnd * 99+1)
        ch=ch+Str(a(k))+"  "
    Next k
    Text1.Text=ch
    Call sort1(a, 10)
    Call sort2(a, 10)
    Call sort3(a, 10)
End Sub

'冒泡排序子过程
Sub sort1(ByRef b()As Integer, ByVal n As Integer)
    Dim t As Integer
```

```
    Dim i As Integer
    Dim j As Integer
    Dim ch As String
    ch=""
    For i=1 To n-1
        For j=n To i+1 Step-1
            If b(j)<b(j-1)Then
                t=b(j)
                b(j)=b(j-1)
                b(j-1)=t
            End If
        Next j
    Next i
    For j=1 To n
        ch=ch+Str(b(j))+""
    Next j
    Text2.Text="冒泡排序:"+ch
End Sub

'沉底排序子过程
Sub sort2(ByRef b()As Integer, ByVal n As Integer)
    Dim t As Integer
    Dim i As Integer
    Dim j As Integer
    Dim ch As String
    ch=""
    For i=1 To n-1
        For j=1 To n-i
            If b(j)>b(j+1)Then
                t=b(j)
                b(j)=b(j+1)
                b(j+1)=t
            End If
        Next j
    Next i
    For j=1 To n
        ch=ch+Str(b(j))+""
    Next j
    Text2.Text=Text2.Text+vbCrLf+"沉底排序:"+ch
End Sub

'选择排序子过程
Sub sort3(ByRef b()As Integer, ByVal n As Integer)
    For i=1 To n-1
```

```
        iMin=i
        For j=i+1 To n
           If b(j)<b(iMin)Then iMin=j
        Next j
        t=b(i)
        b(i)=b(iMin)
        b(iMin)=t
    Next i
    For j=1 To n
       ch=ch+Str(b(j))+""
    Next j
    Text2.Text=Text2.Text+vbCrLf+"选择排序:"+ch
End Sub
```

5. 控件参数

(1) 要求：在名称为 Form1、标题为“控件参数”的窗体上，添加一个名称为 Label1、标题为“标签”的标签，一个名称为 Command1、标题为“命令按钮”的命令按钮，一个名称为 Text1、Text 属性为空的文本框。单击标签或命令按钮，则在文本框中显示所单击控件的标题内容，并在标题内容前添加“单击”二字，程序运行界面如实验图 6.6 所示。

实验图 6.6 控件参数

(2) 提示：

① TypeOf 语句用来限定控件参数的类型，其格式为：

```
[If|ElseIf] TypeOf 控件名称 Is 控件类型
```

说明：“控件名称”指的是控件参数(形参)的名字，即 As Control 前面的参数名。“控件类型”是代表各种不同控件的关键字，这些关键字是工具箱上各种控件的名称，例如 Label(标签)、TextBox(文本框)、CommandButton(命令按钮)等。

② 单击标签或命令按钮，通过 Call 语句调用自定义过程 ShowName，实现在文本框中显示所单击控件的标题内容。

③ 自定义过程 ShowName 用于判断控件的类型，CommandButton 表示命令按钮，Label 表示标签。如果变量 c 的控件类型是 CommandButton，那么文本框的 Text 属性设置为"单击" & Command1. Caption；如果变量 c 的控件类型是 Label，那么文本框的 Text 属性设置为 "单击" & Label. Caption。

(3) 编写代码：

```
Private Sub Command1_Click()
    Call ShowName(Command1)
End Sub

Private Sub Label1_Click()
    Call ShowName(Label1)
End Sub
```

```
Private Sub ShowName(c As Control)
    If TypeOf c Is CommandButton Then
        Text1.Text="单击" & Command1.Caption
    End If
    If TypeOf c Is Label Then
        Text1.Text="单击" & Label1.Caption
    End If
End Sub
```

6. 变量和过程的作用域

验证理论教材中的例 6.8～例 6.10。

6.4 综合设计型实验

6.4.1 实验目的

掌握函数过程和子过程的综合应用。

6.4.2 实验内容

1. 查找质数(素数)

1) 要求

在名称为 Form1、标题为"查找质数"的窗体上,添加一个名称为 Text1、初始值为空的文本框,该文本框允许显示多行内容,且有垂直滚动条,添加 2 个标题分别是"产生随机数""查找质数"的命令按钮。单击"产生随机数"按钮,则产生 20 个[1,100]区间的随机整数存入数组 a 中,并显示在 Text1 文本框中;单击"查找质数"按钮,则从产生的随机数中查找所有质数,并将这些质数也显示在 Text1 文本框内,程序运行界面如实验图 6.7 所示。

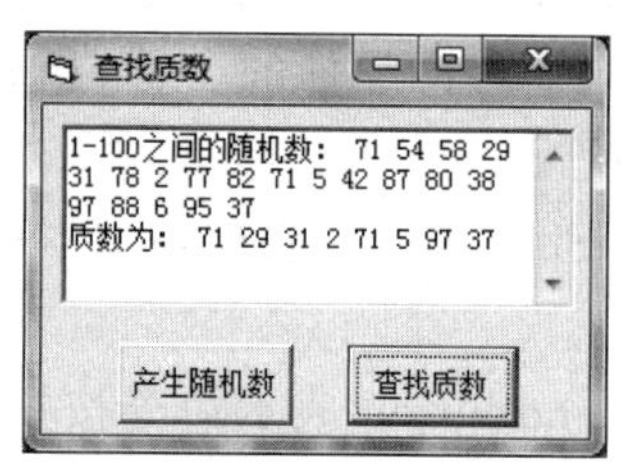

实验图 6.7 查找质数

2) 分析

本题涉及的知识点有文本框的多行显示和垂直滚动条的使用。产生一个区间的随机数的公式: Int(Rnd *(上限－下限＋1)＋下限)。质数又称素数,除了 1 和它自身外,不能被其他自然数整除的数称为质数。定义函数过程 prime(),用来判断每个数是否为质数。

3) 程序代码

```
Dim a(20)As Integer                          '定义窗体级数组

Private Sub Command1_Click()
    Dim k As Integer
    Text1="1-100之间的随机数:"
```

```
    For k=1 To 20
        a(k)=Int(Rnd * 100+1)
        Text1=Text1+Str(a(k))
    Next k
End Sub

Private Sub Command2_Click()
   Dim i As Integer, j As Integer
   Dim b(20)As Integer
   j=0
   For i=1 To 20
      If prime(a(i))Then
        j=j+1
        b(j)=a(i)
      End If
   Next
   Text1=Text1+vbCrLf+"质数为:"              '换行
   For i=1 To j
      Text1=Text1+Str(b(i))
   Next
End Sub

'以下 Function 过程用于判断某数是否为质数
Function prime(p As Integer)As Boolean
  Dim i As Integer
      For i=2 To p \ 2
         If p Mod i=0 Then
            prime=False
            Exit For
         End If
      Next i
      If i >p \ 2 Then
         prime=True
      End If
End Function
```

2. 扩展组合框功能

1）要求

组合框由单行文本框和列表框组合而成。为了与普通文本框相区别，可将组合框的文本框部分称为“编辑框”。本实验项目要求对组合框的功能进行扩展：

(1) 当用户在编辑框中输入内容时，自动检索已有的列表项，将相匹配的列表项显示在编辑框中。

(2) 当用户在编辑框中输入内容并按回车键后，在组合框中添加不重复的列表项。

将这两项扩展功能编制成 Public 自定义过程，放在标准模块(. bas)中，供其他各模块调用。

2）分析

(1) 在当前工程中添加一个标准模块(“工程”|“添加模块”)，模块名称自定。在模块中添加两个作用范围为 Public 的自定义子过程，分别命名为 AutoMatch 和 AddCboItem，用于实现列表项自动匹配和添加新项目。为了增强代码的通用性，为两个子过程各设置一个组合框对象类型的形参。两个子过程的起始行如下：

```
Public Sub AutoMatch(cboX As ComboBox)
Public Sub AddCboItem(cboX As ComboBox)
```

当调用子过程时，用需要执行上述功能的特定组合框的名称作为实参即可。例如：

```
Call AutoMatch(Combo1)          '以组合框对象为参数调用自动匹配子过程
Call AddCboItem(Combo2)         '以组合框对象为参数调用添加项目子过程
```

(2) 在列表项自动匹配子过程(AutoMatch)中，将用户已输入的字符与组合框中已有项目逐项进行模糊比较(用 Like 运算符)，若有匹配者，则在编辑框中显示。

(3) 在添加新项目子过程(AddCboItem)中，将用户已输入的内容与组合框中已有项目逐项进行准确比较(不分大小写，可用 UCase 或 LCase 函数转换)，若列表中无该项目，则添加到列表中。

(4) 在窗体的 Form_Load 事件中，向两个组合框中添加若干项目以便测试。上述两个扩展组合框功能的子过程需要在组合框的不同事件中调用。AutoMatch 子过程在组合框的 Change 事件中调用。为了避免用户按删除键或回删键时也进行自动匹配操作，需要设置一个模块级的逻辑型标志变量，在组合框的 KeyDown 事件中对用户按键进行判断，若用户按了删除键或回删键，将标志变量设为 False，否则为 True。在组合框的 Change 事件中调用 AutoMatch 子过程之前，先检查该标志变量，若为 False，则不调用 AutoMatch 子过程，即不进行自动匹配处理。

AddCboItem 子过程在组合框的 KeyDown 事件中调用。若用户按了回车键，则调用该过程，添加新的列表项。

程序运行界面如实验图 6.8 所示。

3）设计界面及设置属性

在窗体上放置两个组合框，Combo1 的属性采用默认值，设置 Combo2 的 Style 属性为 1-Simple Combo，适当调整其大小。添加 4 个标签，用于对组合框的样式及其功能做简要说明。

4）程序代码

```
'标准模块的程序代码
Option Explicit
'自定义子过程:在组合框中添加不重复的列表项
'可在组合框的键盘事件(按回车键)或 LostFocus 事件中调用
'子过程的参数为对象参数(组合框)
```

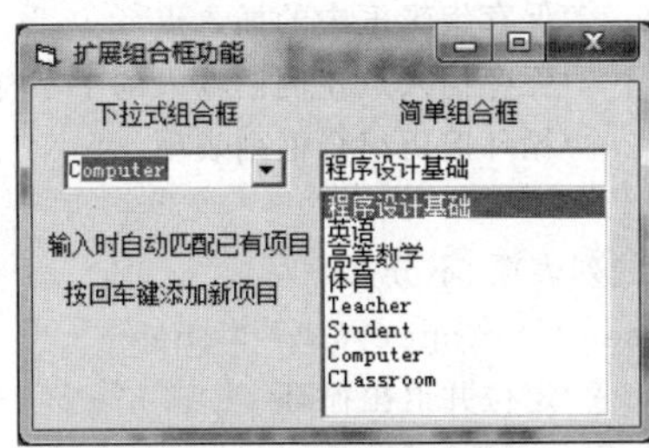

(a) 在下拉式组合框中输入“c”

(b) 在简单组合框中输入“高”

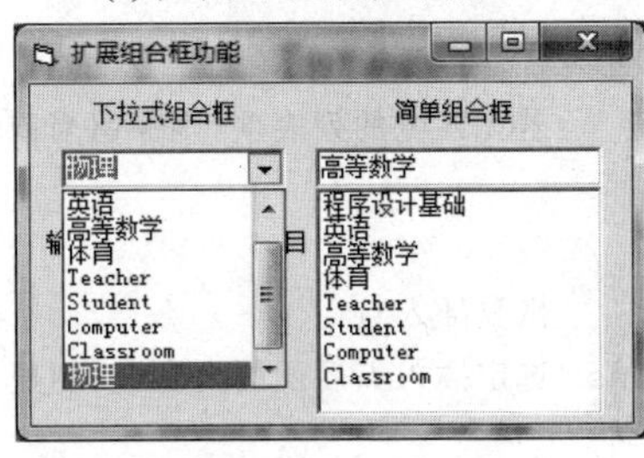

(c) 在下拉式组合框中输入“物理”后按回车键

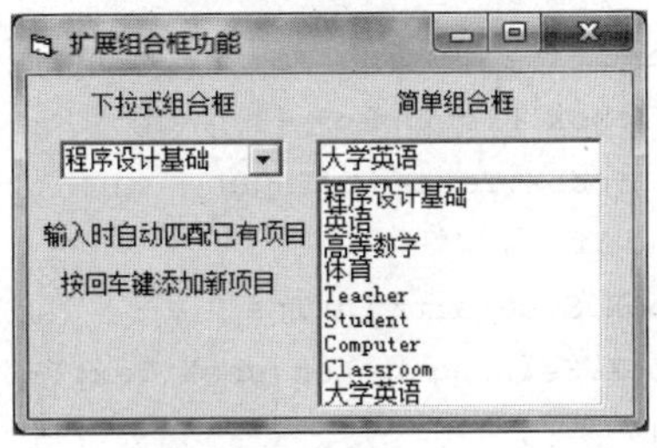

(d) 在简单组合框中输入“大学英语”后按回车键

实验图 6.8 扩展组合框功能

```
Public Sub AddCboItem(cboX As ComboBox)
    Dim i As Integer
    Dim blnOld As Boolean                          '项目存在标志
    Dim sNew As String
    blnOld=False
    sNew=Trim$(cboX.Text)                          '取用户在组合框的编辑框中输入的项目
    For i=0 To cboX.ListCount-1
        '若列表中已有该项目(不分大小写),设置标志,退出循环
        If LCase$(cboX.List(i))=LCase$(sNew)Or sNew="" Then
            blnOld=True
            Exit For
        End If
    Next
    If blnOld=False Then                           '若列表中无该项目,则添加
        cboX.AddItem sNew
    End If
End Sub

'自定义子过程:自动查找与组合框的编辑框中内容相匹配的列表项
'可在组合框的 Change 事件中调用
'子过程的参数为对象参数(组合框)
Public Sub AutoMatch(cboX As ComboBox)
    Dim intIns As Integer
    Dim strInput As String
    Dim i As Integer
```

```
    intIns=cboX.SelStart                          '保存编辑框中的插入点
    strInput=Left$(cboX.Text, intIns)             '保存插入点左侧已输入的子字符串
    For i=0 To cboX.ListCount-1                   '循环遍历组合框列表项
        '用 Like 运算符进行模糊比较
        '若有与编辑框中已输入的字符相匹配的列表项(不分大小写)
        If LCase$(cboX.List(i))Like LCase$(strInput)& "*" Then
            cboX.ListIndex=i                      '定位并退出循环
            Exit For
        End If
    Next
    If cboX.ListIndex=-1 Then                     '若无匹配的列表项,则保留当前输入内容
        cboX.Text=strInput
    End If
    cboX.SelStart=intIns                          '恢复插入点
    cboX.SelLength=Len(cboX.Text)-intIns '选定插入点后面的内容(反相显示)
End Sub

'窗体模块的程序代码
Option Explicit
Dim blnAutoMatch As Boolean                       '组合框列表项自动匹配标志
'Combo1 的 Change 事件
Private Sub Combo1_Change()                       '组合框的编辑框内容改变时
    If blnAutoMatch Then                          '若自动匹配则标志为 True
        Call AutoMatch(Combo1)                    '以组合框对象为参数调用自动匹配子过程
    End If
End Sub

'Combo1 的 KeyDown 事件
Private Sub Combo1_KeyDown(KeyCode As Integer, Shift As Integer)
    '若按键为删除键或回删键,则设自动匹配标志为 False,不进行自动匹配
    If KeyCode=vbKeyDelete Or KeyCode=vbKeyBack Then
        blnAutoMatch=False
    Else
        blnAutoMatch=True
    End If
    If KeyCode=vbKeyReturn Then                   '若按键为回车键
        Call AddCboItem(Combo1)                   '以组合框对象为参数调用添加项目子过程
    End If
End Sub

'Combo2 的 Change 事件
Private Sub Combo2_Change()
    If blnAutoMatch Then                          '若自动匹配标志为 True
        Call AutoMatch(Combo2)                    '以组合框对象为参数调用自动匹配子过程
```

```
    End If
End Sub

'Combo2 的 KeyDown 事件
Private Sub Combo2_KeyDown(KeyCode As Integer, Shift As Integer)
    '若按键为删除键或回删键,则设自动匹配标志为 False,不进行自动匹配
    If KeyCode=vbKeyDelete Or KeyCode=vbKeyBack Then
        blnAutoMatch=False
    Else
        blnAutoMatch=True
    End If
    If KeyCode=vbKeyReturn Then                 '若按键为回车键
        Call AddCboItem(Combo2)                 '以组合框对象为参数调用添加项目子过程
    End If
End Sub

'窗体加载
Private Sub Form_Load()
    Dim i As Integer
    '在组合框中添加若干项目以便测试
    With Combo1
        .AddItem "程序设计基础"
        .AddItem "英语"
        .AddItem "高等数学"
        .AddItem "体育"
        .AddItem "Teacher"
        .AddItem "Student"
        .AddItem "Computer"
        .AddItem "Classroom"
        .ListIndex=0                            '将第 1 项文本显示在编辑框中
    End With
    For i=0 To Combo1.ListCount-1               '将 Combo1 中的项目复制到 Combo2 中
        Combo2.AddItem Combo1.List(i)
    Next
    Combo2.ListIndex=0
End Sub
```

第7章　界面设计

7.1　知识要点

7.1.1　选择控件——复选框、单选按钮和框架

Visual Basic 6.0 提供了几个用于选择的标准控件，除了在第 6 章中讲到的列表框和组合框之外，用于选择的控件还包括单选按钮、复选框和框架。

1. 单选按钮和复选框

除支持 Top、Height、Picture、Caption、Enabled 等属性外，比较常用的属性还有：

（1）Value 属性；

（2）Alignment 属性；

（3）Style 属性。

2. 框架

框架（Frame）是一个容器控件，用于将屏幕上的对象分组。框架的属性包括 Enabled、FontBold、FontName、FontUnderline、Height、Left、Top、Visible、Width。此外，Name 属性用于在程序代码中标识一个框架，而 Caption 属性定义了框架的可见文字部分。

7.1.2　滚动条

滚动条通常用来附在窗口上帮助观察数据或确定位置，也可用来作为数据输入的工具，被广泛地用于 Windows 应用程序中。滚动条分为两种，即水平滚动条和垂直滚动条。

1. 滚动条属性

滚动条的属性用来标识滚动条的状态，除支持 Enabled、Height、Left、Caption、Top、Visible、Width 等常用属性外，还具有以下属性：Max、Min、LargeChange、SmallChange、Value。

2. 滚动条事件

与滚动条有关的事件主要是 Scroll 和 Change。

7.1.3 图形控件

Visual Basic 中与图形有关的标准控件有 4 种，即图片框、图像框、形状和直线。

1. 图片框和图像框

1）属性

图片框除常用于窗体相同的属性外，还常用以下属性：Picture、Autosize、BorderStyle。

图像框常用的属性有：Picture、Stretch。

2）图形文件的装入

通过 Picture 属性，既可在属性窗口中装入图片，也可在程序中通过代码装入图片。

3）图片框与图像框的区别

（1）其主要区别是图像框不能作为控件容器，而图片框可以；图片框还支持 Print 和 Cls 方法，而图像框不支持这两种方法。

（2）图片框与图像框常用的事件有 Click 和 DblClick。与图片框不同，图像框没有 Change 事件，因此，不会由于 Picture 属性改变而触发 Change 事件。

（3）图像框通过 Stretch 属性设置图片是否调整大小，以适应图像框的大小，值为 True 时，自动放大或缩小；图片框通过 Autosize 属性设置控件是否调整大小，值为 True 时，则自动改变控件的大小，以便使其与图片的大小相一致，如果属性值为 False（默认值），则不会自动调整控件大小，图像可能显示不完整。图片框控件不会对其显示的图像进行缩放，这一点与图像框不同。

4）图片框常使用的方法

图片框常使用的方法与窗体类似。

（1）Print 方法：用于在图片框控件中显示文本、数据等。

（2）Cls 方法：清除图片框中显示的文本、数据和用图形方法绘制的图形。

（3）Move 方法：改变图片框的位置和大小。

2. 形状和直线

形状（Shape）和直线（Line）控件可用来在窗体、框架或图片框上画简单的图形，它们通常只用于表面的修饰，不响应任何事件。

形状（Shape）控件在窗体上添加的形状控件默认为矩形，可通过设置 Shape 属性得到不同的形状。

直线（Line）控件可通过设置直线控件的位置、颜色、长度、宽度、线型等属性画出不同的线。

形状控件常用属性如下：

（1）Shape 属性：用来设置所画形状的几何特性。

（2）BorderWidth 属性：设置线条宽度。

（3）FillColor 属性：设置填充形状控件的颜色，其值用 8 位十六进制数表示。当通过属性窗口设置 FillColor 属性时，会显示调色板，可以从中选择所需要的颜色，不必考虑十六进制数值。

(4) FillStyle 属性：设置填充形状控件的样式。

直线控件的常用属性如下：

(1) BorderStyle 属性：设置线条类型。

(2) BorderWidth 属性：设置线条宽度。

(3) BorderColor 属性：设置线条的颜色。

(4) X1、Yl、X2、Y2 属性：设置或返回直线的起点和终点坐标，X1 属性设置(或返回)直线最左端水平坐标，Yl 属性设置(或返回)直线最左端垂直坐标，X2、Y2 设置(或返回)直线最右端的水平、垂直坐标。

7.1.4 计时器

Visual Basic 可以利用系统内部的计时器计时，而且提供了定制时间间隔的功能，用户可以自行设置每个计时器事件的时间间隔。

1. 计时器的主要属性

(1) Interval 属性：Interval 属性用来表示两个 Timer 事件之间的时间间隔，其值以 ms(毫秒，1 秒=1000 毫秒)为单位。当 Interval 属性值为 0 时，计时器控件不发挥作用。

(2) Enabled 属性：Enabled 属性用来设置计时器控件是否可用。当该属性设置为 True(默认值)时，计时器可用；当该属性设置为 False 时，计时器不可用。

2. 计时器的常用事件

计时器只有一个 Timer 事件。程序运行时，每隔由 Interval 属性值设置的时间，系统就会自动触发一次 Timer 事件，执行 Timer 事件过程。只有将计时器控件的 Interval 属性设置为大于 0 的整数时，程序运行时才会触发计时器控件的 Timer 事件，否则不会触发 Timer 事件。

7.1.5 键盘与鼠标

1. 键盘

1) KeyPress 事件

在窗体上画一个控件(指前面所讲的可以发生 KeyPress 事件的控件)，并双击该控件，进入程序代码窗口后，从“过程”框中选取 KeyPress，即可定义 KeyPress 事件过程。一般格式为：

```
Private Sub Text1_KeyPress(KeyAscii As Integer)
  …
End Sub
```

2) KeyDown 和 KeyUp 事件

KeyDown 和 KeyUp 事件的参数有两种形式，其中 Index As Integer 只用于控件数组，而 KeyCode As Integer，Shift As Integer 用于单个控件。

2. 鼠标

1）过程模板

为了实现鼠标操作，Visual Basic 提供了 3 个过程模板。

（1）按下鼠标键事件过程：

```
Sub Form_MouseDown(Button As Integer,Shift As Integer,x As Single,y As Single)
  …
End Sub
```

（2）松开鼠标键事件过程：

```
Sub Form_MouseUp(Button As Integer,Shift As Integer,x As Single,y As Single)
  …
End Sub
```

（3）移动鼠标事件过程：

```
Sub Form_MouseMove(Button As Integer,Shift As Integer,x As Single,y As Single)
  …
End Sub
```

上述事件过程用于窗体和大多数控件，包括复选框、命令按钮、单选按钮、框架、文本框、目录框、文件框、图像框、图片框、标签、列表框等。

3 个鼠标事件过程具有相同的参数，含义如下：

（1）Button：被按下的鼠标键，可以取 3 个值。

（2）Shift：表示 Shift、Ctrl 和 Alt 键的状态。

（3）X、Y：鼠标光标的当前位置。

2）鼠标光标的形状

鼠标光标的形状通过 MousePointer 属性来设置。该属性可以在属性窗口中设置，也可以在程序代码中设置。MousePointer 的属性是一个整数，可以取 0～15。

（1）在程序代码中设置 MousePointer 属性。

在程序代码中设置 MousePointer 属性的一般格式为：

```
对象.MousePointer=设置值
```

（2）在属性窗口中设置 MousePointer 属性。

单击属性窗口中的 MousePointer 属性条，然后单击设置框右端向下的箭头，将下拉显示 MousePointer 的 16 个属性值。

（3）自定义鼠标光标。

如果把 MousePointer 属性设置为 99，则可通过 MouseIcon 属性定义自己的鼠标光标。有以下两种方法：

① 如果在属性窗口中定义，可首先选择所需要的对象，再把 MousePointer 属性设置为“99-Custom”，然后设置 MouseIcon 属性，把一个图标文件赋给该属性（与设置 Picture 属性的方法相同）。

② 如果用程序代码设置，则可先把 MousePointer 属性设置为 99，然后再用 LoadPicture 函数把一个图标文件赋给 MouseIcon 属性。

3）鼠标光标形状的使用

在 Windows 中，鼠标光标的应用有一些约定俗成的规则。为了与 Windows 环境相适应，在应用程序中应遵守这些规则，主要有：

(1) 表示用户当前可用的功能。如"I"形鼠标光标(属性值为 3)表示插入文本；十字形状(属性值为 2)表示画线或圆，或者表示选择可视对象以进行复制或存取。

(2) 表示程序状态的用户可视线索。如沙漏鼠标(属性值为 11)表示程序忙，一段时间后将控制权交给用户。

(3) 当坐标(X，Y)值为 0 时，改变鼠标光标形状。

4）拖放

与拖放有关的属性、事件和方法如下。

(1) 属性。有两个属性与拖放有关，即 DragMode 和 DragIcon。

(2) 事件。与拖放有关的事件是 DragDrop 和 DragOver。

7.1.6 通用对话框

1. 对话框的分类

Visual Basic 中的对话框分为 3 种类型，即预定义对话框、自定义对话框和通用对话框。

2. 对话框的特点

(1) 在一般情况下，用户没有必要改变对话框的大小，因此，其边框是固定的。

(2) 为了退出对话框，必须单击其中的某个按钮，不能通过单击对话框外部的某个地方关闭对话框。

(3) 在对话框中不能有最大化按钮(Max Button)和最小化按钮(Min Button)，以免被意外地扩大或缩小图标。

(4) 对话框中不是应用程序的主要工作区，只是临时使用，使用后就关闭。

(5) 对话框中控件的属性可以在设计阶段设置，但在有些情况下，必须在运行时(即在代码中)设置控件的属性，因为某些属性设置取决于程序中的条件判断。Visual Basic 的预定义对话框体现了前面 4 个特点，在定义自己的对话框时，也必须考虑到上述特点。

3. 自定义对话框

如前所述，预定义对话框(信息框和输入框)很容易建立，但在应用上有一定的限制。例如，对于信息框来说，只能显示简单的信息、一个图标和有限的几种命令按钮，程序设计人员不能改变命令按钮的说明文字，也不能接收用户输入的任何信息。用输入框可以接收输入的信息，但只限于使用一个输入区域，而且只能使用"确定"和"取消"两种命令按钮。如果需要比输入框或信息框功能更多的对话框，则只能由用户自己建立。

4. 通用对话框控件

用 MsgBox 和 InputBox 函数可以建立简单的对话框，即信息框和输入框。如果需要，也可以用上面介绍的方法，定义自己的对话框。当要定义的对话框较复杂时，将会花费较多的时间和精力。为此，Visual Basic 6.0 提供了通用对话框控件，用它可以定义较为复杂的对话框。

1）文件对话框

文件对话框分为两种，即打开(Open)文件对话框和保存(Save As)文件对话框。

2）其他对话框

用通用对话框控件除了能建立文件对话框外，还可以建立其他一些对话框，包括颜色对话框、字体对话框和打印对话框等。

(1) 颜色(Color)对话框。颜色对话框用来设置颜色。它具有与文件对话框相同的一些属性，包括 CancelError、DialogTitle、HelpCommand、HelpContext、HelpFile 和 HelpKey，此外还有两个属性，即 Color 属性和 Flags 属性。

(2) 字体(Font)对话框。在 Visual Basic 中，字体通过 Font 对话框或字体属性设置。利用通用对话框控件，可以建立一个字体对话框，并可在该对话框中设置应用程序所需要的字体。字体对话框具有以下属性：

① CancelError、DialogTitle、HelpCommand、HelpContext、HelpFile 和 HelpKey。

② Flags 属性。

③ FontBold、FontItalic、FontName、FontSize、FontStrikeThru 和 FontUnderline，这些属性可以在对话框中选择，也可以通过程序代码赋值。

④ Max 和 Min 属性，字体大小用点(一个点的高度是 1/72 英寸)量度。在默认情况下，字体大小的范围为 1～2048 个点，用 Max 和 Min 属性可以指定字体大小的范围。注意，在设置 Max 和 Min 属性之前，必须把 Flags 属性值设置为 8192。

(3) 打印(Printer)对话框。用打印对话框可以选择要使用的打印机，并可为打印处理指定相应的选项，如打印范围、数量等。打印对话框除具有前面讲过的 CancelFrror、DialogTitle、HelpCommand、HelpContext、HelpFile 和 HelpKey 等属性外，还具有以下属性。

① Copies 属性：指定要打印的文档的拷贝数。如果把 Flags 属性值设置为 262144，则 Copies 属性值总为 1。

② Flags 属性。

③ FromPage 和 ToPage 属性：指定要打印文档的页范围。如果要使用这两个属性，必须把 Flags 属性设置为 2。

④ hDC 属性：分配给打印机的句柄，用来识别对象的设备环境，用于 API 调用。

⑤ Max 和 Min 属性：用来限制 FromPage 和 ToPage 的范围，其中 Min 指定所允许的起始页码，Max 指定所允许的最后页码。

⑥ PrinterDefault 属性：该属性是一个布尔值，在默认情况下为 True。当该属性值为 True 时，如果选择了不同的打印设置(如将 Fax 作为默认打印机等)，Visual Basic 将对 Win.ini 文件做相应的修改。如果把该属性设置为 False，则对打印设置的改变不会保存在 Win.ini 文件中，并且不会成为打印机的当前默认设置。打印对话框通过 ShowPrint 或 Action 属性(＝5)建立。

7.1.7 菜单设计

菜单的基本作用有两个：一是提供人机对话的界面，以便让使用者选择应用系统的各种功能；二是管理应用系统，控制各种功能模块的运行。在实际应用中，菜单可分为两种基本类型，即弹出式菜单和下拉式菜单。

1. 菜单编辑器

Visual Basic 中的菜单通过菜单编辑器，即菜单设计窗口建立。可以通过以下 4 种方式进入菜单编辑器：

(1) 执行“工具”菜单中的“菜单编辑器”命令。

(2) 使用快捷键 Ctrl+E。

(3) 单击工具栏中的“菜单编辑器”按钮。

(4) 在要建立菜单的窗体上单击鼠标右键，将弹出一个菜单，然后执行“菜单编辑器”命令。

2. 菜单项的控制

1) 有效性

控制菜单中的某些菜单项应能根据执行条件的不同进行动态变化，即当条件满足时可以执行，否则不能执行。菜单项的“有效”属性是控制菜单项的有效性的，菜单项的有效性就是通过该属性来控制的。

2) 菜单项标记

所谓菜单项标记，就是在菜单项前加上一个“√”。它有两个作用：一是可以明显地表示当前某个(或某些)命令状态是 On 或 Off；二是可以表示当前选择的是哪个菜单项。

3) 键盘

选择用键盘选取菜单通常有两种方法，即快捷键和热键，热键也叫访问键(Access Key)。

4) 菜单项的增减

菜单项的增减通过控件数组来实现。一个控件数组含有若干个控件，这些控件的名称相同，所使用的事件过程相同，但其中的每个元素可以有自己的属性。和普通数组一样，通过下标(Index)访问控件数组中的元素。控件数组可以在设计阶段建立，也可以在运行时建立。

3. 弹出式菜单

建立弹出式菜单通常分两步进行：首先用菜单编辑器建立菜单，然后用 PopupMenu 方法弹出显示。第一步的操作与前面介绍的基本相同，唯一的区别是，必须把菜单名(即主菜单项)的“可见”属性设置为 False(子菜单项不要设置为 False)。PopupMenu 方法用来显示弹出式菜单，其格式为：

```
对象.PopupMenu 菜单名,Flags,X,Y,BoldCommand
```

其中“对象”是窗体名；“菜单名”是在菜单编辑器中定义的主菜单项名；X，Y 是弹出式菜单在窗体上的显示位置(与 Flags 参数配合使用);BoldCommand 用来在弹出式菜单中显示一个菜单控制;Flags 参数是一个数值或符号常量,用来指定弹出式菜单的位置及行为。

7.2 基础练习

7.2.1 单选题

(1) 下列不能作为"容器"(即可以在其中放置其他控件)的是________。

A. 图片框　　B. 窗体　　C. 框架　　D. 组合框

(2) 设窗体上有一个名称为 Text1 的文本框,要求在文本框中输入的字母都变成大写,下面可以实现这一功能的事件过程是________。

A.
```
PrivateSub Text1_KeyPress(KeyAscii As Integer)
    KeyAscii=Asc(UCase(Chr(KeyAscii)))
End Sub
```
B.
```
Private Sub Text1_KeyPress(KeyAscii As Integer)
    KeyAscii=UCase(KeyAscii)
End Sub
```
C.
```
Private Sub Text1_KeyPress(KeyAscii As Integer)
    KeyAscii=KeyAscii+1
End Sub
```
D.
```
Private Sub Text1_Change()
    KeyAscii=UCase(KeyAscii)
End Sub
```

(3) 下列叙述中错误的是________。

A. 图片框可以作为控件的容器

B. 文本框控件支持 Change 事件

C. 可以使用 Print 方法在图片框上输出文字

D. 由于直线控件没有 Move 方法,所以直线控件在运行阶段不能移动

(4) 用于设置计时器事件产生间隔的属性是________。

A. Index　　B. Value　　C. Tag　　D. Interval

(5) 设形状控件的 Width 与 Height 属性的值相等。下面叙述中正确的是________。

A. 呈现的图形一定不是矩形　　B. 呈现的图形一定是正方形

C. 呈现的图形一定是圆　　D. 上述都是错误的

(6) 设窗体上有 2 个框架,每个框架中有若干个单选按钮,下面叙述中正确的是________。

A. 如果某个框架的 Enabled 属性为 False,则里面的单选按钮一定都是未选中状态

B. 窗体上所有单选按钮中只有一个可以被选中

C. 每个框架中都有一个单选按钮可以被选中

D. 如果某个框架的 Enabled 属性为 True,则里面单选按钮的 Enabled 属性也都为 True

(7) 窗体上有一个文本框 Text1 和一个水平滚动条 HScroll1,且 HScroll1 的 Min 和 Max 属性值分别为 10 和 40。程序运行后,如果移动 HScroll1 的滚动框,则文本框 Text1 中的文字大小随着滚动框位置的变化同步改变。以下能实现上述操作的过程是________。

A. Private Sub HScroll1_Change()
Text1. FontSize=HScroll1. Value
End Sub

B. Private Sub HScroll1_Change()
Text1. FontSize=HScroll1. Caption
End Sub

C. Private Sub HScroll1_Click()
Text1. FontSize=HScroll1. Value
End Sub

D. Private Sub HScroll1_Click()
Text1. FontSize=HScroll1. Caption
End Sub

(8) 在计时器控件中,Interval 属性的作用是________。

A. 设置产生计时器事件的间隔

B. 决定是否响应用户的操作

C. 决定计时器事件产生的次数

D. 设置计时器与窗体上边界之间的距离

(9) 下列关于菜单的描述中错误的是________。

A. 菜单项没有 Value 属性

B. 某菜单项是否显示为一个分隔条,取决于它的 Caption 属性

C. 当某菜单项的 Visible 属性为 False 时,它的子菜单也不会显示

D. 菜单项的所有属性都不能在程序运行中修改

(10) 决定对象拖放模式的属性是________。

A. DragDrop　B. DragIcon　C. DragMode　D. DragOver

(11) 下列关于键盘事件的说法中,正确的是________。

A. KeyDown 和 KeyUp 的事件过程中有 KeyAscii 参数

B. 按下键盘上的任意一个键,都会引发 KeyPress 事件

C. 大键盘上的“1” 键和数字键盘上的“1”键的 KeyCode 码相同

D. 大键盘上“4”键的上档字符是“＄”,当同时按下 Shift 和大键盘上的“4” 键时,KeyPress 事件过程的 KeyAscii 参数值是“＄”的 ASCII 值

(12) 在刚建立的 EXE 工程中,工具箱窗口中没有的控件是________。

A. 通用对话框　　B. 形状

C. 图像框　　D. 驱动器列表框

(13) 下面说法中错误的是________。

A. 为使名称为 Timer1 的计时器控件能每隔 2 秒触发一次 Timer 事件,则在程序代码中应写的语句是 Timer1. Interval＝2000

B. 可以将计时器控件的 Enabled 属性设置为 False,使其不能触发 Timer 事件

C. 为使显示到图像框中的图像能根据图像框的大小自动缩放,则应将图像框的 Stretch 属性值设置为 True

D. 在设计阶段,把已复制到剪贴板中的图像粘贴到图片框或图像框中,可以将该图片装入图片框或图像框

(14) 在窗体上画一个名称为 HScroll1 的水平滚动条,其 Min 和 Max 属性分别为 0 和 100。程序运行后,如果用鼠标拖动滚动框,则在拖动过程中显示滚动框的当前值。以下能实现上述操作的事件过程是________。

A.
```
Private Sub HScroll1_Scroll()
    Print HScroll1. Value
End Sub
```

B.
```
Private Sub HScroll1_Change()
    Print HScroll1. Value
End Sub
```

C.
```
Private Sub HScroll1_Click()
    Print HScroll1. Value
End Sub
```

D.
```
Private Sub HScroll1_DblClick()
    Print HScroll1. Value
End Sub
```

(15) 要使图片框 P1 中显示当前路径下的图片文件 img1. jpg,则应使用的语句是________。

A. P1. Picture＝"img1. jpg"

B. P1. Image＝"img1. jpg"

C. P1. Picture＝LoadPicture("img1. jpg")

D. LoadPicture("img1. jpg")

(16) 窗体上有 1 个名称为 List1、含有 3 个项目的列表框,1 个名称为 Text1 的文本框,以及 1 个 Interval 属性值为 1000 的计时器控件 Timer1。某人编制了以下程序,希望程序运行时,每隔 1 秒, List1 中的 3 个项目能够依次在 Text1 中循环显示。

```
Private Sub Timer1_Timer()
  Dim i As Integer
  Text1.Text=List1.List(i)
```

```
    i=i+1
    If i=List1.ListCount Then
        i=0
    End If
End Sub
```

运行程序,发现有错误。以下正确的修改是________。

A. 将 If 语句的条件修改为 i <=List1. ListCount

B. 将 Interval 属性值改为 100

C. 将语句 Text1. Text=List1. List(i)与 i=i+1 交换位置

D. 将语句 Dim i As Integer 修改为 Static i As Integer

(17) 窗体如实验图 7.1 所示。其中装载汽车图案的是 Image1 图像框,直线的名称是 Line1,另有一个定时器,名称为 Timer1。已经编写了下面的程序代码:

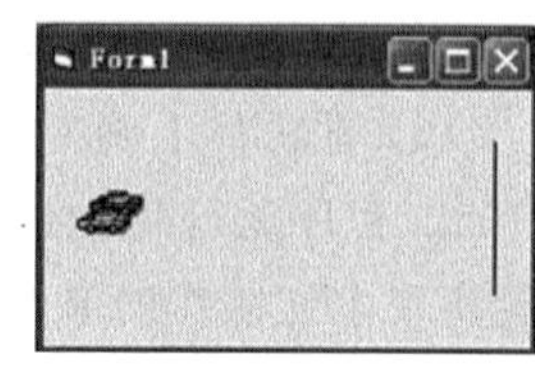

实验图 7.1 窗体

```
Private Sub Form_Click()
    Timer1.Enabled=True
End Sub
Private Sub Form_Load()
    Timer1.Enabled=False
    Timer1.Interval=100
End Sub
Private Sub Timer1.Timer()
    If Image1.Left+Image1.Width<Line1.X1 Then
        Image1.Left=Image1.Left+50
    End If
End Sub
```

关于这个程序,下面的说法中正确的是________。

A. 程序运行时单击窗体,则汽车每隔 0.1 秒向右移动一次,车头到达右边直线时停止

B. 程序一运行,汽车就开始每隔 0.1 秒向右移动一次,车头到达右边直线时停止

C. 程序运行时单击窗体,则汽车每隔 0.1 秒向右移动一次,车中心到达右边直线时停止

D. 程序一运行,汽车就开始每隔 0.1 秒向右移动一次,车中心到达右边直线时停止

(18) 在窗体上有一个 Picture1 图片框,没有加载图片,在当前文件夹下有一个位图文件 pic02. bmp,并有下面的程序代码:

```
Dim HasPic As Boolean
Private Sub Picture1_Click()
    If HasPic Then
```

```
        Picture1.Picture=LoadPicture("")
    Else
        Picture1.Picture=LoadPicture("pic02.bmp")
    End If
    HasPic=Not HasPic
End Sub
```

关于这个程序运行时，下面叙述中正确的是________。

A. 第一次单击图片框，会在其中显示一个图片，再单击图片框，则删除图片

B. 第一次单击窗体，会在图片框中显示一个图片，再单击窗体，则删除图片

C. 第一次单击图片框，会清空图片框，再单击图片框，则在其中显示一个图片

D. 第一次单击窗体，会清空图片框，再单击窗体，则在图片框中显示一个图片

(19) 设有如实验表 7.1 所列的菜单结构：

实验表 7.1 菜单结构

标　题	名　　称	层次
显示	appear	1
大图标	bigicon	2
小图标	SmallIcon	2

要求程序运行后，如果单击菜单项"大图标"，则在该菜单项前添加一个"√"。以下正确的事件过程是________。

A.
```
Private Sub bigicon_Click()
    bigicon.Checked=True
End Sub
```

B.
```
Private Sub bigicon_Click()
    Me. appear. bigicon. Checked=True
End Sub
```

C.
```
Private Sub bigicon_Click()
    bigicon.Checked=False
End Sub
```

D.
```
Private Sub bigicon_Click()
    appear. bigicon. Checked=True
End Sub
```

(20) 以下叙述中错误的是________。

A. 下拉式菜单和弹出式菜单都用菜单编辑器建立

B. 如果把一个菜单项的 Enabled 属性设置为 False，则该菜单项不可见

C. 在菜单标题中，由 & 所引导的字母指明了该菜单项的访问键

D. 如果要在菜单中添加一条分隔线，则应将该菜单项的 Caption 属性设置为一

(21) 窗体上有 Text1、Text2 两个文本框,并有以下过程:

```
Private Sub Text1_KeyDown(KeyCode As Integer, Shift As Integer)
    Dim ch As String
    ch=LCase(Chr(KeyCode))
    Text2.Text=Chr(Asc(ch)+2)
End Sub
```

程序运行时,在 Text1 中输入了字母 D,则 Text2 中显示的是________。

A. d　　B. D　　C. f　　D. F

(22) 设窗体上有一个标签 Label1,并编写了下面的过程:

```
Private Sub Form_MouseMove(Button As Integer, Shift As Integer, X As Single, Y As Single)
  If Button=1 Then
    Label1="X=" & X & "   Y=" & Y
  End If
End Sub
```

程序运行后的效果是________。

A. 当按下鼠标左键并移动鼠标时,鼠标的位置坐标会同步显示在标签中

B. 当按下鼠标右键并移动鼠标时,鼠标的位置坐标会同步显示在标签中

C. 当移动鼠标时,鼠标的位置坐标会同步显示在标签中

D. 当按下鼠标左键时,鼠标的位置坐标会同步显示在标签中

(23) 程序运行时,当用鼠标单击滚动条两端的箭头按钮时,不会产生的结果是________。

A. 改变 Value 属性的值　　B. 激活 Scroll 事件

C. 激活 Change 事件　　D. 滚动框移动

(24) 当复选框的 Value 属性值为 1 时,表示________。

A. 该复选框不可用　　B. 该复选框不可见

C. 没有选中该复选框　　D. 选中该复选框

(25) 以下关于图片框控件的说法中,正确的是________。

A. 清空图片框控件中图形的方法之一是将其 Picture 属性的值设置为 Null

B. 可以通过调用图片框的 Print 方法在图片框中输出文本

C. 为使图像能自动适应图片框的大小,应将图片框的 Stretch 属性设置为 False

D. 用 cls 方法可以清除图片框中装入的图片

(26) 当复选框控件被选中(即复选框控件内显示√标记)时,其 Value 属性的值为________。

A. 0　　B. 1　　C. True　　D. False

(27) 在窗体上画一个名称为 CD1 的通用对话框,一个名称为 Command1 的命令按钮,编写如下 Click 事件过程:

```
Private Sub Command1_Click()
  CD1.FileName=""
  CD1.Filter="所有文件|*.*|所有 jpg 文件|*.jpg|所有 bmp 文件|*.bmp"
  CD1.FilterIndex=2
  CD1.Action=1
End Sub
```

关于以上代码,正确的叙述是________。

A. 执行以上事件过程,可显示"打开"文件对话框

B. 在出现的对话框中,显示的是所有扩展名为.bmp 的文件

C. 语句 CD1.Action=1 可以等价地改成语句 CD1.ShowSave

D. 在出现的对话框中,显示的是所有扩展名为.bmp 的文件

(28) 设有一名称为 mnuBold 的下拉菜单项,程序运行时,希望达到如下效果:当第一次单击该菜单项时,其标题左侧显示"√";当第二次单击该菜单项时,其标题左侧的"√"消失;依此交替进行,……。则应在 mnuBold_Click 事件过程中书写的语句是________。

A. mnuBold.Checked=False

B. mnuBold.Checked=True

C. mnuBold.Checked=Not mnuBold.Checked

D. mnuBold.Checked=IIf(mnuBold.Checked, True, False)

(29) 下列与鼠标拖放操作无关的是________。

A. Drag 方法　　B. KeyPress 事件

C. DragOver 事件　　D. DragDrop 事件

(30) 在窗体上画一个名称为 Text1 的文本框,然后编写以下事件过程:

```
Private Sub Text1_KeyDown(KeyCode As Integer, Shift As Integer)
  If ________ Then
    Text1.SelStart=0
    Text1.SelLength=Len(Text1.Text)
  End If
End Sub
```

要求程序运行时,若输入焦点在 Text1 上,按下组合键 Ctrl+A 可以选取 Text1 内所有的文本,则在横线处应填入的表达式是________。

A. KeyCode=65 And Shift=2

B. KeyCode="A" And Shift="Ctrl"

C. Text1.KeyCode=65 And Text1.Shift=2

D. Text1.KeyCode="A" And Text1.Shift="Ctrl"

(31) 程序运行时若单击水平滚动条上滚动块右边的空白处,则其 Value 属性值的变化量为________。

A. LargeChange 属性的值　　B. Min 属性的值

C. Max 属性的值　　　　D. SmallChange 属性的值

(32) 下列叙述中,正确的是________。

A. 框架控件的标题不能在程序运行过程中修改

B. 标签中显示的文本在运行阶段不能改变

C. 组合框是组合文本框和列表框的特性而成的控件,所以它具有二者的全部属性

D. 文本框可以显示多行文本

(33) 对于通用对话框控件,下列说法中错误的是________。

A. DefaultEXT 和 DialogTitle 属性只用于打开对话框,不能用于保存对话框

B. 用通用对话框控件可以建立打开文件对话框,也可以建立保存文件对话框

C. 用打开文件对话框可以指定一个文件,由程序使用

D. 用保存文件对话框可以指定一个文件,由程序使用

(34) 利用菜单编辑器在窗体中新建一个名称为 mnuOpen 的弹出式菜单,其中含有若干个菜单项,并编写如下事件过程:

```
Private Sub Form_MouseDown(Button As Integer, Shift As Integer, X As Single, Y As
Single)
  If Button=2 Then
    ________
  End If
End Sub
```

程序运行过程中,当在窗体上单击鼠标右键时,显示已建立的 mnuOpen 菜单,则在以上程序代码中的横线处应填入的语句是________。

A. mnuOpen. Show　　　　B. mnuOpen. PopupMenu

C. PopupMenu mnuOpen　　　　D. Show mnuOpen

(35) 设窗体上无任何控件,且有如下程序代码:

```
Private Sub Form_KeyPress(KeyAscii As Integer)
    Print Chr(KeyAscii)
End Sub
Private Sub Form_KeyDown(KeyCode As Integer, Shift As Integer)
    Print Chr(KeyCode)
End Sub
```

运行程序,直接按 A 键,输出结果是________。

A. A
A　　　　B. A
a　　　　C. a
A　　　　D. a
a

7.2.2 参考答案

(1) D　(2) A　(3) D　(4) D　(5) A　(6) C　(7) A　(8) A　(9) D

(10) C　(11) D　(12) A　(13) D　(14) A　(15) C　(16) D　(17) A　(18) A

(19) A　(20) B　(21) C　(22) A　(23) B　(24) D　(25) B　(26) B　(27) A

(28) C (29) B (30) A (31) A (32) D (33) A (34) C (35) A

7.3 验证型实验

7.3.1 实验目的

(1) 掌握常用控件单选按钮、复选框、框架的常用属性、重要事件和方法的使用。
(2) 掌握滚动条的常用属性、重要事件和方法的使用。
(3) 掌握图片框、图像框、形状和直线的常用属性、重要事件和方法的使用。
(4) 掌握计时器的两个属性和一个事件的应用。
(5) 掌握鼠标和键盘的常用事件以及鼠标与拖放有关的一些属性、事件和方法。
(6) 掌握通用对话框的使用方法。
(7) 掌握下拉式菜单和弹出式菜单的设计方法以及其应用。

7.3.2 实验内容

1. 字体格式化

(1) 要求：编写一应用程序，程序运行时，在文本框中输入文字，如果选中一个或两个复选框和一个单选按钮，单击“确定”按钮，则对文本框中的文本内容做相应的格式设置，程序运行界面如实验图 7.2 所示。

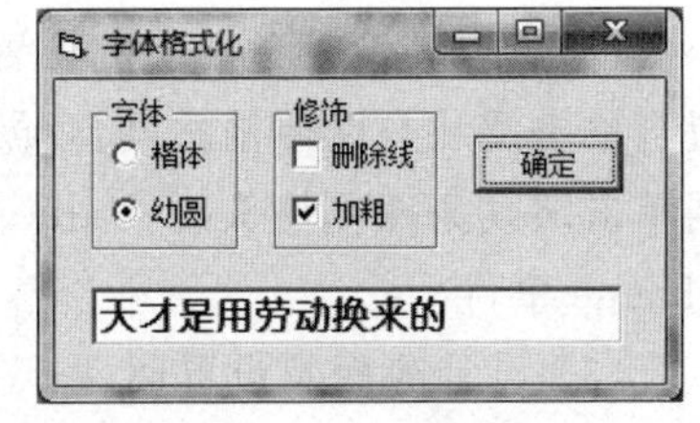

实验图 7.2 字体格式化

(2) 提示：在窗体上创建框架及其内部控件时，必须先建立框架，然后在框架中建立各种控件。创建控件不能使用双击工具箱上工具的自动方式，而应该先单击工具箱上的工具，然后用出现的“十”指针，在框架适当位置拖拉出适当大小的控件。

(3) 设计界面及设置属性：根据题目要求，按照实验图 7.2 设计界面及设置属性。

(4) 编写代码：

```
Private Sub Command1_Click()
    If Op1.Value=True Then
        Text1.FontName="楷体"
    Else
        Text1.FontName="幼圆"
    End If
    If Ch1.Value=1 Then
        Text1.FontStrikethru=True
    Else
        Text1.FontStrikethru=False
    End If
    If Ch2.Value=1 Then
```

```
        Text1.FontBold=True
    Else
        Text1.FontBold=False
    End If
End Sub
```

2. 放宽或缩窄图像

(1) 要求：在名称为Form1、标题为“放宽或缩窄图像”的窗体上添加一个图像框，其名称为Image1，通过属性窗口在图像框中装入一个图像，文件名为pic1.jpg，图像框的高度与图像的高度相同，图像框的宽度任意，Stretch属性为True。再添加一个水平滚动条，其名称为HScroll1，在窗体的Load事件过程中设置其SmallChange属性为20，LargeChange属性为1000，Min属性为500，Max属性为5000。程序运行后，通过移动滚动条上的滚动块来放宽或缩窄图像。程序运行后的界面如实验图7.3所示。

实验图 7.3 放宽或缩窄图像

(2) 提示：在设计阶段，在属性窗口通过图像框的Picture属性装载图片，通过Width属性来设定或修改图像框的宽度。滚动条的Max、Min属性限定了滚动条所能表示的最大值和最小值，通过调整滚动条滑块的位置即可改变其Value属性的值，LargeChange属性用于设置当单击滑块与两侧箭头间区域时Value属性值的改变量，SmallChange属性用于设置当单击滚动条两侧箭头时Value属性值的改变量。当改变滚动条滑块位置后将触发其Change事件。

(3) 设计界面及设置属性：在窗体上添加一个图像框和一个水平滚动条。按照题目要求设置控件的属性，控件的属性见实验表7.2。

实验表 7.2 控件及属性

控件	窗　体		图像框			水平滚动条
属性	Name	Caption	Name	Stretch	Picture	Name
设置值	Form1	放宽或缩窄图像	Image1	True	Pic1.jpg	HScroll1

(4) 编写代码：

```
Private Sub Form_Load()
  HScroll1.Max=5000
  HScroll1.Min=500
  HScroll1.LargeChange=1000
  HScroll1.SmallChange=20
End Sub

Private Sub HScroll1_Change()
```

```
    Image1.Width=HScroll1.Value
End Sub
```

3. 发射火箭

(1) 在名称为 Form1、标题为“发射火箭”的窗体中添加 2 个图片框、1 个命令按钮、1 个计时器。图片框名称分别为 P1、P2，其中的图片文件分别是 Rocket.ico、Cloud.ico；命令按钮名称为 C1，标题为“发射”；计时器名称为 Timer1。要求：

① 设置 Timer1 的属性，使其在初始状态下不计时。

② 设置 Timer1 的属性，使其每隔 0.1 秒调用 Timer 事件过程一次。

③ 程序运行时，单击“发射”按钮，则火箭每隔 0.1 秒向上移动一次，当到达 P2 的下方时，停止移动，程序运行界面如实验图 7.4 所示。

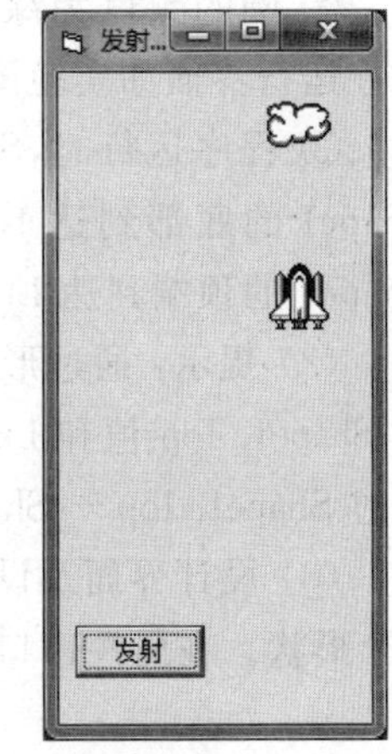

实验图 7.4 发射火箭

(2) 提示：Timer1 控件的 Interval 属性用来控制计时器事件发生的时间间隔，该属性设置为 100 毫秒(1 秒=1000 毫秒)。当单击“发射”按钮时开始计时，在 C1 的 Click 事件过程中，将计时器控件的 Enabled 属性设置为 True。如果使火箭(即 P1)停止移动，则将计时器控件的 Enabled 属性设置为 False。

(3) 设计界面及设置属性：按照题目要求，在窗体中添加 2 个图片框、1 个命令按钮、1 个计时器，在属性窗口按照实验表 7.3 进行属性设置。

实验表 7.3 控件及属性

控件	窗体		图片框 1		图片框 2		命令按钮		计时器		
属性	Name	Caption	Name	Picture	Name	Picture	Name	Caption	Name	Interval	Enabled
设置值	Form1	发射火箭	P1	Rocket.ico	P2	Cloud.ico	C1	发射	Timer1	100	False

(4) 编写代码：

```
Private Sub C1_Click()
    Timer1.Enabled=True
End Sub

Private Sub Timer1_Timer()
    Static a%
    a=a+1
    If P1.Top >P2.Top+ P2.Height Then
        P1.Move P1.Left, P1.Top-5-a, P1.Width, P1.Height
    Else
        Timer1.Enabled=False
    End If
End Sub
```

4. 小球跳动

(1) 在名称为 Form1、标题为"小球跳动"的窗体上添加名称为 Timer1 的定时器,添加两条水平直线,名称分别为 Line1 和 Line2。在两条直线之间添加 1 个名称为 Shape1 的形状,设置其形状为圆,并设置适当属性使其满足以下要求:

① 圆的顶端距窗体 Form1 顶端的距离为 360。

② 圆的颜色为绿色(绿色对应的值为:&H0000FF00&),程序运行界面如实验图 7.5 所示。

③ 程序运行时,Shape1 将在 Line1 和 Line2 之间跳动。当 Shape1 的底部到达 Line2 时,会自动改变方向而向上运动;当 Shape1 的顶端到达 Line1 时,会自动改变方向而向下运动。

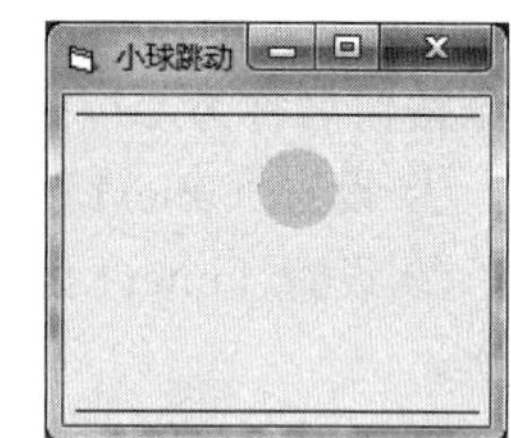

实验图 7.5 小球跳动

(2) 提示:通过形状控件的 Move 方法,实现形状的移动,通过 Shape1.Top 值和 Line1.Y1 值比较来判定圆形是否越过上界,通过 Shape1.Top + Shape1.Height 值和 Line2.Y1 值比较来判定圆形是否越过下界。

(3) 设计界面及设置属性:按照题目要求,在窗体上添加 1 个定时器、两条水平直线、1 个形状。在属性窗口,按照实验表 7.4 设置控件属性。

实验表 7.4 控件及属性

控 件	属 性	设 置 值
窗体	Name	Form1
	Caption	小球跳动
计时器	Name	Timer1
	Interval	100
	Enabled	False
直线 1	Name	Line1
	X1	80
	Y1	100
	X2	2600
	Y2	100
直线 2	Name	Line2
	X1	80
	Y1	1900
	X2	2600
	Y2	1900

续表

控 件	属 性	设 置 值
形状	Name	Shape1
	Top	360
	FillStyle	0
	FillColor	&H0000FF00&
	BorderColor	&H0000FF00&
	Shape	3

(4) 编写代码：

```
Dim s As Integer, h As Long

Private Sub Form_Load()
  Timer1.Enabled=True
  s=-50
End Sub

Private Sub Timer1_Timer()
  Shape1.Move Shape1.Left, Shape1.Top+s
  If Shape1.Top <=Line1.Y1 Then
     s=-s
  End If
  If Shape1.Top+Shape1.Height >=Line2.Y1 Then
     s=-s
  End If
End Sub
```

5. KeyDown 事件

(1) 要求：在名称为 Form1、KeyPreview 属性为 True 的窗体上，添加 1 个名称为 List1 的列表框和 1 个名称为 Text1 的文本框。编写窗体的 KeyDown 事件过程。程序运行后，如果按 A 键，则从键盘上输入要添加到列表框的项目内容，其内容任意且不少于 3 个；如果按 D 键，则从键盘上输入要删除的项目内容，将其从列表框中删除。程序运行界面如实验图 7.6 所示。

(2) 提示：窗体的 KeyPreview 属性默认为 False，当用户对当前具有控件焦点的对象进行按下并释放的键盘操作时，将触发该对象的 KeyPress、KeyDown 以及 KeyUp 事件；将窗体的 KeyPreview 属性设置为 True，则首先触发窗体的 KeyPress、KeyDown 和 KeyUp 事件。判断按键是否按下可以在窗体的 KeyDown 事件中进行，

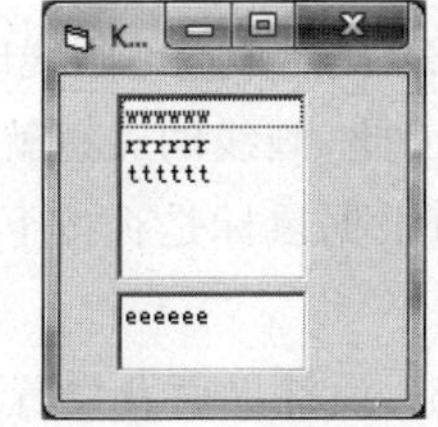

实验图 7.6 KeyDown 事件

KeyCode 参数是用户所操作的那个键的键扫描代码。它告诉用户操作的是哪一个物理键。即大写字母和小写字母使用同一个键，它们的 KeyCode 相同，都是大写字母的 ASCII 码。用 Chr 函数将按键代码(KeyCode)转换成字符并与给定字符进行比较。使用 AddItem 方法可以向列表框中添加列表项目，使用 RemoveItem 方法可以从列表框中删除列表项目。

(3) 设置界面及设置属性：在窗体上添加一个列表框和一个文本框，按照实验表 7.5 进行属性设置。

实验表 7.5　控件及属性

控件	窗　体			列表框	文本框	
属性	Name	Caption	KeyPreview	Name	Name	Text
设置值	Form1	KeyDown 事件	True	List1	Text1	

(4) 编写代码：

```
Private Sub Form_KeyDown(KeyCode As Integer, Shift As Integer)
    If Chr(KeyCode)="A" Then
        Text1.Text=InputBox("请输入要添加的项目")
        List1.AddItem Text1.Text
    End If
    If Chr(KeyCode)="D" Then
        Text1.Text=InputBox("请输入要删除的项目")
        For i=0 To List1.ListCount-1
            If List1.List(i)=Text1.Text Then
                List1.RemoveItem i
            End If
        Next i
    End If
End Sub
```

6. 画图

(1) 要求：在名称为 Form1、标题为"画图"的窗体上添加一个文本框，名称为 Text1。通过属性窗口设置适当属性，使得程序运行时，将鼠标置于文本框时，鼠标光标为十字(Cross)形状；在窗体中其他位置处，鼠标光标为箭头(Arrow)形状。按住鼠标右键画圆，按住鼠标左键移动画线。程序运行界面如实验图 7.7 所示。

(2) 提示：左键画线时，需要知道线的起点和终点的坐标，然后用 Line 方法在两点间画线，因此，画线的关键就是要知道当前点的坐标值和上一点的坐标值。鼠标移动时，需要知道根据鼠标是否按下来判断是否画线，因此，程序中应该设置相关参数来表示鼠标是否按下。

(3) 设计界面及设置属性：在窗体上添加一个名称为 Text1 的文本框。在属性窗口按照实验表 7.6 进行属性设置。

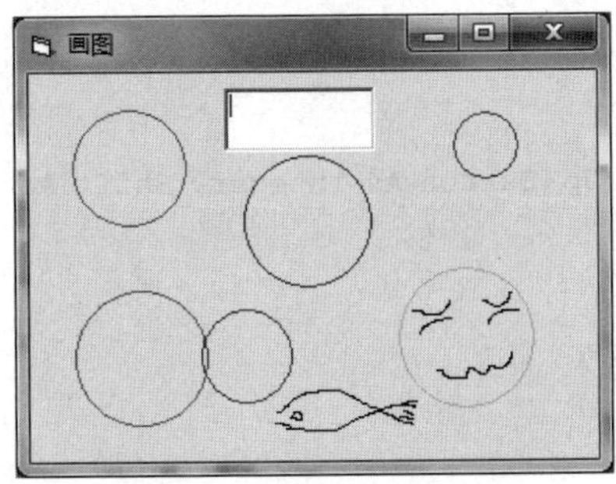

实验图 7.7 程序运行界面

实验表 7.6 控件及属性

控件	窗体			文本框		
属性	Name	Caption	MousePointer	Name	Text	MousePointer
设置值	Form1	鼠标光标形状	1	Text1		2

(4) 编写代码:

```
Dim drawstate As Boolean
Dim prex!, prey!

Private Sub Form_Load()
   drawstate=False
End Sub

Private Sub Form_MouseDown(Button As Integer, Shift As Integer, X As Single, Y As
Single)
    If Button=1 Then
        drawstate=True
        prex=X
        prey=Y
    End If
    If Button=2 Then
        Circle(X, Y), Int(Rnd * 500+100), RGB(Int(Rnd * 255+0), Int(Rnd * 255+
       0), Int(Rnd * 255+0))
    End If
End Sub

Private Sub Form_MouseMove(Button As Integer, Shift As Integer, X As Single, Y
AsSingle)
    If drawstate=True Then
       Line(prex, prey)-(X, Y)
       prex=X
       prey=Y
```

```
    End If
End Sub

Private Sub Form_MouseUp(Button As Integer, Shift As Integer, X As Single, Y As
Single)
    If Button=1 Then
        drawstate=False
    End If
End Sub
```

7. 文本编辑

(1) 要求：在名称为 Form1、标题为“文本编辑”的窗体上添加一个通用对话框控件、一个 RichTextBox 控件和 2 个二级下拉菜单(菜单项见实验表 7.7)，分别实现字体格式化功能和编辑功能，窗体设计界面如实验图 7.8(a)所示。程序运行时，既可以使用“编辑”下拉式菜单，也可以使用弹出式菜单，实现复制、剪切和粘贴功能，其运行界面如实验图 7.8(b)所示。

实验表 7.7 菜单结构

标题	名称	热键	快捷键	标题	名称
格式	Format	Alt+F		编辑	Edit
…字体	Font			…复制	Copy
-	S1			…剪切	Cut
…退出	Exit		Ctrl+E	…粘贴	Paste

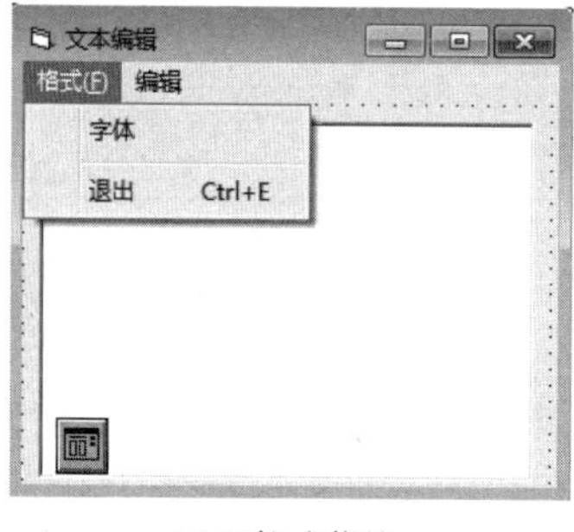

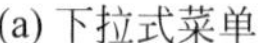
(a) 下拉式菜单

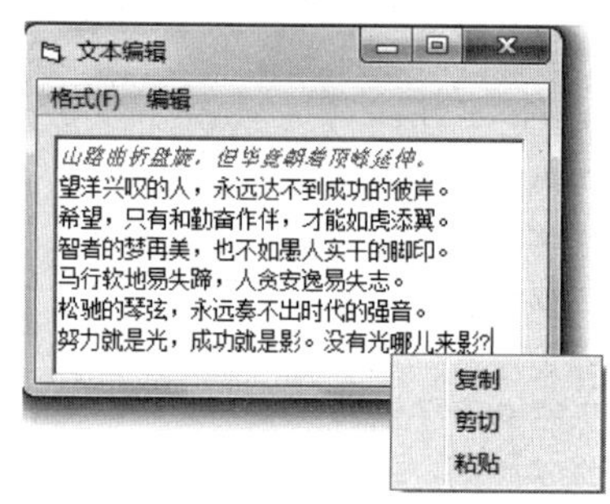

(b) 弹出式菜单

实验图 7.8 文本编辑

(2) 提示：

① 通用对话框控件(CommonDialog)和 RichTextBox 控件并不在工具箱中。如果要在应用程序中使用它，需要向工具箱添加该控件。选择“工程”|“部件”命令；或在工具箱上右击鼠标，在弹出的快捷菜单中选择“部件”命令，都会打开“部件”对话框。在该对话框的“控件”选项卡的控件列表框中选中 Microsoft Common Dialog Control 6.0、Microsoft

Rich TextBox Controls 6.0 两个选项，即可将控件添加到工具箱。

② 将通用对话框 Action 属性值设置为 4 或使用 ShowFont 方法，即可将通用对话框的类型设置成“字体”对话框，供用户选择字体。

③ VB 中的菜单是通过菜单编辑器来设计的。菜单编辑器中的基本设置项包括：“标题”项，即对应出现在菜单中的显示内容；“名称”项，即系统识别菜单项的唯一关键字(不能重复)。如果不是顶层菜单，即菜单标题，在“标题”编辑框中输入一个连字符，即减号“-”，则运行时会在菜单项中加入一条分隔线，实现菜单项分组。在菜单标题中使用由“&”引导的字母定义热键。在“快捷键”下拉列表框中选取所需的组合键，用于给菜单项指定一个快捷键。通过编辑按钮区的 7 个按钮可对菜单进行添加、插入、删除、提升(设置为上一级菜单)、缩进(设置为下一级菜单)、上移和下移等操作。

④ 建立弹出式菜单通常分两步进行：第一步，用菜单编辑器建立菜单；第二步，用 PopupMenu 方法弹出显示。在对象的鼠标事件(MouseDown、MouseUp 等)中调用 PopupMenu 方法，即可在相应的对象上显示弹出式菜单。

(3) 设计菜单及设置菜单项：打开菜单编辑器，按照实验表 7.7 对每一个菜单项输入标题、名称和其他的设置。设置完成后，单击“确定”按钮，退出菜单编辑器，完成整个菜单的建立。

(4) 编写代码：

```
Dim st As String                                    '定义模块级变量

Private Sub Font_Click()
  CommonDialog1.Flags=&H3 Or&H100
  CommonDialog1.Action=4
  RText1.SelFontName=CommonDialog1.FontName
  RText1.SelFontSize=CommonDialog1.FontSize
  RText1.SelBold=CommonDialog1.FontBold
  RText1.SelItalic=CommonDialog1.FontItalic
  RText1.SelStrikeThru=CommonDialog1.FontStrikethru
  RText1.SelUnderline=CommonDialog1.FontUnderline
  RText1.SelColor=CommonDialog1.Color
End Sub

Private Sub Exit_Click()
  End
End Sub

'显示弹出式菜单
Private Sub RText1_MouseDown(Button As Integer, Shift As Integer, x As Single, y
As Single)
  If Button=2 Then PopupMenu Edit, 4
End Sub
```

```
Private Sub Copy_Click()
  st=RText1.SelText            '将选中的内容存放到 st 变量中
End Sub

Private Sub Cut_Click()
  st=RText1.SelText            '将选中的内容存放到 st 变量中
  RText1.SelText=""            '将选中的内容清除,实现了剪切
End Sub

Private Sub Paste_Click()
  RText1.SelText=st            '将 st 变量中的内容插入到光标所在的位置,实现了粘贴
End Sub
```

7.4 综合设计型实验

7.4.1 实验目的

(1) 掌握单选按钮、复选框、框架、滚动条、图片框、图像框、形状和直线、计时器的常用属性、重要事件和方法的综合应用。

(2) 掌握鼠标和键盘的常用事件以及鼠标与拖放有关的一些属性、事件和方法的综合应用。

7.4.2 实验内容

1. 计算

1) 要求

据统计,2002 年末全国总人口为 12.8453 亿,人口自然增长率为 0.645%。以这两项统计数字为基数,编制一个计算人口增长数据的程序,使之既可以计算若干年后我国人口可能达到的数字,也可以计算达到一定人口数所需的时间。程序运行界面如实验图 7.9 所示。

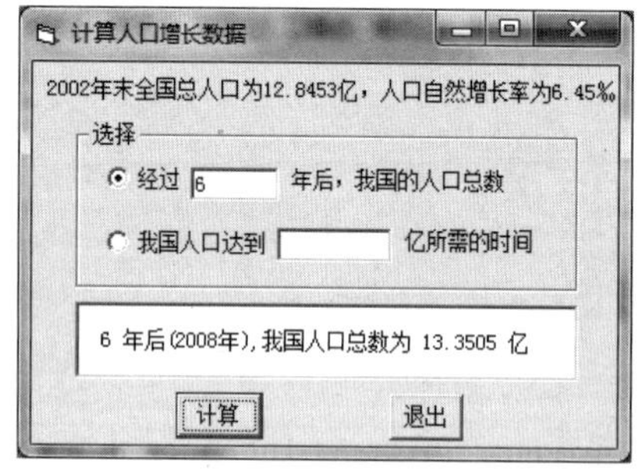

(a) 若干年后的人口数

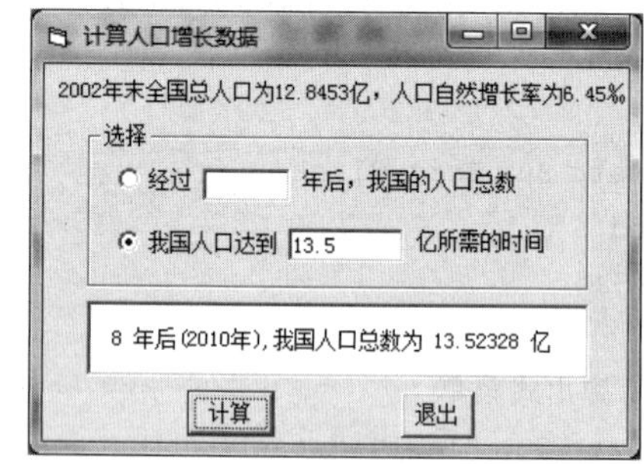

(b) 达到一定人口数所需的时间

实验图 7.9 计算人口增长数据

2）分析

计算人口增长数的数学公式为 $P2=P1(1+r)^n$。式中指数 n 为年数，P1 为人口基数，P2 为 n 年后将达到的人口数，r 为人口自然增长率。达到一定人口数所需的时间(n)可根据人口增长数公式用对数换算后得到，用 VB 表达式表示为 n＝Log(P2 / P1)/Log(1＋r)。

达到一定人口数所需的时间(n)也可用递推法求得，设 x 为每年达到的人口数，则：

2003 年，n＝1：　　x＝ 12.8453 * (1＋0.00645)

2004 年，n＝2：　　x＝ 12.8453 * (1＋0.00645) * (1＋0.00645)

⇨　　　n＝n＋1：x＝　　　　　x　　　　　* (1＋0.00645)

2005 年，n＝3：x＝ 12.8453 * (1＋0.00645) * (1＋0.00645) * (1＋0.00645)

⇨　　　n＝n＋1：x＝　　　　　　x　　　　　　　* (1＋0.00645)

……

可以推出：

每年达到的人口数＝前一年达到的人口数 * (1＋0.00645)，即 x＝x * (1＋0.00645)(赋值语句)在反复执行。因此，x＝ x * (1＋0.00645)是循环体。

由于循环次数未知，可用 While…Wend 或 Do…Loop 循环语句控制循环体，计算达到一定人口数所需的时间：n＝n＋1。

3）设计界面及设置属性

按照实验图 7.9 设计界面。在窗体上添加 1 个标签，显示 2002 年末人口统计数据。放置一个框架，框架内添加 2 个单选按钮、2 个文本框、2 个标签，2 个单选按钮用于选择计算项目，2 个文本框用于输入年数或人口数，2 个标签用于对计算项目做简要说明。添加一个图片框，背景色设置为白色，用于显示计算结果。添加两个命令按钮，分别用于计算和退出。

按照实验表 7.8 对控件进行属性设置。

实验表 7.8　控件及属性

控　件	属　性	设 置 值
窗体	Name	Form1
	Caption	计算人口增长数据
标签 1	Name	Label1
	AutoSize	True
	Caption	Label1
	FontSize	小五号
框架	Name	Frame1
	Caption	选择

续表

控　件	属　性	设　置　值
标签 2	Name	Label2
	AutoSize	True
	Caption	年后，我国的人口总数
	FontSize	小五号
标签 3	Name	Label3
	AutoSize	True
	Caption	亿所需的时间
	FontSize	小五号
文本框 1	Name	Text1
	Text	
文本框 2	Name	Text2
	Text	
单选按钮 1	Name	Option1
	Caption	经过
单选按钮 2	Name	Option2
	Caption	我国人口达到
图片框	Name	Picture1
	BackColor	白色(&H00FFFFFF&)
命令按钮 1	Name	Command1
	Caption	计算
命令按钮 2	Name	Command2
	Caption	退出

4）程序代码

```
Option Explicit

'计算
Private Sub Command1_Click()
    Dim P1 As Single, P2 As Single          '人口变量
    Dim n As Single                         '年数变量
    P1=12.8453                              '2002 年末人口数(亿)
    If Option1 Then                         '如果选择计算若干年后的人口数
        If Val(Text1)<=0 Then               '排除无效数据
            Picture1.Cls
```

```
            Picture1.Print "无效数据!"
            Exit Sub
        End If
        n=Val(Text1)
        P2=P1 * 1.00645 ^ n                  '计算人口数(人口自然增长率为 6.45‰)
    Else                                     '若选择计算达到一定人口数所需时间
        If Val(Text2)<P1 Then
            Picture1.Cls
            Picture1.Print "无效数据!"
            Exit Sub
        End If
        P2=Val(Text2)
        n=0
        While P1<P2                          '计算人口数达到 P2 亿所需时间
            P1=P1 * 1.00645
            n=n+1
        Wend
        P2=P1
    End If
    '处理年份
    If Int(n)<n Then                         '若用户输入带小数的年数
        n=Int(n)+1
    End If
    '在图片框显示计算结果
    Picture1.Cls
    Picture1.Print vbCr; Tab(2); n; "年后(" & 2002+n; "年),我国人口总数为"; P2; "亿"
End Sub

Private Sub Command2_Click()
    End
End Sub

Private Sub Form_Load()
    Label1="2002 年末全国总人口为 12.8453 亿,人口自然增长率为 6.45‰"
End Sub

'单击单选按钮时,焦点转至对应的文本框,并将另一文本框清空
Private Sub Option1_Click()
    Text2=""
    Text1.SetFocus
End Sub

Private Sub Option2_Click()
    Text1=""
    Text2.SetFocus
```

```
End Sub

'单击文本框时,选中对应的单选按钮
Private Sub Text1_Click()
    Option1.Value=True
End Sub

Private Sub Text2_Click()
    Option2.Value=True
End Sub
```

2. 制作钟表

1) 要求

在名称为Form2、标题为"钟表"的窗体上,添加一个名称为Shape1、Shape属性为3的形状,即添加一个圆,相当于一个时钟,当程序运行时,通过窗体的Activate事件过程在圆上产生12个刻度点,并完成其他初始化工作。另外添加长、短两条(红色、蓝色)直线,名称分别为Line1和Line2,表示两个指针。当程序运行时,单击"开始"按钮,则每隔0.5秒Line1(长指针)顺时针转动一个刻度,Line2(短指针)顺时针转动1/12个刻度(即长指针转动一圈,短指针转动一个刻度),单击"停止"按钮,两个指针停止转动,程序运行效果如实验图7.10所示。

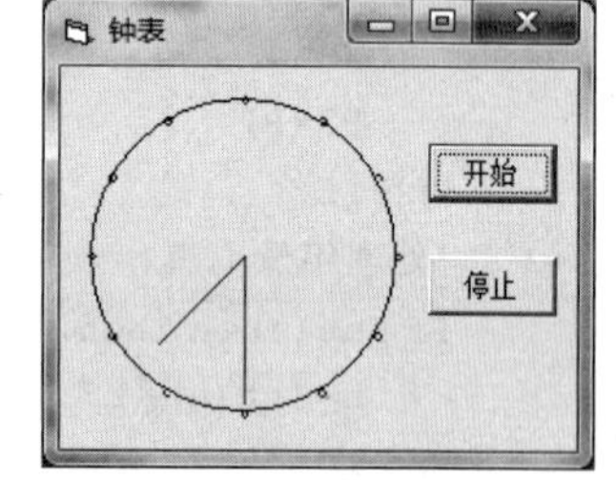

实验图7.10 钟表

2) 分析

(1) 计时器控件用于实现在规定的时间间隔触发其Timer事件,执行有关事件过程代码,并完成相应的功能。Interval属性用于设置触发计时器的Timer事件的时间间隔,单位为毫秒,值为0时计时器不启用。Enabled属性控制计时器是否开始启用,值为True时启用,值为False时不启用。直线控件主要用于在界面上绘制线条,通过修改其X1、Y1、X2、Y2属性值,即可调整它的大小和位置。

(2) 要实现钟表指针每隔0.5秒转动30度的效果,需将计时器的Interval属性值设置为500毫秒(1秒=1000毫秒),并在单击"开始"按钮后启用,在计时器的Timer事件中,利用三角函数计算出线段外侧点新的坐标。

3) 设计界面及设置属性

按照实验图7.10,在窗体上添加一个形状、2条直线、2个命令按钮和一个计时器,按照实验表7.9对控件进行属性设置。

实验表7.9 控件及属性

控件	属性	设置值
窗体	Name	Form2
	Caption	钟表

续表

控　　件	属　　性	设 置 值
形状	Name	Shape1
	Shape	3-Circle
	Height	2000
	Width	2000
	Top	200
	Left	200
直线 1	Name	Line1
	BorderColor	红色(&H000000FF&)
	X1	1200
	Y1	1200
	X2	1200
	Y2	250
直线 2	Name	Line2
	BorderColor	蓝色(&H00FF0000&)
	X1	1200
	Y1	1200
	X2	1200
	Y2	400
计时器	Name	Timer1
	Interval	500
	Enabled	False
命令按钮 1	Name	Command1
	Caption	开始
命令按钮 2	Name	Command2
	Caption	停止

4) 程序代码

```
Const x0=1200, y0=1200, radius=1000         'x0、y0为圆心坐标,radius为圆的半径
Dim a, b, len1, len2

Private Sub Command1_Click()
    Timer1.Enabled=True
End Sub
```

```
Private Sub Command2_Click()
    Timer1.Enabled=False
End Sub

'在圆上产生 12 个刻度点
Private Sub Form_Activate()
    For k=0 To 359 Step 30
        x=radius * Cos(k * 3.14159 / 180)+x0
        y=y0-radius * Sin(k * 3.14159 / 180)
        Form2.Circle(x, y), 20                    '以(x,y)为圆点,20 为半径画圆
    Next k
    a=90
    b=90
    len1=Line1.Y1-Line1.Y2
    len2=Line2.Y1-Line2.Y2
End Sub

Private Sub Timer1_Timer()
    a=a-30
    Line1.X2=len1 * Cos(a * 3.14159 / 180)+x0
    Line1.Y2=y0-len1 * Sin(a * 3.14159 / 180)
    b=b-30 / 12
    Line2.X2=len2 * Cos(b * 3.14159 / 180)+x0
    Line2.Y2=y0-len2 * Sin(b * 3.14159 / 180)
End Sub
```

3. 设置颜色

1) 要求

在名称为 Form3、标题为“设置颜色”的窗体上，添加一个名称为 Text1、Text 属性为空、MultiLine 属性为 True 的文本框，添加一个名称为 Frame1、标题为“单击鼠标左键选择字体颜色，单击右键选择背景色”的框架。在框架中添加一个名称为 Option1 的单选按钮，将 Option1 的 Index 属性设置为 0，Style 属性设置为 1-Graphical，Caption 属性设置为空，BackColor 属性设置为黑色，Height 和 Width 属性均设置为 270。程序运行时，创建一个含有 16 个元素的单选按钮控件数组，代表 QBColor 函数可返回的 16 种颜色，用鼠标左键单击其中任一单选按钮，将文本框中输入的文字字体颜色(即前景色)设置为对应颜色，右键单击时，将文本框的背景色设置为对应颜色。设计界面如实验图 7.11(a)所示，程序运行界面如实验图 7.11(b)所示。

2) 分析

(1) 在窗体的 Form_Load 事件中，通过 For 循环用 Load 语句添加单选按钮控件数组元素(1)～(15)，同时调用 QBColor 函数为新添加的单选按钮设置背景色(QBColor 函数的参数值与单选按钮的下标相等)，新添加的单选按钮从左向右依次排列。注意将新的

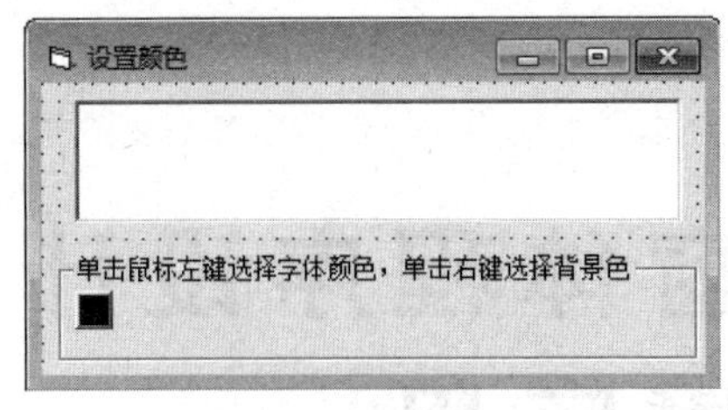

(a) 设计界面

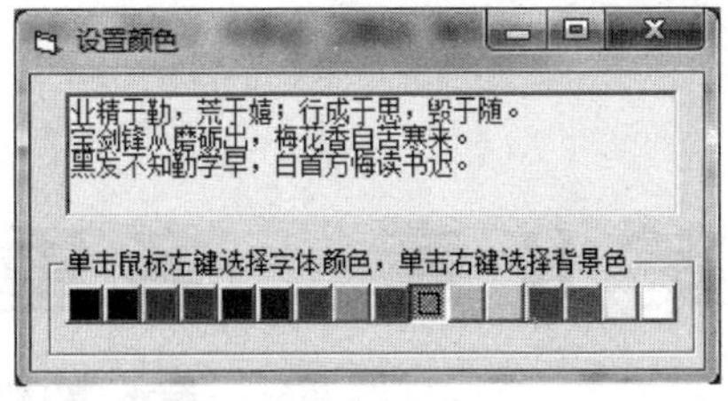

(b) 运行界面

实验图 7.11　设置颜色

控件数组元素设置为可见(Visible=True)。

(2) 在单选按钮 Option1 的 MouseDown 事件中，要用到由系统提供的该事件过程传送的两个参数：Button 和 Index。Button 参数用于判断用户按下的是哪一个鼠标键，Index 参数用于判断用户操作的是哪一个单选按钮。根据对这两个参数的判断，即可将选中的单选按钮的背景色赋给文本框的前景色或背景色。

3) 设计界面及设置属性

按照实验图 7.11(a)，在窗体上添加一个文本框、一个框架和一个单选按钮，按照题目要求进行属性设置。

4) 程序代码

```
Option Explicit

Private Sub Form_Load()
    Dim i As Integer
    For i=1 To 15
        Load Option1(i)                         '加载下标为 i 的控件数组元素
        With Option1(i)                         '设置控件数组元素属性
            .Left=Option1(i-1).Left+.Width              '从左向右依次排列
            .BackColor=QBColor(i)               'QBColor 函数返回 16 种颜色之一
            .Visible=True
        End With
    Next
End Sub

'单选按钮的鼠标按下事件,可区分按下的是左键还是右键
Private Sub Option1_MouseDown(Index As Integer, Button As Integer, Shift As
Integer, X As Single, Y As Single)
    'Button 参数传送的是引起该事件的鼠标键
    If Button=vbLeftButton Then                 '若按下左键,设置文本框前景色
      Text1.ForeColor=Option1(Index).BackColor
                                                'Index=被选中的单选按钮下标
    Else                                        '若非左键,则设置文本框背景色
        Text1.BackColor=Option1(Index).BackColor
    End If
End Sub
```

第 8 章　多重窗体程序设计与环境应用

8.1　知识要点

8.1.1　建立多重窗体应用程序

1. 与窗体有关的操作

1）添加窗体

在工程中添加一个新窗体可以采用以下两种方法：

（1）选择“工程”|“添加窗体”命令。

（2）右击“工程资源管理器”窗口，在弹出的快捷菜单中选择“添加”|“添加窗体”命令。

2）删除窗体

在工程资源管理器中，选定要删除的窗体后，可采用以下两种方法删除窗体：

（1）选择“工程”|“移除”命令。

（2）右击选中的窗体，从弹出的快捷菜单中选择“移除”命令。

3）保存窗体

在工程资源管理器中选定要保存的窗体，可采用以下两种方法保存窗体：

（1）选择“文件”|“保存”或“另存为”命令。

（2）右击选中的窗体，从弹出的快捷菜单中选择“保存”或“另存为”命令。

4）设置启动窗体

当一个工程中有多个窗体时，默认情况下，该工程的第一个窗体（Form1）作为启动窗体。程序运行后，显示窗体 Form1，其余的窗体需要通过 Show 方法才能显示。如果要设置其他窗体为启动窗体，可以按以下步骤完成：

（1）选择“工程”|“工程 1 属性”命令，打开“工程 1-工程属性”对话框。

（2）在“通用”选项卡的“启动对象”列表框中选择要作为启动窗体的窗体，单击“确定”按钮，即可将该窗体设置为工程 1 的启动窗体。

2. 与多重窗体程序设计有关的语句和方法

（1）Load 语句格式：

```
Lood 窗体名称
```

(2) Unload 语句格式：

```
Unload 窗体名称
```

(3) Show 方法格式：

```
[窗体名称.]Show[模式]
```

(4) Hide 方法格式：

```
[窗体名称.]Hide
```

3. 编写程序代码

程序代码是针对每个窗体编写的，其编写方法与单一窗体相同。只要在工程资源管理器窗口中选择所需要的窗体文件，然后单击“查看代码”按钮，即可进入相应窗体的程序代码窗口。

8.1.2 多重窗体程序的保存与 Sub Main 过程

1. 多重窗体程序的存取

1) 保存多窗体程序

多重窗体程序的保存方法：

(1) 在工程资源管理器中选择需要保存的窗体，然后执行“文件”|“窗体名另存为”命令，打开“文件另存为”对话框。用该对话框把窗体以.frm 为扩展名保存到磁盘文件中。

(2) 执行“文件”|“工程另存为”命令，打开“工程另存为”对话框，把整个工程以.vbp 为扩展名存入磁盘。

2) 装入多窗体程序

当一个工程中只有一个窗体时，可以只保存窗体文件，而不保存工程文件，双击打开窗体文件时，Visual Basic 将自动创建一个工程，然后即可执行该窗体；打开一个多重窗体应用程序时，必须首先打开多重窗体应用程序的工程文件，才能完整地执行。

3) 多窗体程序的编译

默认情况下，编译后生成的可执行文件的文件名就是工程文件名，可执行文件所在的路径就是工程文件所在的路径，用户可以根据需要选择不同的路径和文件名。

2. Sub Main 过程

一个程序并不一定需要通过事件过程启动，而是可以通过一个特殊的过程——Sub Main 过程来启动。通过执行 Sub Main 过程，可以根据某些条件进行初始化，或者根据条件决定加载哪个窗体。

Sub Main 过程只能添加在标准模块中，并且只能添加一次。可以在工程中添加一个标准模块 Module1，然后在标准模块中创建一个名为 Main 的子过程。

3. Visual Basic 工程结构

1) 标准模块

标准模块也称为全局模块或总模块，由全局变量声明、模块层声明及通用过程等几部分组成。其中全局声明放在标准模块的首部，因为每个模块都可能要求有它自己的具有唯一名字的全局变量。全局变量声明总是在启动时执行。

2）窗体模块

窗体模块包括3部分内容，即声明部分、通用过程部分和事件过程部分。在声明部分中，用Dim或Private语句声明窗体模块所需要的变量，因而其作用域为整个窗体模块，包括该模块内的每个过程。注意，在窗体模块代码中，声明部分一般放在最前面，而通用过程和事件过程的位置没有严格限制。

3）Sub Main过程

在一个含有多个窗体或多个工程的应用程序中，有时候需要在显示多个窗体之前对一些条件进行初始化，这就需要在启动程序时执行一个特定的过程。在Visual Basic中，这样的过程称为启动过程，并命名为Sub Main，它类似于C语言中的Main函数。

8.1.3 闲置循环与DoEvents语句

所谓闲置循环，就是当应用程序处于闲置状态时，用一个循环来执行其他操作。简言之，闲置循环就是在闲置状态下执行的循环。但是，当执行闲置循环时，将占用全部CPU时间，不允许执行其他事件过程，使系统处于无限循环中，没有任何反应。为此，Visual Basic提供了一个DoEvents语句，使得当执行闲置循环时，可以通过该语句把控制权交给周围环境使用，然后回到原程序继续执行。

DoEvents既可以作为语句，也可以作为函数使用，一般格式为：

```
[窗体号=]DoEvents[()]
```

当作为函数使用时，DoEvents返回当前装入Visual Basic应用程序工作区的窗体号。如果不想使用这个返回值，则可随便用一个变量接收返回值。

8.2 基础练习

8.2.1 单选题

（1）设工程中有两个窗体：Form1和Form2，每个窗体上都有一个名称为Text1的文本框。若希望把Form1上文本框中的内容复制到Form2上的文本框中，应进行的操作是________。

A. 执行Form1中的语句：Form1. Text1＝Form2. Text1

B. 执行Form1中的语句：Text1＝Form1. Text

C. 执行Form2中的语句：Form1. Text1＝Text1

D. 执行Form2中的语句：Text1＝Form1. Text1

（2）对于含有多个窗体的工程而言，以下叙述中正确的是________。

A. 没有指定启动窗体时，系统自动将最后一个添加的窗体设置为启动窗体

B. 启动窗体可以通过“工程属性”对话框指定

C. Load 方法兼有装入和显示窗体两种功能

D. Hide 方法可以将指定的窗体从内存中清除

(3) 以下关于窗体的叙述中错误的是________。

A. 窗体的 Hide 方法将窗体隐藏并卸载

B. 窗体的 Show 方法可以将窗体装入内存并显示该窗体

C. 若工程中包含多个窗体,则可指定一个为启动窗体

D. 窗体的 Load 事件在加载窗体时发生

(4) 设工程中有 Form1、Form2 两个窗体,要求单击 Form2 上的 Command1 命令按钮,Form2 就可以从屏幕上消失,下面的事件过程中不能实现此功能的是________。

A.
```
Private Sub Command1_Click()
    Form2. Hide
End Sub
```

B.
```
Private Sub Command1_Click()
    Unload Me
End Sub
```

C.
```
Private Sub Command1_Click()
    Form2. Unload
End Sub
```

D.
```
Private Sub Command1_Click()
    Me. Hide
End Sub
```

(5) 如果要将一个窗体从内存中清除,应使用的语句是________。

A. Unload　　B. Show　　C. Load　　D. Hide

(6) 以下关于多重窗体程序的叙述中,错误的是________。

A. 对于多重窗体程序,需要单独保存每个窗体

B. 在多重窗体程序中,可以根据需要指定启动窗体

C. 在多重窗体程序中,各窗体的菜单是彼此独立的

D. 用 Hide 方法不仅可以隐藏窗体,而且还可以清除内存中的窗体

(7) 为了在 Form_Load 事件过程中用 Print 方法在窗体上输出指定的内容,首先应执行的操作是________。

A. 设置窗体的 Visible 属性　　B. 设置窗体的 AutoRedraw 属性

C. 调用窗体的 Show 方法　　D. 设置窗体的 Enabled 属性

(8) 设一个工程文件包含多个窗体及标准模块,以下叙述中错误的是________。

A. 如果工程中有 Sub Main 过程,则程序一定首先执行该过程

B. 不能把标准模块设置为启动模块

C. 用 Hide 方法只是隐藏窗体,不能从内存中清除该窗体

D. Show 方法用于显示一个窗体

(9) 以下叙述中错误的是________。

A. 一个工程中可以包含多个窗体文件

B. 在一个窗体文件中用 Private 定义的通用过程可以被其他窗体调用

C. 窗体和标准模块需要分别保存为不同类型的磁盘文件

D. 全局变量可以在标准模块中定义

(10). 工程中有 Form1、Form2 两个窗体(Form1 中有文本框 Text1;Form2 中有 Text1 文本框和 Command1 命令按钮)。Form1 是启动窗体。在这些模块中编写下面的程序代码:

Form1 中的代码如下:

```
Private Sub Text1_DblClick()
    Text1="Visual Basic"
    Form2.Show
End Sub
```

Form2 中的代码如下:

```
Private Sub Command1_Click()
    Text1=Form1.Text1
    Form1.Show
End Sub
```

下面关于程序的叙述中错误的是________。

A. 双击 Form1 的 Text1 后,Text1 中显示 Visual Basic,弹出 Form2

B. 双击 Form1 的 Text1 后,Form2 成为当前窗体

C. 单击 Form2 的命令按钮,Form1 成为当前窗体

D. Form2 的 Text1=Form1. Text1 语句不能正确执行

(11) 工程文件包含 Form1、Form2 两个窗体。Form1 又包含两个菜单命令的菜单;Form2 上有一个名称为 Command1 的命令按钮,如实验图 8.1 所示。

(a) Form1

(b) Form2

实验图 8.1 两个窗体

Form1 中菜单项"隐藏 Form1"的单击事件过程代码如下:

```
Private Sub hideF1_Click()
    Form1.Hide
End Sub
```

Form1 中菜单项"显示 Form2"的单击事件过程代码如下:

```
Private Sub showF2_Click()
    Form2.Show
End Sub
```

Form2 的程序代码如下：

```
Private Sub Command1_Click()
    Form1.Show
End Sub
```

以下关于上述程序的叙述中，正确的是________。

A. Form1 中定义的菜单只出现在 Form1 中

B. 执行 Form2 的命令按钮单击事件过程，显示 Form1 的同时隐藏 Form2

C. Form1 的两个菜单命令都能隐藏 Form1

D. 执行“隐藏 Form1”菜单命令会出错，因为没有窗体被打开

(12) 以下叙述中错误的是________。

A. Sub Main 是定义在标准模块中的特定过程

B. 一个工程中只能有一个 Sub Main 过程

C. Sub Main 过程不能有返回值

D. 当工程中含有 Sub Main 过程时，工程执行时一定最先执行该过程

(13) 以下关于 VB 特点的叙述中，错误的是________。

A. VB 中一个对象可有多个事件过程

B. VB 应用程序能以编译方式运行

C. VB 应用程序从 Form_Load 事件过程开始执行

D. 在 VB 应用程序中往往通过引发某个事件导致对对象的操作

(14) Visual Basic 中的“启动对象”是指启动 Visual Basic 应用程序时，被自动加载并首先执行的对象。下列关于 Visual Basic“启动对象”的描述中，错误的是________。

A. “启动对象”可以是指定的标准模块

B. “启动对象”可以是指定的窗体

C. “启动对象”可以是 Sub Main 过程

D. 若没有经过设置，则默认的“启动对象”是第一个被创建的窗体

(15) 对于含有多个窗体的工程而言，以下叙述中正确的是________。

A. 没有指定启动窗体时，系统自动将最后一个添加的窗体设置为启动窗体

B. 启动窗体可以通过“工程属性”对话框指定

C. Load 方法兼有装入和显示窗体两种功能

D. Hide 方法可以将指定的窗体从内存中清除

(16) 设程序中使用了多个窗体，下面叙述中正确的是________。

A. 默认情况下，程序运行时首先显示最后建立的窗体

B. 在一个窗体中可以访问另一个窗体文本框中的数据

C. 程序运行时将依次自动显示所有窗体，但最早建立的窗体是当前窗体

D. 一个窗体中不能有与其他窗体完全一样的控件

(17) 以下关于多重窗体程序的叙述中,错误的是________。

A. 对于多重窗体程序,需要单独保存每个窗体

B. 在多重窗体程序中,可以根据需要指定启动窗体

C. 在多重窗体程序中,各窗体的菜单是彼此独立的

D. 用 Hide 方法不仅可以隐藏窗体,而且还可以清除内存中的窗体

(18) 以下关于 VB 特点的叙述中,错误的是________。

A. VB 采用事件驱动的编程机制

B. VB 程序能够以解释方式运行

C. VB 程序能够以编译方式运行

D. VB 程序总是从 Form-Load 事件过程开始执行

(19) 以下关于窗体的叙述中错误的是________。

A. 窗体的 Hide 方法将窗体隐藏并卸载

B. 窗体的 Show 方法可以将窗体装入内存并显示该窗体

C. 若工程中包含多个窗体,则可指定一个为启动窗体

D. 窗体的 Load 事件在加载窗体时发生

(20) 下列操作中不能向工程添加窗体的是________。

A. 执行"工程"菜单中的"添加窗体"命令

B. 单击工具栏上的"添加窗体"按钮

C. 右击窗体,在弹出的菜单中选择"添加窗体"命令

D. 右击工程资源管理器,在弹出的菜单中选择"添加"命令,然后在下一级菜单中选择"添加窗体"命令

(21) 在 Visual Basic 工程中,可以作为"启动对象"的是________。

A. Sub Main 过程

B. 任何过程

C. 在标准模块中专门定义的启动过程

D. Sub Main 过程以及任何过程

(22) 以下叙述中错误的是________。

A. Sub Main 是定义在标准模块中的特定过程

B. 一个工程中只能有一个 Sub Main 过程

C. Sub Main 过程不能有返回值

D. 当工程中含有 Sub Main 过程时,工程执行时一定最先执行该过程

(23) Visual Basic 中的"启动对象"是指启动 Visual Basic 应用程序时,被自动加载并首先执行的对象。下列关于 Visual Basic"启动对象"的描述中,错误的是________。

A. "启动对象"可以是指定的标准模块

B. "启动对象"可以是指定的窗体

C. "启动对象"可以是 Sub Main 过程

D. 若没有经过设置,则默认的"启动对象"是第一个被创建的窗体

(24) 下列说法中错误的是________。

A. 在过程中,可以用 Static 定义变量,但当该过程调用结束后,其值继续保留

B. 当用 Static 关键字定义一个过程时,该过程中的所有变量都是 Static 存储方式的

C. Sub Main 过程一定是程序运行时首先被执行的过程,是整个程序的入口点

D. 同一个工程中只能有一个 Sub Main 过程

(25) 当执行循环的时间较长时,为了避免被误认为是死机,通常应在循环体中放置一个语句,这个语句是________。

A. Exit Do　　B. Exit Sub　　C. Exit For　　D. DoEvents

8.2.2 参考答案

(1) D　(2) B　(3) A　(4) C　(5) A　(6) D　(7) C　(8) A　(9) B
(10) D　(11) A　(12) D　(13) C　(14) A　(15) B　(16) B　(17) D　(18) D
(19) A　(20) C　(21) A　(22) D　(23) A　(24) C　(25) D

8.3 验证型实验

8.3.1 实验目的

(1) 掌握与窗体有关的操作。

(2) 掌握与多重窗体程序设计有关的语句和方法。

(3) 掌握多重窗体程序的保存与 Sub Main 过程。

(4) 掌握闲置循环和 DoEvents 语句的应用。

8.3.2 实验内容

1. 密码验证

(1) 要求:设计一应用程序,包含两个窗体,名称分别为 Form1、Form2,标题分别为"密码验证""欢迎光临"。在 Form1 窗体上,添加一个名称为 Label1、标题为"密码"的标签,添加一个名称为 Text1、Text 属性为空、Enabled 属性为 False、输入字符时文本框内将显示字符"*"的文本框。添加 3 个命令按钮,名称分别为 Command1、Command2、Command3,标题分别为"输入密码""密码校验""退出";在 Form2 窗体上,添加一个名称为 Label1、标题为"密码正确,谢谢参与!"的标签,添加一个名称为 Command1、标题为"返回"的命令按钮。程序运行时界面如实验图 8.2(a)所示,实现以下功能:

① 单击 Form1 窗体的"输入密码"按钮,则 Text1 文本框 Enabled 属性变为 True,且获得焦点。

② 输入密码后单击 Form1 窗体的"密码校验"按钮,则判断 Text1 中输入内容是否为"666666",若是,则 Form1 窗体消失,显示 Form2 窗体;若密码输入错误,则弹出如

实验图 8.2(b)所示的“错误提示”对话框。在该对话框中,若单击“取消”按钮,则退出系统;若单击“确定”按钮,则返回 Form1 窗体,重新输入密码。若 3 次密码输入错误,则弹出如实验图 8.2(c)所示的对话框,单击“确定”按钮,退出系统。

③ 单击 Form1 窗体的“密码校验”按钮,则弹出如实验图 8.2(d)所示的对话框。

④ 单击 Form2 窗体的“返回”按钮,则 Form2 窗体消失,显示 Form1 窗体。

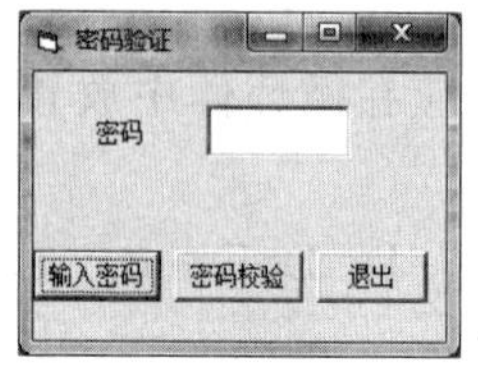

(a) 密码验证

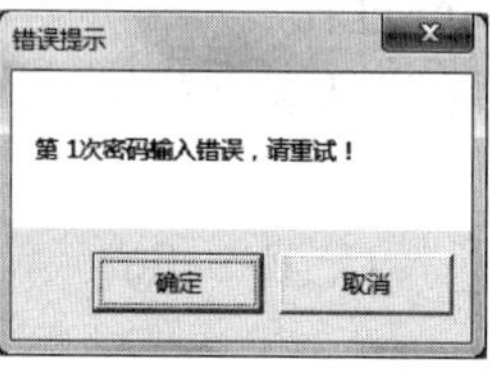

(b) 错误提示1

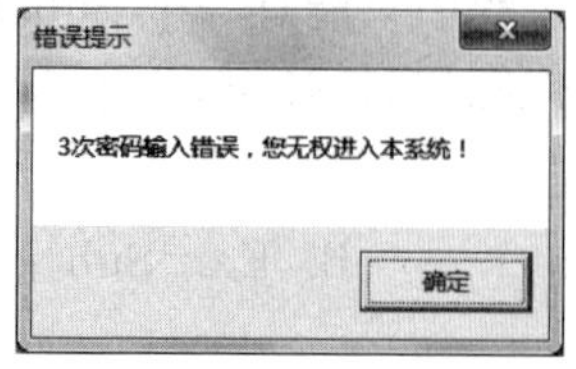

(c) 错误提示2

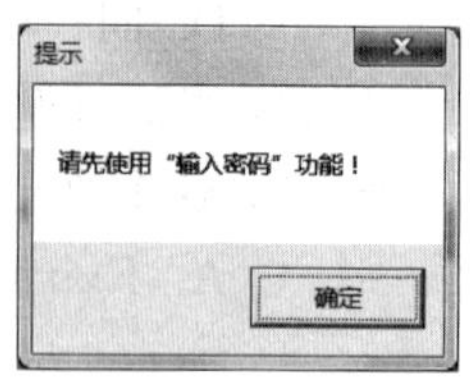

(d) 提示

实验图 8.2　密码验证

(2) 提示:

根据题目要求,在 Form1 窗体中,通过属性窗口对文本框的 Name、Text、Enabled、PasswordChar 属性进行设置,在命令按钮 Command1 的 Click 事件过程中通过代码设置文本框的 Enabled 属性为 True,并通过 SetFocus 方法使文本框获得焦点。

输入密码后,单击 Form1 窗体的“密码校验”按钮,则判断 Text1 中输入内容是否为“666666”,若密码正确,通过 Hide 方法隐藏 Form1 窗体,并通过 Show 方法显示 Form2 窗体;若密码输入错误,则提示重新输入或取消。变量 n 用于累积输入次数,3 次密码输入错误,则退出系统。

(3) 设计界面及设置属性:根据题目要求,创建 2 个窗体并设计界面及设置其属性。

(4) 编写代码:

```
'Form1 窗体代码
Dim n As Integer
Private Sub Command1_Click()
   Text1.Enabled=True
   Text1.SetFocus
End Sub

Private Sub Command2_Click()
   Dim m As Integer
   If Text1.Enabled=False Then
       MsgBox "请先使用“输入密码”功能!", , "提示"
   Else
       If Text1 <>"666666" Then
           n=n+1
           If n=3 Then
               MsgBox "3 次密码输入错误,您无权进入本系统!", , "错误提示"
               End
```

```
        Else
            m=MsgBox("第"+Str(n)+"次密码输入错误,请重试!", 1, "错误提示")
            If m=1 Then
              Text1=""
              Text1.SetFocus
            Else
              End
            End If
        End If
      Else
        Text1.Enabled=False
        Text1=""
        Form1.Hide
        Form2.Show
      End If
  End If
End Sub

Private Sub Command3_Click()
  End
End Sub

'Form2窗体代码
Private Sub Command1_Click()
   Form2.Hide
   Form1.Show
End Sub
```

2. 注册并登录

(1) 设计一应用程序,包含3个窗体,标题分别为"启动""注册""登录",程序运行时显示"启动"窗体,如实验图8.3所示。单击窗体上按钮时弹出对应窗体进行注册或登录,如实验图8.4或实验图8.5所示。要求:

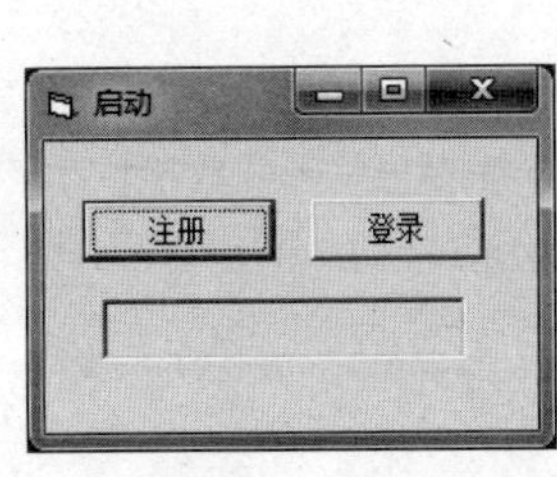

实验图8.3 启动

实验图8.4 注册

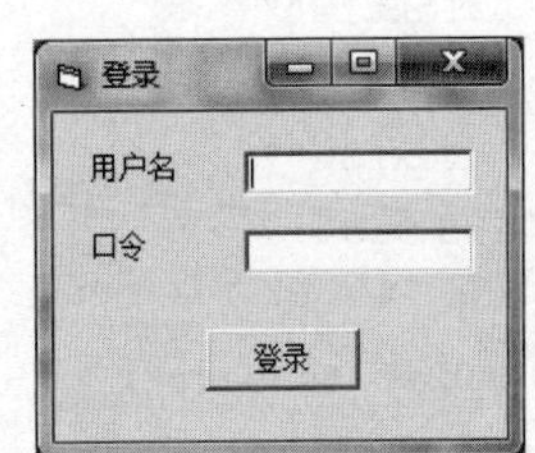

实验图8.5 登录

① 注册信息放在全局数组users中,注册用户数(小于或等于10个)放在全局变量n中(均已在标准模块中定义)。

② 注册时用户名不能重复，且“口令”与“验证口令”必须相同。若注册成功，则在“启动”窗体的标签中提示“注册成功”，否则提示相应错误信息。登录时，检验用户名和口令，若正确，则在“启动”窗体的标签上提示“登录成功”，否则提示相应错误信息。

③ 标准模块中函数 finduser 的功能是：在 users 数组中搜索用户名（即参数 ch），若找到，则返回该用户名在 users 中的位置，否则返回 0。

(2) 提示：因为窗体比较多，含有一个标准模块，所以首先要思路清晰，了解每一个窗体的功能。窗体 1 是启动界面，可以选择登录或者注册。窗体 2 是注册窗口，实现用户的注册。窗体 3 是登录窗口，实现用户的登录。标准模块中函数的功能是在数组中寻找用户名，并返回其所在的位置。理清了各个窗体和标准模块的关系，就可以开始分析编写代码了。

(3) 设计界面及设置属性：根据题目要求，按照实验图 8.3～实验图 8.5，自行设计界面及设置属性。

(4) 编写代码：

```
'Form1 窗体
Private Sub Command1_Click()
  Form2.Text1=""
  Form2.Text2=""
  Form2.Text3=""
  Label1.Caption=""
  Form2.Show
End Sub

Private Sub Command2_Click()
  Form3.Text2=""
  Label1.Caption=""
  Form3.Show
End Sub

'Form2 窗体
Private Sub Command1_Click()
  Text1=""
  Text2=""
  Text3=""
End Sub

Sub writeusers()
  n=n+1
  users(n, 1)=Text1
  users(n, 2)=Text2
End Sub
```

```
Private Sub Command2_Click()
  If Text1="" Then
        MsgBox("必须输入用户名!")
        Text1.SetFocus
  ElseIf finduser(Trim$(Text1))>0 Then
        MsgBox("此用户名已经存在!")
  ElseIf Text2<>Text3 Then
        MsgBox("口令验证错误!")
  Else
        writeusers
        Form1.Label1  ="注册成功!"
        Form2.Hide
  End If
End Sub

'Form3 窗体
Private Sub Command1_Click()
  k=finduser(Trim$(Text1))
  If k=0 Then
        MsgBox("没有注册!")
  ElseIf Trim$(Text2)<>users(k, 2)Then
        MsgBox("口令错误!")
  Else
        Form1.Label1.Caption="登录成功!"
        Form3.Hide
  End If
End Sub

'标准模块
Option Base 1
Public users(10, 2)As String
Public n As Integer

Public Function finduser(ch As String)As Integer
    For k=1 To 10
        If users(k, 1)=ch Then
            finduser=k
            Exit Function
        End If
    Next k
    finduser=0
End Function
```

3. 闲置循环和 DoEvents 语句

(1) 要求：设计界面如实验图 8.6 所示，程序运行后，没有事件发生，进入闲置循环，使“闲置循环”命令按钮右移，并发出声响。如果单击“单击此按钮”按钮，则有事件发生，“闲置循环”按钮暂停移动，在窗体上显示相应的信息，当事件过程执行完毕，“闲置循环”按钮接着移动。“闲置循环”按钮暂停移动的时间由 Command1_Click 事件过程中的循环终值决定。如果单击“退出”按钮，则退出程序，运行情况如实验图 8.7 所示。

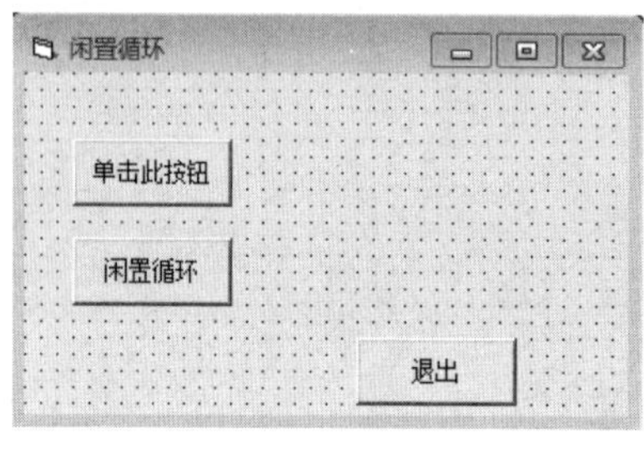

实验图 8.6 程序设计界面

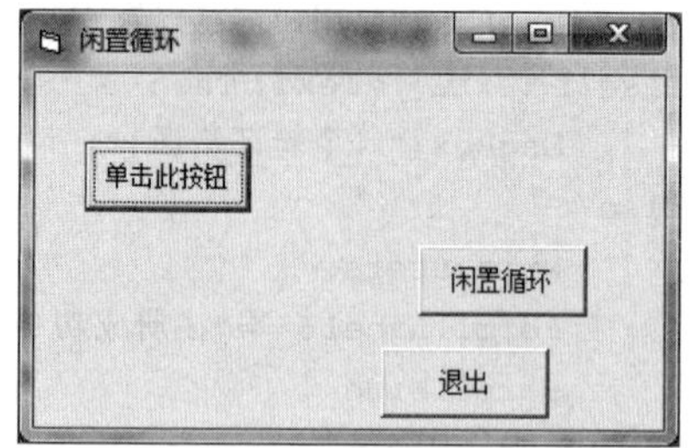

实验图 8.7 程序运行界面

(2) 提示：所谓闲置循环，就是当应用程序处于闲置状态时，用一个循环来执行其他操作。Visual Basic 提供了一个 DoEvents 语句，使得当执行闲置循环时，可以通过该语句把控制权交给周围环境使用，然后回到原程序继续执行。DoEvents 既可以作为语句，也可以作为函数使用，一般格式为：[窗体号=]DoEvents[()]。

(3) 按照实验图 8.6 设计界面及设置属性。

(4) 编写代码：

选择“工程”|“添加模块”命令，打开标准模块窗口，编写如下程序：

```
Sub main()
  Form1.Show
  Do While DoEvents()
    If Form1.Command2.Left <=Form1.Width Then
      Form1.Command2.Left=Form1.Command2.Left+1
      Beep
    Else
      Form1.Command2.Left=Form1.Left
    End If
  Loop
End Sub

'对 Form1 窗体编写如下程序
Private Sub Command1_Click()
  FontSize=12
  Print "执行 Command1_click 事件过程"
  For i=1 To 100000000
    x=i * 2
  Next i
End Sub
```

```
Private Sub Command3_Click()
  End
End Sub
```

(5) 把 Sub Main 设置为启动过程。

8.4　综合设计型实验

8.4.1　实验目的

(1) 掌握使用多重窗体编写应用程序的方法。

(2) 掌握下拉式菜单和弹出式菜单的设计方法以及其综合应用。

8.4.2　实验内容

1) 要求

将第 7 章的综合设计型实验合并为一个多窗体工程,在工程中设计一个含有菜单栏的主窗体,通过菜单统一管理各实验项目程序的运行。

2) 分析

(1) 在菜单栏中,用于启动各实验项目窗体的菜单项分别位于主菜单标题之下。程序代码的作用主要是:响应菜单栏中各菜单项的单击事件以及弹出式菜单的创建和激活。

(2) 菜单项单击事件过程的代码很简单,只需显示对应的窗体即可。

(3) 弹出式菜单只能显示位于同一个主菜单标题下的菜单项,要想在一个弹出式菜单中显示来自不同菜单标题的菜单项,需要进行特殊处理。处理的方法很多,本例采用动态创建弹出式菜单项的方法。在设计菜单时,已将主菜单标题"弹出菜单"下的菜单项设为菜单控件数组(仅有一项,索引为 0),窗体加载时,通过循环为菜单控件数组添加成员,然后,根据"常用控件"和"数组"菜单下各菜单项的标题(Caption),设置菜单控件数组各成员的标题。

(4) 激活弹出式菜单。在窗体的 Form_MouseUp 事件过程中进行判断,若用户单击了鼠标右键,则调用窗体的 PopupMenu 方法显示弹出式菜单。

(5) 在弹出式菜单项的 mnuSub_Click 事件过程中,用 Select Case 语句根据菜单控件数组索引(Index)执行菜单栏相应菜单命令。

程序运行界面如实验图 8.8 所示。可以增加菜单标题,将更多的实验项目添加到本工程中。

3) 设计主窗体界面

将窗体 Form1 的名称改为 frmMain,作为主窗体。用菜单编辑器为主窗体设计菜单,菜单结构如实验表 8.1 所示。注意,主菜单标题"弹出菜单"下的菜单项为菜单控件数组,名称为 mnuSub,索引为 0,标题为空。

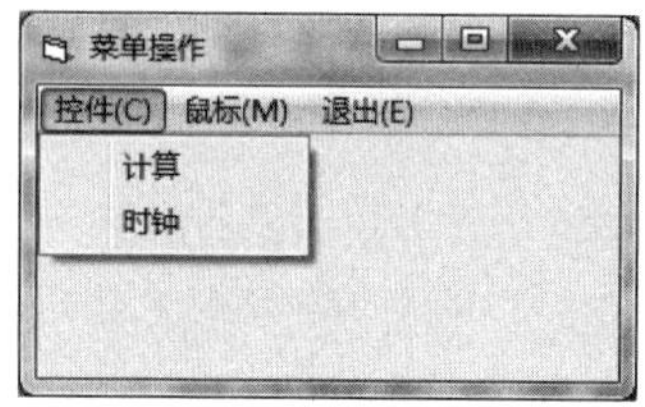

(a) 菜单栏

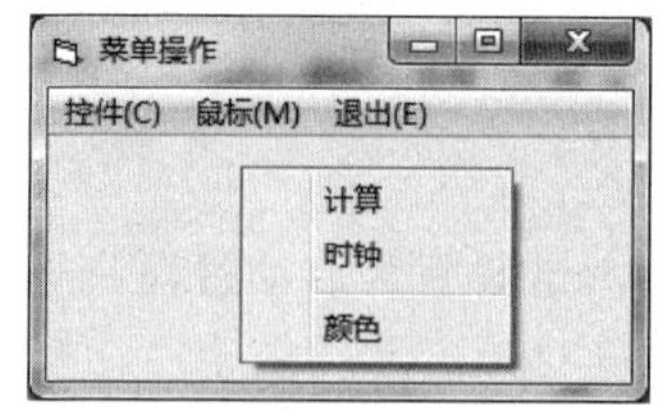

(b) 弹出式菜单

实验图 8.8 创建菜单

实验表 8.1 主窗体菜单结构

标题	名称	索引	标题	名称	索引
控件(&C)	Control		...颜色	color	
....计算	cal		退出(&E)	Exit	
....时钟	clock		弹出菜单	Pop	
鼠标(&M)	Mouse		....(空)	mnuSub	0

4) 添加各实验项目窗体

单击工具栏中的"添加窗体"按钮,在"添加窗体"对话框中选择"现存"选项卡,根据实验表 8.1,将第 7 章综合设计型实验的 3 个实验(计算、制作钟表、设置颜色)中相应的窗体添加到本工程中,注意不能有名称(Name)相同的窗体。

建议:为了对工程中的文件进行统一管理,减少程序移植运行时出错的机会,最好将本工程用到的所有文件存放在同一文件夹下。

5) 程序代码

```
Option Explicit

Private Sub Form_Load()                         '窗体加载
    Dim i As Integer
    '设计时在主菜单标题"弹出菜单"下仅设一个菜单项,将该菜单项
    '设为菜单控件数组,名称为 mnuSub,索引为 0,标题为空
    '窗体加载时添加菜单控件数组成员
    pop.Visible=False                           '将"弹出菜单"设为不可见
    For i=1 To 3
        Load mnusub(i)                          '加载菜单控件数组成员
    Next
    '设置菜单项标题
    mnusub(0).Caption=cal.Caption
    mnusub(1).Caption=clock.Caption
    mnusub(2).Caption="-"                       '菜单项分隔符
    mnusub(3).Caption=color.Caption
End Sub
```

```
Private Sub Form_MouseUp(Button As Integer, Shift As Integer, X As Single, Y As
Single)
    If Button=vbRightButton Then                     '右击窗体
        PopupMenu pop, 2                             '显示弹出菜单
    End If
End Sub

Private Sub mnuSub_Click(Index As Integer)           '单击弹出菜单项
    '根据菜单控件数组索引执行菜单栏相应菜单命令
    Select Case Index
        Case 0
            cal_Click
        Case 1
            clock_Click
        Case 3
            color_Click
    End Select
End Sub

Private Sub cal_Click()                              '计算
    Form1.Show
End Sub

Private Sub clock_Click()                            '时钟
    Form2.Show
End Sub

Private Sub color_Click()                            '颜色
    Form3.Show
End Sub

Private Sub Exit_Click()                             '退出
    End
End Sub
```

第 9 章　数据文件

9.1　知识要点

9.1.1　文件结构和分类

1. 文件结构

Visual Basic 文件由记录组成，记录由字段组成，字段由字符组成。

2. 文件种类

(1) 根据文件的内容分类，文件可分为程序文件和数据文件。

(2) 根据数据的存取方式和结构，文件可分为顺序文件和随机文件。

(3) 根据数据的编码方式，文件可以分为 ASCII 文件和二进制文件。

9.1.2　文件操作语句和函数

1. 文件的打开与关闭

1) 文件的打开(建立)

如前所述，在对文件进行操作之前，必须先打开或建立文件。Visual Basic 用 Open 语句打开或建立一个文件。其格式为：

```
Open 文件说明[For 方式][Access 存取类型][锁定]As[#]文件号[Len=记录长度]
```

Open 语句的功能是：为文件的输入输出分配缓冲区，并确定缓冲区所使用的存取方式。

2) 文件的关闭

文件的读写操作结束后，应将文件关闭，这可以通过 Close 语句来实现。其格式为：

```
Close[[#]文件号][,[#]文件号]…
```

Close 语句的功能是：用来结束文件的输入、输出操作。

2. 文件指针

文件指针的定位通过 Seek 语句来实现。其格式为：

```
Seek#文件号,位置
```

3. 其他函数

(1) FreeFile 函数格式：

```
FreeFile[(rangenumber)]
```

(2) Loc 函数格式：

```
Loc(文件号)
```

(3) LOF 数格式：

```
LOF(文件号)
```

(4) EOF(函数)格式：

```
EOF(文件号)
```

9.1.3 顺序文件

1. 顺序文件的写操作

(1) Print#语句格式：

```
Print#文件号,[[Spc(n)|Tab(n)][表达式表][;|,]]
```

(2) Write #语句格式：

```
Write #文件号,表达式表
```

2. 顺序文件的读操作

(1) Input #语句格式：

```
Input #文件号,变量表
```

(2) Line Input #语句格式：

```
Line Input #文件号,字符串变量
```

(3) Input$ 函数格式：

```
Input$(n,#文件号)
```

9.1.4 随机文件

1. 随机文件的打开与读写操作

1) 随机文件的写操作

随机文件的写操作分为以下 4 步：

(1) 定义数据类型；

(2) 打开随机文件；

(3) 将内存中的数据写入磁盘；

(4) 关闭文件。

2) 随机文件的读操作

从随机文件中读取数据的操作与写文件操作步骤类似,只是把第(3)步中的 Put 语句用 Get 语句来代替。其格式为:

```
Get#文件号,[记录号],变量
```

2. 随机文件中记录的增加与删除

1) 增加记录

在随机文件中增加记录,实际上是在文件的末尾附加记录。其方法是:先找到文件最后一个记录的记录号,然后把要增加的记录写到它的后面。

2) 删除记录

在随机文件中删除一个记录时,并不是真正删除记录,而是把下一个记录重写到要删除的记录的位置上,其后的所有记录依次前移。

9.1.5 文件系统控件

1. 驱动器列表框和目录列表框

驱动器列表框和目录列表框是下拉式列表框。

2. 文件列表框

用驱动器列表框和目录列表框可以指定当前驱动器和当前目录,而文件列表框可以用来显示当前目录下的文件(可以通过 Path 属性改变)。文件列表框的默认控件名是 File1。文件的基本操作指的是文件的删除、拷贝、移动、改名等。在 Visual Basic 中,可以通过相应的语句执行这些基本操作。

1) 删除文件(Kill 语句)

格式:

```
Kill 文件名
```

该语句可以删除指定的文件。这里的"文件名"可以含有路径。

2) 拷贝文件(FileCopy 语句)

格式:

```
FileCopy 源文件名,目标文件名
```

FileCopy 语句可以把源文件拷贝到目标文件,拷贝后两个文件的内容完全一样。

3) 文件(目录)重命名(Name 语句)

格式:

```
Name 原文件名 As 新文件名
```

Name 语句可以对文件或目录重命名,也可用来移动文件。

9.2 基础练习

9.2.1 单选题

(1) 设有如下程序代码：

```
Private Sub Command1_Click()
  Dim Sname As String, SNo As String, Score As Single
  Open "D:\Score.txt" _______ As #1
  SNo=InputBox("输入学号:")
  Sname=InputBox("输入姓名:")
  Score=Val(InputBox("输入成绩:"))
  Print #1, SNo, Sname, Score
  Close #1
End Sub
```

以上程序的功能是：向文件D:\Score.txt中写入一名同学的学号、姓名和成绩，当文件不存在时，则新建该文件；当文件存在时，则覆盖原文件的内容。在横线处应填入的内容是________。

A. For Input　　B. For Output

C. For OverWrite　　D. For Random

(2) Visual Basic的窗体文件(.frm文件)是一个文本文件，它________。

A. 不能作为Visual Basic的数据文件来访问

B. 可以当作随机文件读取

C. 既可当作顺序文件读取也可当作随机文件读取

D. 可以当作顺序文件读取

(3) 在一个有若干个整数的顺序文件中查找一个数(这个数从文本框中输入)，找到后在标签Label1中显示该数是文件中第几个数；如果没找到，则显示文件中没有该数的信息：

```
Private Sub Command1_Click()
    Dim x As Integer, n As Integer
    a=Val(Text1.Text)
    Open "file1.txt" For Input As #1
    Do While Not EOF(1)
        Input _______
        n=n+1
        If x=a Then
            Label1.Caption=a & "是文件中第" & n & "个数"
            Close #1
            Exit Sub
```

```
        End If
    Loop
    Close #1
    Label1.Caption="文件中没有" & a
End Sub
```

要使上面的程序代码实现上述功能,在横线处应填写的是________。

A. ＃1, x　　B. ＃1, a　　C. 1, a　　D. 1, n

(4) 下列关于随机文件的描述中,错误的是________。

A. 每条记录的长度必须相同

B. 每条记录都有一个记录号

C. 数据存取灵活方便,容易修改

D. 只能随机存取

(5) 在窗体 Form1 上画一个名称为 Command1 的命令按钮,编写如下程序代码:

```
Private Type stu
  sn As String * 20
  class As String * 20
End Type
Private Sub Command1_Click()
  Dim s As stu
  Open "c:\allstu.dat" For Random As #1 Len=Len(s)
  s.sn="John"
  s.class="Computer 2013"
  Put #1, , s
  Close #1
End Sub
```

则以下叙述中正确的是________。

A. 定义记录类型 stu 的 Type 语句可以移到事件过程 Command1_Click 中

B. 如果文件 c:\allstu.dat 不存在,则 Open 语句执行中出现"文件未找到"的错误

C. 文件 c:\allstu.dat 中的每条记录是等长的

D. 语句"Put ＃1, , s"中没有指明记录号,因此系统总是把记录写到文件的头部

(6) Print ＃语句的作用是________。

A. 向随机文件中写数据　　B. 向顺序文件中写数据

C. 向窗体上输出数据　　D. 从顺序文件中读入数据

(7) 以下关于文件的叙述中,错误的是________。

A. 顺序文件有多种打开文件的方式

B. 读取顺序文件的记录时,只能从头至尾逐记录进行

C. 顺序文件中各记录的长度是固定的

D. 随机文件一般占用空间比较小

(8) 以下不属于 Visual Basic 数据文件的是________。

A. 顺序文件　　B. 随机文件　　C. 数据库文件　　D. 二进制文件

(9) 下列关于顺序文件的描述中，正确的是________。

A. 文件的组织与数据写入的顺序无关

B. 主要的优点是占空间少，且容易实现记录的增减操作

C. 每条记录的长度是固定的

D. 不能像随机文件一样灵活地存取数据

(10) 下列关于数据文件的描述中，错误的是________。

A. VB 数据文件不包括 VB 的窗体文件

B. VB 应用程序可以用随机方式读写数据文件

C. VB 应用程序在读写数据文件之前，必须用 Open 语句打开该文件

D. VB 应用程序不能把一个二维表格中的数据存入文件

(11) 下面关于文件叙述中错误的是________。

A. VB 数据文件需要先打开，再进行处理

B. 随机文件每个记录的长度是固定的

C. 不论是顺序文件还是随机文件，都是数据文件

D. 顺序文件的记录是顺序存放的，可以按记录号直接访问某个记录

(12) 以下关于文件的叙述中，错误的是________。

A. 顺序文件中的记录是一个接一个地顺序存放的

B. 随机文件中记录的长度是随机的

C. 文件被打开后，自动生成一个文件指针

D. EOF 函数用来测试是否到达文件尾

(13) 以下关于文件的叙述中，正确的是________。

A. 随机文件的记录是定长的

B. 用 Append 方式打开的文件，既可以进行读操作，也可以进行写操作

C. 随机文件记录中的各个字段具有相同的长度

D. 随机文件通常比顺序文件占用的空间小

(14) 关于随机文件，以下叙述中错误的是________。

A. 使用随机文件能节约空间

B. 随机文件记录中，每个字段的长度是固定的

C. 随机文件中，每个记录的长度相等

D. 随机文件的每个记录都有一个记录号

(15) 在 Open 语句中可以用 Output 和 Append 两种方式打开顺序文件，其主要区别是________。

A. Output 总是从文件的第一个记录开始写，而 Append 在文件最后一个记录后面添加数据

B. Output 在文件最后一个记录后面添加数据，而 Append 总是从文件的第一

个记录开始写

C. Output 和 Append 都只能从文件的第一个记录开始写数据

D. Output 和 Append 都可以在文件的最后一个记录后面添加数据

(16) 窗体上有一个名称为 Command1 的命令按钮。要求编写程序,把文件 f1. txt 的内容写到文件 f2. txt 中,然后将 f1. txt 删除。命令按钮的单击事件过程如下:

```
Private Sub Command1_Click()
    Open "c:\f1.txt" For Input As #1
    Open "c:\f2.txt" For Output As #2
    Do While Not EOF(2)
        Line Input #1, str1
        Print #2, str1
    Loop
    Close
    Kill "c:\f1.txt"
End Sub
```

该程序运行时发生错误,应该进行的修改是________。

A. 打开 f1. txt 应该使用 Output 方式,打开 f2. txt 应该使用 Input 方式

B. Not EOF(2)应改为 Not EOF(1)

C. Line Input 应改为 Get

D. Close 语句应改为 Close All

(17) 在窗体上有两个名称分别为 Text1、Text2 的文本框,一个名称为 Command1 的命令按钮。运行后的窗体外观如实验图 9.1 所示。

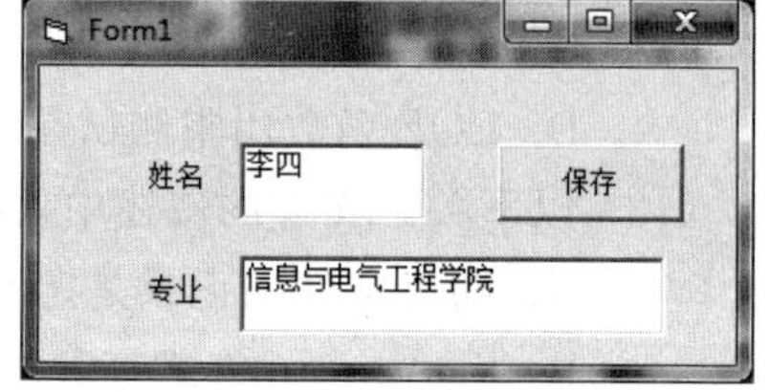

实验图 9.1 运行后的窗体

设有如下的类型和变量声明:

```
Private Type Person
    name As String * 8
    major As String * 20
End Type
Dim p As Person
```

设文本框中的数据已正确地赋值给 Person 类型的变量 p,当单击"保存"按钮时,能够正确地把变量中的数据写入随机文件 Test2. dat 中的程序段是________。

A. Open "c:\Test2. dat" For Output As #1
   Put #1, 1, p
   Close #1

B. Open "c:\Test2. dat" For Random As #1
   Get #1, 1, p
   Close #1

C. Open "c:\Test2. dat" For Random As #1 Len=Len(p)

```
    Put #1, 1, p
    Close #1
D.  Open "c:\Test2.dat" For Random As #1 Len=Len(p)
    Get #1, 1, p
    Close #1
```

(18) 设在工程文件中有一个标准模块，其中定义了如下记录类型：

```
Type Books
    Name As String * 10
    TelNum As String * 20
End Type
```

在窗体上画一个名为 Command1 的命令按钮，要求当执行事件过程 Command1_Click 时，在顺序文件 Person.txt 中写入一条 Books 类型的记录。下列能够完成该操作的事件过程是________。

```
A.  Private Sub Command1_Click()
        Dim B As Books
        Open "Person.txt" For Output As #1
        B.Name=InputBox("输入姓名")
        B.TelNum=InputBox("输入电话号码")
        Write #1,B.Name,B.TelNum
        Close #1
    End Sub
B.  Private Sub Command1_Click()
        Dim B As Books
        Open "Person.txt" For Input As #1
        B.Name=InputBox("输入姓名")
        B.TelNum=InputBox("输入电话号码")
        Print #1,B.Name,B.TelNum
        Close #1
    End Sub
C.  Private Sub Command1_Click()
        Dim B As Books
        Open "Person.txt" For Output As #1
        B.Name=InputBox("输入姓名")
        B.TelNum=InputBox("输入电话号码")
        Write #1, B
        Close #1
    End Sub
D.  Private Sub Command1_Click()
```

```
    Open "Person.txt" For Input As #1
    Name=InputBox("输入姓名")
    TelNum=InputBox("输入电话号码")
    Print #1, Name,TelNum
    Close #1
End Sub
```

(19) 窗体上有一个名称为 Text1 的文本框,一个名称为 Command1 的命令按钮。以下程序的功能是从顺序文件中读取数据:

```
Private Sub Command1_Click()
    Dim s1 As String, s2 As String
    Open "c:\d4.dat" For Append As #3
    Line Input #3, s1
    Line Input #3, s2
    Text1.Text=s1+s2
    Close
End Sub
```

该程序运行时有错误,应该进行的修改是________。

A. 将 Open 语句中的 For Append 改为 For Input

B. 将 Line Input 改为 Line

C. 将两条 Line Input 语句合并为 Line Input #3, s1,s2

D. 将 Close 语句改为 Close #3

(20) 窗体上有一个名称为 Command1 的命令按钮。其单击事件过程如下:

```
Private Sub Command1_Click()
    Open "c:\f1.txt" For Input As #1
    Open "c:\f2.txt" For Output As #2
    Do While Not EOF(1)
        Line Input #1, str1
        Print #2, str1
    Loop
    Close
End Sub
```

以下关于上述程序的叙述中,错误的是________。

A. 程序的功能是将 f2.txt 文件的内容复制到 f1.txt 中

B. f1.txt 和 f2.txt 均是顺序文件

C. EOF 函数可以判断是否已到文件的末尾

D. Close 能够把打开的两个文件都关闭

(21) 为了保存数据,需打开顺序文件"E:\UserData.txt",以下正确的命令是________。

A. Open E:\UserData.txt For Input As #1

B. Open "E:\UserData.txt" For Input As ＃2

C. Open E:\UserData.txt For Output As ＃1

D. Open "E:\UserData.txt" For Output As ＃2

(22) 用 Open 语句打开文件时,如果省略"For 方式",则该文件的存取方式是________。

A. 顺序存取方式　　B. 随机存取方式

C. 二进制存取方式　　D. 不确定

(23) 如果希望向一个顺序文件写入数据,但又要保留文件中的原有内容,应采取的文件打开方式是________。

A. Append　　B. Output　　C. Random　　D. Input

(24) 在窗体上画一个名称为 Command1 的命令按钮,然后编写如下事件过程:

```
Private Sub Command1_Click()
  Dim s1 As String, s2 As String
  Open "D:\data.txt" For Input As #1
  Seek #1, 5
  s1=Input$(2, #1)
  s2=Input$(3, #1)
  Print Seek(1)
  Close #1
End Sub
```

假设有磁盘文件 D:\data.txt,且文件足够长,当程序运行时,单击 Command1,在窗体上输出的结果是________。

A. 5　　B. 9　　C. 10　　D. 11

(25) 某人编写了下面的程序,希望能把 Text1 文本框中的内容写到 out.txt 文件中:

```
Private Sub Command1_Click()
    Open "out.txt" For Output As #2
    Print "Text1"
    Close #2
End Sub
```

调试时发现没有达到目的,为实现上述目的,应做的修改是________。

A. 把 Print "Text1" 改为 Print ＃2, Text1

B. 把 Print "Text1" 改为 Print Text1

C. 把 Print "Text1" 改为 Write "Text1"

D. 把所有 ＃2 改为 ＃1

(26) 某人编写了向随机文件中写一条记录的程序,代码如下:

```
Type RType
    Name As String * 10
    Tel  As String * 20
```

```
End Type
Private Sub Command1_Click()
    Dim p As RType
    p.Name=InputBox("姓名")
    p.Tel=InputBox("电话号")
    Open "Books.dat" For Random As #1
    Put #1,, p
    Close #1
End Sub
```

该程序运行时有错误，修改的方法是________。

A. 在类型定义 Type RType 之前加上 Private

B. Dim p As RType 必须置于窗体模块的声明部分

C. 应把 Open 语句中的 For Random 改为 For Output

D. Put 语句应该写为 Put ＃1,p. Name ,p. Tel

(27) 有如下过程：

```
Sub proc()
    Dim ch As String
    Open "file1.txt" For Input As #1
    Open "file1_bak.txt" For Output As #2
    Do While Not EOF(1)
        ch=Input$(1, #1)
        Print #2, ch;
    Loop
    Close #1, #2
End Sub
```

这一过程的功能是________。

A. 读入文件 file1. txt 的内容在窗体上显示

B. 读入文件 file1_bak. txt 的内容在窗体上显示

C. 把文件 file1_bak. txt 复制为 file1. txt 文件

D. 把文件 file1. txt 复制为 file1_bak. txt 文件

(28) 窗体的单击事件过程如下：

```
Private Sub Form_Click()
    n=FreeFile
    Open "e:\f1.txt" For Input As n
    Do While Not EOF(n)
        Line Input #n, str1
        Print str1
    Loop
    Close
End Sub
```

对于以上程序，如下叙述中错误的是________。

A. Open 打开一个随机文件

B. n＝FreeFile 的作用是自动获取文件号，并赋值给 n

C. Line Input 语句从＃n 对应的文件中读数据，并赋值给 str1

D. Not EOF(n)的含义是没有到达 n 所对应文件的末尾

(29) 窗体上有一个名称为 Command1 的命令按钮，一个名称为 List1 的列表框。命令按钮的单击事件过程如下：

```
Private Sub Command1_Click()
    Open "c:\f1.txt" For Input As #1
    Do While Not EOF(1)
        Input #1, str1
        List1.AddItem str1
    Loop
    Close
End Sub
```

对于上述程序，以下叙述中错误的是________。

A. 以输入方式打开随机文件 f1.txt

B. Close 的作用是关闭已经打开的数据文件

C. 单击命令按钮后，把 f1.txt 中的所有内容添加到列表框中

D. 运行程序后，列表框中的列表项都是 f1.txt 中的记录

(30) 为了返回或设置磁盘驱动器的名称，应使用的驱动器列表框的属性是________。

A. ChDrive　　B. Drive　　C. List　　D. ListIndex

(31) 以下说法中正确的是________。

A. 能获取列表框 List1 中最后一个列表项内容的表达式是 List1.List(ListCount－1)

B. Shape 控件可以将同一个窗体上的多个单选按钮分成多个组

C. 当在名称为 Drive1 的驱动器列表框中选取不同的驱动器时，系统将执行事件过程 Drive1_Click

D. 当一个复选框被选中时，它的 Value 属性的值是 1

9.2.2 参考答案

(1) B　(2) D　(3) A　(4) D　(5) C　(6) B　(7) C　(8) C　(9) D
(10) D　(11) D　(12) B　(13) A　(14) A　(15) A　(16) B　(17) C　(18) A
(19) A　(20) A　(21) D　(22) B　(23) A　(24) C　(25) A　(26) A　(27) D
(28) A　(29) A　(30) B　(31) D

9.3 验证型实验

9.3.1 实验目的

(1) 掌握顺序文件和随机文件的打开、读/写和关闭操作,了解二进制文件的概念。

(2) 掌握3种文件系统控件的使用方法。

(3) 掌握常用的文件和目录操作语句及函数。

9.3.2 实验内容

1. 筛选冠军

(1) 要求:在名称为Form1、标题为"筛选冠军"的窗体上,添加5个标签、3个文本框、3个命令按钮。文本文件excise.txt中有5个运动员的姓名、7个裁判的打分和动作的难度系数。每人的数据占一行,顺序是:姓名、7个分数、难度系数。程序运行时,单击"输入分数"按钮,则把excise.txt文件中的5个姓名读入数组acete中,把5组得分(每组7个)和难度系数读入二维数组a中(每行的最后一个元素是难度系数),并把这些数据显示在Text1文本框中;单击"选出冠军"按钮,则把冠军的姓名和成绩分别显示在文本框Text2、Text3中。成绩的计算方法是:去掉一个最高分和一个最低分,求剩下得分的平均分,再乘以难度系数,再乘以3;单击"存盘"按钮,则把冠军姓名和成绩存入文本文件out.txt中,程序运行界面如实验图9.2所示。

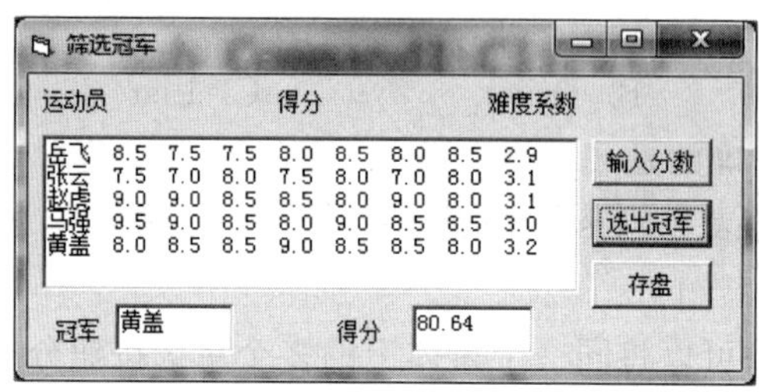

实验图9.2 筛选冠军

(2) 提示:

① 在Command1的Click事件过程中,运用For循环语句和文件操作语句把excise.txt文件中的5个姓名读入数组achlete中,把5组得分和难度系数读入二维数组a中(每行的最后一个元素是难度系数,即a(k, 8)为难度系数),并把这些数据通过连接符"&"显示在Text1文本框中,chr(13)代表回车符,Chr(10)代表换行符。

② getmark函数过程用于根据成绩计算:去掉一个最高分和一个最低分,求剩下得分的平均分,再乘以3,再乘以难度系数,并返回第n个运动员的最后得分。

③ 在Command2的Click事件过程中,把冠军的姓名和成绩分别显示在文本框Text2、Text3中。

④ 在 Command3 的 Click 事件过程中，通过文件操作将冠军姓名和成绩存入 out.txt 文件中。

(3) 设计界面及设置属性：根据题目要求，按照实验图 9.2 设计界面及设置属性。

(4) 编写代码：

```
Option Base 1
Dim a(5, 8)As Single, athlete(5)As String * 8

Private Sub Command1_Click()
    Dim ch As String
    Text1=""
    Open App.Path & "\excise.txt" For Input As #1
    For k=1 To 5
        Input #1, ch
        athlete(k)=ch
        Text1=Text1 & ch & "  "
        For j=1 To 8
            Input #1, ch
            a(k, j)=Val(ch)
            Text1=Text1 & ch & "  "
        Next j
        Text1=Text1 & Chr(13)& Chr(10)
    Next k
    Close #1
End Sub

Private Function getmark(n As Integer)As Single     '自定义函数过程 getwork
    s=a(n, 1)
    maxnum=s
    minnum=s
    For k=2 To 7
        s=s+a(n, k)
        If maxnum <a(n, k)Then
            maxnum=a(n, k)
        End If
        If minnum >a(n, k)Then
            minnum=a(n, k)
        End If
    Next k
    s=(s-maxnum-minnum)/ 5
    getmark=s * 3 * a(n, 8)
End Function

Private Sub Command2_Click()
```

```
    Dim n As Integer
    For n=1 To 5
        If m <getmark(n)Then m=getmark(n)
    Next
    Text3.Text=m
    For n=1 To 5
        If m=getmark(n)Then Text2.Text=athlete(n)
    Next n
End Sub

Private Sub Command3_Click()
    Open App.Path & "\out.txt" For Output As #1
    Print #1, Text2, Text3
    Close #1
End Sub
```

2. 文件系统控件综合应用

(1) 要求：在名称为 Form1 的窗体上添加一个名称为 Drive1 的驱动器列表框，添加一个名称为 Dir1 的目录列表框，添加一个名称为 File1 的文件列表框，添加名称为 Label1、标题为"文件名"的标签和名称为 Label2、BorderStyle 为 1 的标签。将窗体的标题设置为"文件系统控件"。编写程序，使得这 3 个文件系统控件可以同步变化，即当驱动器列表框中显示的内容发生变化时，目录列表框和文件列表框中显示的内容同时发生变化。单击文件列表框时，将在 Label2 中显示选中的文件名，程序运行效果如实验图 9.3 所示。

实验图 9.3 文件系统控件

(2) 提示：要使驱动器列表框、目录列表框和文件列表框同步操作，可以通过 Path 属性的改变引发 Change 事件来实现。例如：

```
Private Sub Dir1_Change()
    File1.Path=Dir1.Path
End Sub
```

该事件过程使窗体上的目录列表框 Dir1 和文件列表框 File1 产生同步。因为目录列表框 Path 属性的改变将产生 Change 事件，所以在 Dir1 的 Change 事件过程中，把 Dir1.Path 赋给 File1.Path，就可以产生同步效果。

类似地，增加下面的事件过程，可以使 3 种列表框同步操作。例如：

```
Private Sub Drive_Change()
    Dir1.Path=Drive1.Drive
End Sub
```

该过程使驱动器列表框和目录列表框同步，前面的过程使目录列表框和文件列表框同步，从而使 3 种列表框同步。

(3) 设计界面及设置属性：根据题目要求，按照实验图 9.3，建立驱动器列表框、目录列表框、文件列表框控件，并设置其属性。程序中用到的控件及属性见实验表 9.1。

实验表 9.1 控件属性

控件	驱动器列表框	目录列表框	文件列表框	标签 1		标签 2			窗 体
属性	Name	Name	Name	Name	Caption	Name	Caption	BorderStyle	Caption
设置值	Drive1	Dir1	File1	Label1	文件名	Label2		1	文件系统控件

(4) 编写代码：

```
Private Sub Dir1_Change()
    File1.Path=Dir1.Path
End Sub

Private Sub Drive1_Change()
    Dir1.Path=Drive1.Drive
End Sub

Private Sub File1_Click()
    Label2=File1.FileName
End Sub
```

9.4 综合设计型实验

9.4.1 实验目的

掌握各类文件的打开、关闭和读/写操作，以及其综合应用。

9.4.2 实验内容

1. 浏览成绩

1) 要求

在名称为 Form1、标题为“浏览成绩”的窗体上，创建 6 个标签、5 个文本框、4 个命令按钮，设计界面如实验图 9.4 所示。程序运行时，将事先准备好的文本文件 excise.txt 中的所有记录读入数组 a 中(每个数组元素是一条记录)，并在窗体上显示第 1 条记录。单击“首记录”“下一记录”“上一记录”“尾记录”

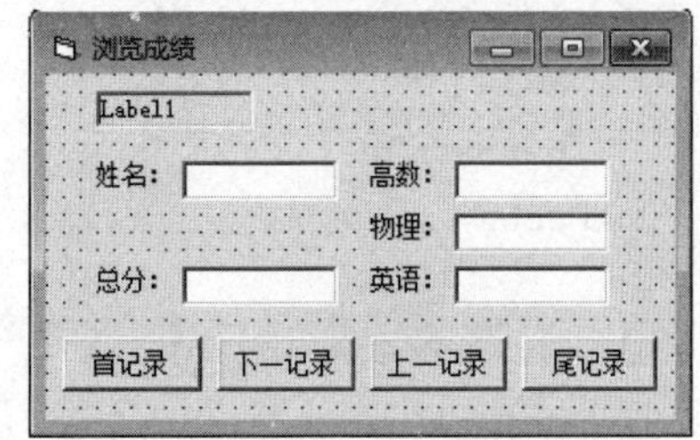

实验图 9.4 浏览成绩

按钮,可显示相应记录,并且,当显示第1条记录时,“首记录”“上一记录”按钮不可用;当显示最后一条记录时,“尾记录”“下一记录”按钮不可用;其他情况下,所有按钮均可用。

2) 分析

(1) 本题主要涉及到的知识点有:用户自定义数据类型,自定义过程及调用,IIf 函数以及文件操作相关语句 Open、Close、Input 等。

(2) putdata 自定义子过程用来显示记录,setenabled 自定义子过程用来控制命令按钮可用或不可用。

3) 程序代码

```
Private Type rec                                     '自定义数据类型
    name As String * 3
    math As Integer
    chinese As Integer
    english As Integer
End Type
Dim a(20) As rec, num As Integer, n As Integer

Private Sub readdata()                               '自定义 readdata 子过程
    Open App.Path& "\in5.txt" For Input As #1        '打开文件
    k=1
    Do While Not EOF(1)                              'EOF 函数为判断是否到文件尾函数
        Input #1, a(k).name, a(k).math, a(k).chinese, a(k).english
                                                     '文件记录读入数组 a()
        k=k+1
    Loop
    Close #1                                         '关闭文件
    num=20                                           '记录条数
End Sub

Private Sub Command1_Click()
    n=1
    putdata n                                        '调用 putdata 自定义子过程
End Sub

Private Sub Command2_Click()
    n=n+1
    putdata n                                        '调用 putdata 自定义子过程
End Sub

Private Sub Command3_Click()
    n=n -1
    putdatan                                         '调用 putdata 自定义子过程
```

```
End Sub

Private Sub Command4_Click()
    n=num
    putdatan                                '调用 putdata 自定义子过程
End Sub

Private Sub Form_Load()
    readdata                                '调用 readdata 自定义子过程
    Command1_Click                          '调用 Command1_Click 事件过程
End Sub

Private Sub putdata(k As Integer)           '自定义 putdata 子过程
    Label1.Caption="第" & k & "条记录"
    Text1=a(k).name
    Text2=a(k).math
    Text3=a(k).chinese
    Text4=a(k).english
    Text5=a(k).math+a(k).chinese+a(k).english
    setenabled(k)                           '调用 setenabled 自定义子过程
End Sub

Private Sub setenabled(m As Integer)        '自定义 setenabled 子过程
    Command1.Enabled=IIf(m=1, False, True)
    Command2.Enabled=IIf(m=num, False, True)
    Command3.Enabled=IIf(m=1, False, True)
    Command4.Enabled=IIf(m=num, False, True)
End Sub
```

2. 文本编辑

1）要求

在名称为 Form1、标题为“文本编辑”的窗体上，添加一个菜单栏、一个文本框、一个通用对话框控件，设计界面如实验图 9.5 所示。程序运行时，选择“编辑”|“打开文件”菜单，则弹出“打开”对话框，默认文件类型为“文本文件”。选中事先准备好的 excise. txt 文件，单击“打开”按钮，则把文件中的内容读入并显示在 Text1 文本框中；选择“修改内容”菜单，则将 Text1 中的大写字母 E、N、T 改为小写，把小写字母 e、n、t 改为大写；选择“保存文件”菜单，则弹出“另存为”对话框，默认文件类型为“文本文件”，默认文件为 out. txt，单击“保存”按钮，则将 Text1 中修改后的内容保存到 out. txt 文件中。

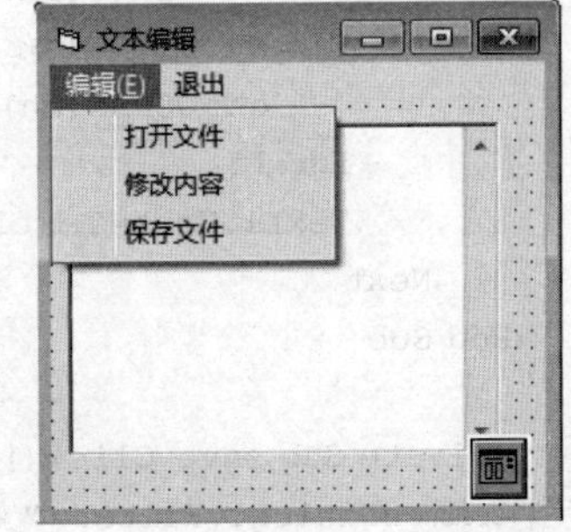

实验图 9.5　文本编辑

2）分析

打开文件的命令是 Open，其常用形式为：

```
Open "文件名" For 模式 As [#]文件号 [Len=记录长度]
```

其中，模式有 Output（打开文件，对其进行写操作）、Input（打开文件，对其进行读操作）以及 Append（打开文件，在文件末尾追加记录）。

通过通用对话框 InitDir、FilterIndex、Filter 、Action 属性设置对话框，并且通过 ShowOpen 方法打开对话框。运用 For 循环语句和 If 选择语句判断寻找字母，并按照要求使用大小写转换函数实现大小写的转换。

3）程序代码

```
Private Sub open_Click()
    Dim s As String
    CommonDialog1.Filter="所有文件|*.*|文本文件|*.txt"
    CommonDialog1.FilterIndex=2
    On Error GoTo openerr
    CommonDialog1.InitDir=App.Path
    CommonDialog1.ShowOpen
    Open CommonDialog1.FileName For Input As #1
    Input #1, s
    Close #1
    Text1.Text=s
openerr:
End Sub

Private Sub change_Click()
Dim ch As String
    Dim s As String
    Dim n As Long
    s=Text1.Text
    Text1.Text=""
    For n=1 To Len(s)
        ch=Mid(s, n, 1)
        If ch="E" Or ch="N" Or ch="T" Then
            ch=LCase(ch)
        ElseIf ch="e" Or ch="n" Or ch="t" Then
            ch=UCase(ch)
        End If
        Text1.Text=Text1 & ch
    Next
End Sub

Private Sub save_Click()
CommonDialog1.Filter="文本文件|*.txt|所有文件|*.*"
    CommonDialog1.FilterIndex=1
    On Error GoTo openerr
```

```
    CommonDialog1.FileName="out.txt"
    CommonDialog1.InitDir=App.Path
    CommonDialog1.Action=2
    Open CommonDialog1.FileName For Output As #1
    Print #1, Text1
    Close #1
openerr:
End Sub

Private Sub exit_Click()
  End
End Sub
```

3. 生成图表

1) 要求

设计如实验图 9.6(a)所示的界面。文件 in4.txt 中有 5 组数据,每组 10 个,依次代表10 个人的高数、英语、毛概、物理、计算机这 5 门课程的成绩。程序运行时,单击"读入数据"按钮,可以从文件 in4.txt 中读入数据放到数组 a 中。单击"计算"按钮,则计算 5 门课程的平均分(平均分取整),并依次放入 Text1 文本框控件数组中。单击"显示图形"按钮,则显示平均分的图表,如实验图 9.6(b)所示。

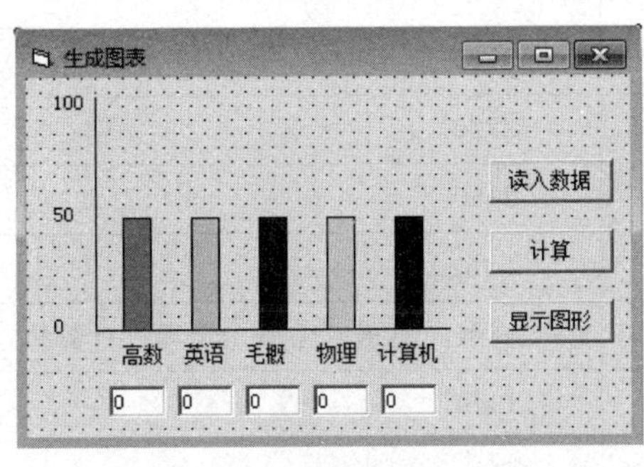

(a) 设计界面

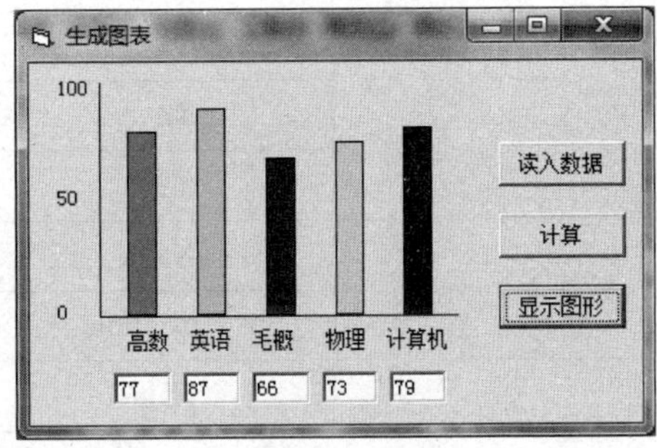

(b) 运行界面

实验图 9.6 生成图表

2) 分析

(1) 文本框赋值和形状的显示执行的是相似的操作,即文本框都是通过计算后赋值,形状都是通过改变其 Height 和 Top 属性值后显示,因此,建立文本框控件数组和形状控件数组。在设计阶段建立控件数组有 3 种方法:通过复制、粘贴的方式,给多个控件取相同的名称,给控件设置一个 Index 属性值。

(2) 单击"读入数据"按钮,应用文件操作和 For 循环语句,从文件 in4.txt 中读入数据,放到二维数组 a 中。在 Command2_Click()事件过程中,计算 5 门课程的平均分,通过 CInt 函数,对平均分取整,存入数组 s(i),并依次放入 Text1 文本框控件数组中。在 Command3 _Click()事件过程中,通过形状控件的 Height、Top 属性和线条的 Y1 属性,画出直方图,并通过设置形状控件的 Visible 属性,使平均分的直方图显示出来。

3）设计界面及设置属性

根据题目要求，按照实验图 9.6(a)设计界面，在窗体上添加 2 个直线、4 个标签、3 个命令按钮，按照实验表 9.2 进行属性设置。用复制、粘贴的方式，添加 1 个形状控件数组，其 FillColor、Top、Left、Width、Height 属性值自行设置。用给多个控件取相同的名称方式，添加 1 个文本框控件数组，其 Text 属性均为空。

实验表 9.2 控件及属性

控件	属性	设置值
窗体	Name	Form1
	Caption	生成图表
直线 1	Name	Line1
	X1	600
	Y1	165
	X2	600
	Y2	2165
直线 2	Name	Line2
	X1	600
	Y1	2160
	X2	3720
	Y2	2160
标签 1	Name	Label1
	Caption	高数　英语　毛概　物理　计算机
标签 2	Name	Label2
	Caption	100
标签 3	Name	Label3
	Caption	50
标签 4	Name	Label4
	Caption	0
命令按钮 1	Name	Command1
	Caption	读入数据
命令按钮 2	Name	Command2
	Caption	计算
命令按钮 3	Name	Command3
	Caption	显示图形

4）程序代码

```
Dim a(5, 10)As Integer
Dim s(5)

Private Sub Command1_Click()
    Open App.Path & "\in4.txt" For Input As #1
    For i=1 To 5
        For j=1 To 10
            Input #1, a(i, j)
        Next j
    Next i
    Close #1
End Sub

Private Sub Command2_Click()
    For i=1 To 5
        s(i)=0
        For j=1 To 10
            s(i)=s(i)+a(i, j)
        Next j
        s(i)=CInt(s(i)/ 10)
        Text1(i-1)=s(i)
    Next i
End Sub

Private Sub Command3_Click()
    For k=1 To 5
        Shape1(k-1).Height=s(k) * 20
        m=Line2.Y1
        Shape1(k-1).Top=Line2.Y2-Shape1(k-1).Height
        Shape1(k-1).Visible=True
    Next k
End Sub
```

第 2 篇

设 计 篇

第 1 章 Visual Basic 课程设计

课程设计是学习面向对象程序设计课程十分重要的教学环节，通过课程设计，可以加深对编程环境、语法和实现算法的理解与掌握，掌握面向对象程序设计的思想和方法，能运用所学的知识开发图形界面下的应用软件，建立计算机程序设计思想，从而提高科学素养，培养创新精神和解决实际问题的应用能力。

1.1 课程设计目的

(1) 掌握各种控件和函数等 VB 知识点在系统开发中的综合应用。

(2) 掌握软件(工程)开发的系统设计方法和技术。

(3) 熟练掌握 VB 的界面设计、菜单设计、ActiveX 控件、文件存取、错误处理、帮助信息等方面的知识及相应程序设计方法。

(4) 熟练掌握各种典型算法在实际中的综合应用。

(5) 掌握利用 VB 进行软件开发和系统设计的基本过程，提高 VB 软件开发的基本技能。

(6) 在学会运用 VB 进行面向对象程序设计步骤和方法的基础上，能够设计实际应用系统。

1.2 课程设计要求

(1) 分析要解决的问题，明确课程设计的目的，了解应用系统应具备的功能，划分功能模块，并画出系统功能模块图。

(2) 根据各程序模块的功能分别画出程序的详细流程图。

(3) 分模块编写程序。

(4) 程序编写完毕，分模块调试，各模块调试通过之后，再组合各模块后调试，调试通过之后试运行无错误时，编译生成可执行文件。

(5) 写出完整的课程设计报告。

(6) 打包本课程设计的应用程序，同课程设计报告一起上交。

1.3 课程设计内容

设计一个类似于 Windows 操作系统附件中“记事本”功能的应用程序，并在它现有功能基础上增加一些常用功能，能够实现以下功能：

(1) 文档建立、打开、保存、打印、退出；

(2) 文字剪切、复制、粘贴、查找替换、块写文件等；

(3) 字体、段落等格式设置；

(4) 统计、选项等工具设置；

(5) 排列窗口、重叠窗口等设置；

(6) 帮助功能；

(7) 增加新建、打开、保存、打印、剪切、复制、粘贴、加粗、斜体、下画线、居左、居中、居右、帮助等工具栏；

(8) 增加状态栏。

1.4 课程设计过程

1.4.1 了解文字处理系统的开发背景

文字处理是计算机最常见的应用之一，本设计要求设计一个简单的文字处理软件，实现同时打开多个文档，能实现新建、打开、保存、另存为和打印文档功能，可以以文本格式或 RTF 格式保存文件。并且能对文档进行剪切、复制、粘贴、块写文件和粘贴文件等方面的编辑处理。能对选取的文本进行字体格式设置、段落格式设置等。对一些常用的菜单命令，能够通过工具按扭进行操作。

1.4.2 字处理软件系统分析

1. 系统功能调查

目前 Windows 操作系统下应用最广泛的中文文字处理系统是微软公司的 Word 和金山公司的 WPS，它们虽然各有特点，但基本功能差不多。

Windows 操作系统也自带一些简单的文字处理程序，如写字板和记事本。其中，写字板程序可以设置打印字体和段落格式，可以建立 RTF 文件，也可以建立文本文件，在写字板中不可以同时编辑多个文档；而记事本则只能建立文本文件，可以设计简单的字体格式，但不可以设置段落格式，功能也非常简单，只能通过菜单命令进行操作。

可以设计一个功能类似 Word 或 WPS 的文字处理软件，其功能比写字板和记事本的功能强，而使用则更简单方便。

2. 功能要求与需求分析

文字处理软件最主要的功能是文字编辑、排版和打印格式的设置。Windows 操作系统下的应用软件可以使用 True Type 字体,使得所设置的打印字体能直接在屏幕上显示出来(所见即所得),这为设置文字的打印效果提供了方便。文字的编辑、排版主要通过文字的选取、复制、剪切、粘贴和文件的插入来实现;对较长的文档,还要求对某些指定的内容进行查找或替换;编辑完的文档还要能够通过打印机打印出来。

文字处理系统应能建立新的文档,接收用户的文字录入,并能将录入和编辑的文字信息(文字内容和格式信息)以文件的形式保存在磁盘上,保存在磁盘上的文档也能在系统中打开,并要求系统能保存和打开多种文档格式,如文本格式、RTF 格式等,以便与其他文字处理软件进行数据交换(能互相打开)。

Windows 系统下应用程序的另一个特点是能同时编辑和处理多个文档,即所谓的多文档界面。此外,还可以对文档的窗口进行排列,提供有关系统使用的帮助功能。

系统的主要操作命令应可以通过菜单或工具栏操作。除工具栏外,还可以显示文档编辑的状态。

1.4.3　系统设计

1. 系统功能设计

通过以上系统分析,可以得到系统的基本功能。通过功能的划分,设计文字处理系统结构图,如设计图 1.1 所示。

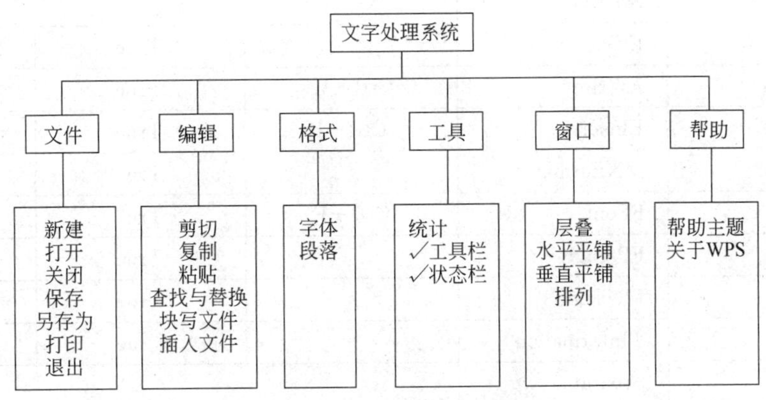

设计图 1.1　文字处理系统功能

2. 系统界面设计

为了便于设计,先在工程中添加如下部件:Microsoft Common Dialog Control 6.0、Microsoft Rich Textbox Control 6.0、Microsoft Windows Common Controls 6.0、Microsoft Windows Common Controls-3 6.0。

1) MDI 窗体和菜单的设计

系统要求能同时打开多个文档,用到多个文档窗口。首先要建立 MDI 父窗体(MDIForm1),将其 Caption 属性设置为"文字处理系统(W.P.S)"。为了便于系统各部分设计,应在该窗体中放置通用对话框控件(CommonDialog1),并根据功能设计的结果创建菜单栏,其中各菜单的设计如设计表 1.1 所示。

设计表 1.1 菜单设计

标　　题	名　　称	快 捷 键	Visible 属性	Enabled 属性
文件(&F)	MNFile		True	True
….新建(&N)	FNew	Ctrl+N	True	True
….打开(&O)	FOpen	Ctrl+O	True	True
….关闭(&C)	FClose		True	False
….—	Separate1			
….保存(&S)	FSave	Ctrl+S	True	False
….另存为(&A)	FSaveAs		True	False
….—	Separate2			
….打印(&P)	FPrint	Ctrl+P	True	False
….—	Separate3			
….退出(&X)	FExit		True	True
编辑(&E)	MNEdit		True	True
….剪切	ECut	Ctrl+X	True	False
….复制	ECopy	Ctrl+C	True	False
….粘贴	EPaste	Ctrl+V	True	False
….—	Separate4			
….查找与替换	EFind		True	True
….块写文件	EWrite	Ctrl+W	True	False
….插入文件	EInsert	Ctrl+I	True	True
格式(&S)	MNFormat		True	True
….字体	FFont	Ctrl+F	True	True
….段落	FParagraph		True	True
工具(&T)	MNTool		True	True
….统计	TInformation		True	True
….—	Separate5			
….工具栏	ToolBar	“复选”属性为 True		
….状态栏	StatusBar	“复选”属性为 True		
窗口(&W)	MNWindow	“显示窗口列表”属性为 True		
….层叠	Cascade		True	True
….水平平铺	TileHor		True	True
….垂直平铺	TileVer		True	True
….排列	Arange		True	True
帮助(&H)	MNHelp		True	True
….帮助主题	HelpTopic	Ctrl+H	True	True
….关于 WPS	HelpAbout		True	True

注意：设计“窗口”菜单时，选中“显示窗口列表”复选框，确保程序运行时每次打开或建立的文件名自动显示在窗口栏中，当用户选择该文件(菜单项)时，选取该文件名对应的文档窗口。

2) 工具栏的设计

为了便于操作，在 MDI 窗体添加工具栏控件(ToolBar1)和图像列表控件(ImageList1)。

(1) 在图像列表控件(ImageList1)中添加一系列按扭图像。右击图像列表 ImageList1，从弹出的快捷菜单中选择“属性”命令，打开“属性页”对话框，如设计图 1.2 所示，选择“图像”选项卡，单击“插入图片”按钮，将准备好的按钮图像文件按照设计表 1.2 中 ImageList1 控件属性依次添加到图像列表 ImageList1 中。

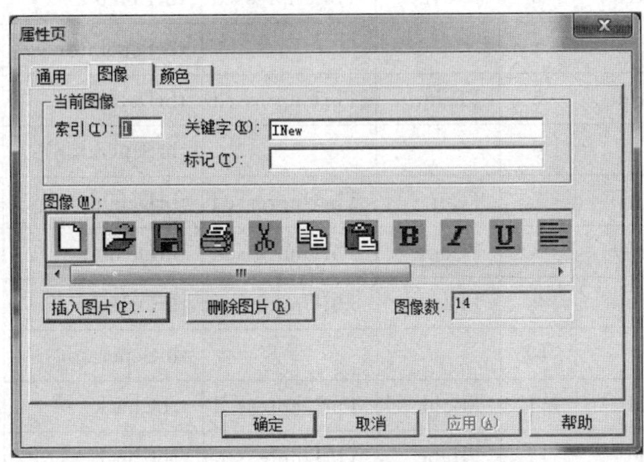

设计图 1.2　ImageList1“属性页”对话框

(2) 在工具栏控件(ToolBar1)中添加按钮。右击工具栏 ToolBar1，从弹出的快捷菜单中选择“属性”命令，打开“属性页”对话框，如设计图 1.3 所示，在“通用”选项卡的“图像

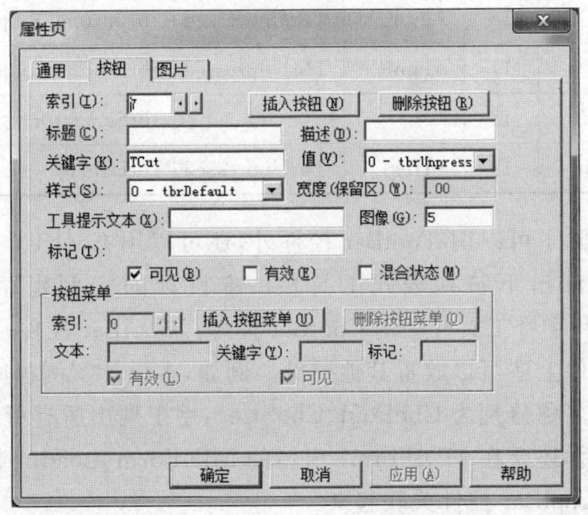

设计图 1.3　ToolBar1“属性页”对话框

列表"下拉列表框中选择 ImageList1，与图像列表控件建立关联。选择"按扭"选项卡，单击"插入按钮"按钮，对每个按扭按设计表 1.2 中 ToolBar1 控件按钮属性设置属性。设置完成后，单击"确定"按钮即可。

设计表 1.2 ImageList1 控件与 ToolBar1 控件按钮链接关系

ImageList1 控件属性			ToolBar1 控件按钮属性						
索引	关键字	图像(bmp)	索引	关键字	值	样式	有效	工具提示文本	图像
1	INew	new	1	TNew	TbrUnpressed	tbrDefault	True	新建	1
2	IOpen	open	2	TOpen	TbrUnpressed	tbrDefault	True	打开	2
3	ISave	save	3	TSave	TbrUnpressed	tbrDefault	True	保存	3
			4			tbrSeperator			
4	IPrint	print	5	TPrint	TbrUnpressed	tbrDefault	True	打印	4
			6			tbrSeperator			
5	ICut	cut	7	TCut	TbrUnpressed	tbrDefault	False	剪切	5
6	ICopy	copy	8	TCopy	TbrUnpressed	tbrDefault	False	复制	6
7	IPaste	paste	9	TPaste	TbrUnpressed	tbrDefault	False	粘贴	7
			10			tbrSeperator			
8	IBold	bld	11	TBold	TbrUnpressed	trbCheck	True	加粗	8
9	IItalic	itl	12	TItalic	TbrUnpressed	trbCheck	True	斜体	9
10	IUndrln	undrln	13	TUndrln	TbrUnpressed	trbCheck	True	下画线	10
			14			tbrSeperator			
11	ILeft	lft	15	AlignL	Tbrpressed	tbrBottonGroup	True	左对齐	11
12	ICenter	cnt	16	AlignC	TbrUnpressed	tbrBottonGroup	True	居中	12
13	IRight	rt	17	AlignR	TbrUnpressed	tbrBottonGroup	True	右对齐	13
			18			tbrSeperator			
14	IHelp	help	19	THelp	TbrUnpressed	tbrDefault	True	帮助	14

设计工具栏时，除了可以用 ToolBar 控件外，还可以用 CoolBar 控件。利用 CoolBar 控件可以方便地设计出下拉列表式工具栏。本设计的实例程序中，常用工具栏用 ToolBar 控件，字体和字号工具栏则用 CoolBar 控件。CoolBar 控件是一个像框架控件一样的容器控件，该控件上还可以放置其他控件。例如，本设计实例程序在 CoolBar 控件上放置了组合框控件(名称分别为 CboFont、CboSize)，用于列出所有可能的字体和字号。

放置容器控件后，还要在 MDIForm1 窗体的 MDIForm_Load()事件过程中用以下代码将组合框控件与 CoolBar 控件关联起来：

```
Set CboFont.Container=Coolbar1
```

```
Set CboSize.Container=Coolbar1
Set CoolBar1.Bands(1).child=CboFont
Set CoolBar1.Bands(2).child=CboSize
```

3）状态栏的设计

在 MDI 窗体底部添加一个状态栏控件（StatusBar1），显示文字处理系统当前的运行状态。右击状态栏 StatusBar1 控件，在弹出的快捷菜单中选择“属性”命令，打开“属性页”对话框，如设计图 1.4 所示，选择“窗格”选项卡，在该选项卡中添加 5 个窗格，并将 5 个窗格按照设计表 1.3 设置属性。

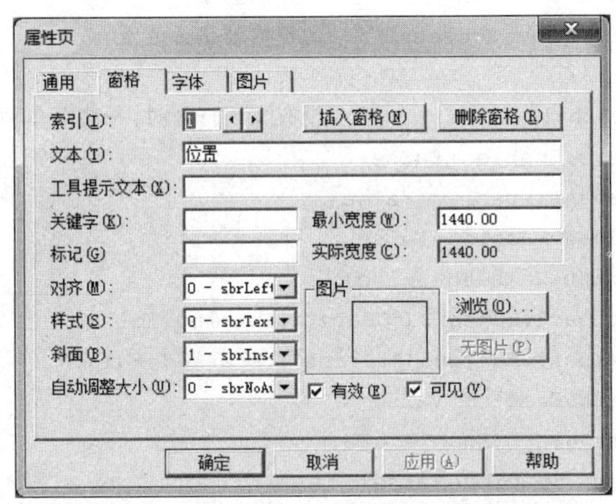

设计图 1.4 StatusBar1“属性页”对话框

设计表 1.3 状态栏中窗格的属性设置

索引	文本	样式	索引	文本	样式
1	位置	sbrText	4		sbrIns
2	位置	sbrText	5		sbrDate
3		sbrCaps			

4）TextForm 子窗体设计

在工程资源管理器窗口，选中 Form1 窗体，在 Form1 的属性窗口，将其 MDIChild 属性值改为 True，即可创建 MDI 子窗体，接着将其名称改为 TextForm，Caption 属性值为“文档 1”。在子窗体中加入一个 RichTextBox 文本框控件（RichTextBox1），并设置 Text 属性值为空。该窗体作为打开多文档的模板窗体。运行时，每打开一个文档，即建立一个类似的窗体，打开的文档窗体以 Caption 属性值为文件名，新建文档窗体的 Caption 属性值在已有“文档 N”基础上加 1（“文档 N+1”）。

3. 代码设计

界面设计完成后，即可对各个对象编写事件过程（代码）。以下是部分事件过程（或通用过程）的参考程序代码。

（1）建立一个通用模块（如 Module1.bas），定义以下全局变量。其中，变量

AlreadyChange 用于跟踪用户建立的文档是否发生变化，以便当发生变化时提示用户存盘。

```
Public SearchString As String        '查找的串
Public SearchStart As Long           '查找的开始位置
Public SearchLong As Long            '查找的长度
Public SearchEnd As Long             '查找的结束位置
Public SearchWhole As Integer        '查找的类型,0 为从头找,1 为从中间找,2 为选定部
                                     分查找
Public SearchOptions As Long         '查找的选项
Public AlreadyChange As Boolean      '文档内容是否改变

Public Sub CloseSub()                '没有文档打开时,一些菜单项和工具按钮的有效性
    MDIForm1.FSave.Enabled=False
    MDIForm1.FSaveAs.Enabled=False
    MDIForm1.FClose.Enabled=False
    MDIForm1.FPrint.Enabled=False
    MDIForm1.Toolbar1.Buttons("TSave").Enabled=False
    MDIForm1.Toolbar1.Buttons("TPrint").Enabled=False
    MDIForm1.EFind.Enabled=False
    MDIForm1.FParagraph.Enabled=False
    MDIForm1.FFont.Enabled=False
    MDIForm1.EInsert.Enabled=False
    MDIForm1.TInformation.Enabled=False
    MDIForm1.Toolbar1.Buttons("TCut").Enabled=False
    MDIForm1.Toolbar1.Buttons("TCopy").Enabled=False
    MDIForm1.Toolbar1.Buttons("TPaste").Enabled=False
    MDIForm1.Toolbar1.Buttons("TBold").Enabled=False
    MDIForm1.Toolbar1.Buttons("TItalic").Enabled=False
    MDIForm1.Toolbar1.Buttons("TUndrln").Enabled=False
    MDIForm1.Toolbar1.Buttons("AlignL").Enabled=False
    MDIForm1.Toolbar1.Buttons("AlignC").Enabled=False
    MDIForm1.Toolbar1.Buttons("AlignR").Enabled=False
    MDIForm1.CboFont.Enabled=False
    MDIForm1.CboSize.Enabled=False
End Sub
```

(2) 在 MDIForm1 窗体层定义窗体级变量。

```
Dim Docu_Name As String              '文档名
Dim SearchString As String
Dim SearchOptions As Long
Dim SearchStart As String
```

(3) MDIForm1 的 Load 事件过程用来初始化,参考程序代码如下：

```
Private Sub MDIForm_Load()              'MDIForm1 窗体
    '将组合框控件与 CoolBar 控件关联起来
    Set CboFont.Container=CoolBar1
    Set CboSize.Container=CoolBar1
    Set CoolBar1.Bands(1).Child=CboFont
    Set CoolBar1.Bands(2).Child=CboSize
    '在组合框中添加屏幕字体
    Dim i As Integer
    For i=0 To Screen.FontCount-1
        CboFont.AddItem Screen.Fonts(i)
    Next
    '在组合框中添加字号大小
    For i=6 To 72
        CboSize.AddItem i
    Next
    AlreadyChange=False
    MDIForm1.WindowState=2              '程序启动时最大化主窗体
    TextForm.WindowState=2              '程序启动时最大化文档窗体
    FSave.Enabled=True
    FSaveAs.Enabled=True
    FClose .Enabled=True
    FPrint .Enabled=True
    Docu_Name="文档 1"
    Clipboard.Clear
End Sub
```

(4)“新建”菜单项的参考程序代码如下：

```
Private Sub FNew_Click()                '"新建"菜单项
    Dim i As Integer
    FSave.Enabled=True
    FSaveAs.Enabled=True
    FClose.Enabled=True
    FPrint.Enabled=True
    Toolbar1.Buttons("TSave").Enabled=True
    i=Val(Right(Docu_Name,1))+1
    Docu_Name="文档" & Str(i)
    Dim NewChild As New TextForm
    NewChild.Caption=Docu_Name
    NewChild.Show
    AlreadyChange=False
End Sub
```

(5) 利用 RichTextBox1 控件的 LoadFile 方法将用户通过“打开”对话框选取的文档在文档窗口中打开。参考程序代码如下：

```
Private Sub FOpen_Click()              '"打开"菜单项
  FSave.Enabled=True
  FSaveAs.Enabled=True
  FClose.Enabled=True
  FPrint.Enabled=True
  Toolbar1.Buttons("TSave").Enabled=True
  Toolbar1.Buttons("TPrint").Enabled=True
  CommonDialog1.Filter="RTF 文件(*.rtf)|*.rtf|文本文件(*.txt)|*.txt|所有文件
  (*.*)|*.*"
  CommonDialog1.ShowOpen
  If CommonDialog1.FileName <>"" Then
     Dim NewChild As New TextForm
     NewChild.Caption=CommonDialog1.FileName
     NewChild.Show
     If UCase(Right(CommonDialog1.FileName, 3))="RTF" Then
        ActiveForm.RichTextBox1.LoadFile CommonDialog1.FileName, rtfRTF
     Else
        ActiveForm.RichTextBox1.LoadFile CommonDialog1.FileName, rtfText
     End If
     AlreadyChange=False
  End If
End Sub
```

其中，前 4 个语句是保证使保存、另存为、关闭和打印菜单命令在打开文档后为有效。

(6) 用于“关闭”文件的参考程序代码如下：

```
Public Sub FClose_Click()              '"关闭"菜单项
    Unload AcitiveForm
End Sub
```

(7) 利用 RichTextBox1 控件的 SaveFile 方法将当前文档以用户在“另存为”对话框选取或输入的文件名保存在磁盘中。参考程序代码如下：

```
private Sub FSave_Click()              '"保存"菜单项
  Dim File_Name As String
  If Left(ActiveForm.Caption, 2)="文档" Then
    CommonDialog1.Flags=cdlOFNPathMustExist & cdlOFNOverwritePrompt
    CommonDialog1.Filter="RTF 文件(*.rtf)|*.rtf|文本文件(*.txt)|*.txt|所有文
    件(*.*)|*.*"
    CommonDialog1.ShowSave
    File_Name=CommonDialog1.FileName
  Else
    File_Name=ActiveForm.Caption
```

```
  End If
  On Error GoTo ErrHandler
  If CommonDialog1.FileName <>"" Or File_Name <>"" Then
    If UCase(Right(CommonDialog1.FileName, 3))="RTF" Then
        ActiveForm.RichTextBox1.SaveFile CommonDialog1.FileName, rtfRTF
    Else
        ActiveForm.RichTextBox1.SaveFile CommonDialog1.FileName, rtfText
    End If
  End If
  ActiveForm.Caption=File_Name
  AlreadyChange=False
  Exit Sub
ErrHandler:
  MsgBox "文件名无效,或缺乏正确的文件名,存盘失败"
End Sub

Private Sub FSaveAs_Click()          '"另存为"菜单项
  On Error GoTo ErrHandler
  Dim File_Name As String
  CommonDialog1.Flags=cdlOFNPathMustExist & cdlOFNOverwritePrompt
  CommonDialog1.FileName=ActiveForm.Caption
  CommonDialog1.Filter=" RTF 文件(*.rtf)|*.rtf|文本文件(*.txt)|*.txt|所有文
  件(*.*)|*.*"
  CommonDialog1.ShowSave
  File_Name=CommonDialog1.FileName
  If CommonDialog1.FileName <>"" Then
    If UCase(Right(CommonDialog1.FileName, 3))="RTF" Then
      ActiveForm.RichTextBox1.SaveFile CommonDialog1.FileName, rtfRTF
    Else
      ActiveForm.RichTextBox1.SaveFile CommonDialog1.FileName, rtfText
    End If
    ActiveForm.Caption=CommonDialog1.FileName
    AlreadyChange=False
  End If
  Exit Sub
ErrHandler:
  MsgBox "文本名无效,或缺乏正确的文件名,存盘失败"
End Sub
```

(8) 利用主窗体中“通用”对话框 CommonDialog1 显示“打印”对话框。文档打印的参考程序代码如下：

```
Private Sub FPrint_Click()          '"打印"菜单项
  Dim a As Integer
  On Error GoTo ErrPrint
```

```
    If ActiveForm Is Nothing Then Exit Sub
    With CommonDialog1
      .CancelError=True
      .Flags=cdlPDReturnDC+cdlPDNoPageNums
      If ActiveForm.RichTextBox1.SelLength=0 Then
        .Flags=.Flags+cdlPDAllPages
      Else
        .Flags=.Flags+cdlPDSelection
      End If
      .ShowPrinter
      If Err=0 Then
        Printer.NewPage
        ActiveForm.RichTextBox1.SelPrint.hDC
        Printer.EndDoc
      End If
    End With
    Exit Sub
  ErrPrint:
    a=MsgBox("打印机未准备好", vbInformation+vbAbortRetryIgnore, "设备错误")
    Select Case a
      Case vbAbort
        Exit Sub
      Case vbRetry
        Resume
      Case vbIgnore
        Resume Next
    End Select
  End sub
```

其中，selPrint 方法用于打印 RichTextBox 控件中的格式化文本。如果在 RichTextBox 控件中有选定的文本，则 SelPrint 方法将选定的文本发送给打印机。如果没有选定的文本，则将 RichTextBox 控件中的全部内容都将发送给打印机。

SelPrint 方法并不真正打印 RichTextBox 控件中的文本，而是将格式化文本的一个备份发送给可以打印这个文本的设备(如 Printer 对象)，通过 Printer 对象输出打印。

注意：用 RichTextBox 控件的 SelPrint 方法进行打印时，不能控制打印页面的打印边界。

(9)“退出”的参考程序代码如下：

```
Private Sub FExit_Click()            '"退出"菜单项
    Unload Me
End Sub
```

(10)“编辑”菜单的单击事件过程根据用户是否选取文本而设置剪切、复制和块写文件等菜单项的 Enabled 属性。程序代码如下：

```
Private Sub MNEdit_Click()           '"编辑"菜单项
```

```
  If ActiveForm.RichTextBox1.SelText <>"" Then
     ECut.Enabled=True
     ECopy.Enabled=True
     EWrite.Enabled=True
  Else
     ECut.Enabled=False
     ECopy.Enabled=False
     EWrite.Enabled=False
  End If
  If Clipboard.GetText <>"" Then
     EPaste.Enabled=True
  Else
     EPaste.Enabled=False
  End If
End Sub
```

“剪切”“复制”“粘贴”的参考代码如下：

```
Private Sub ECut_Click()                         '"剪切"菜单项
  Clipboard.SetText ActiveForm.RichTextBox1.SelRTF, vbCFRTF
  ActiveForm.RichTextBox1.SelText=""
  Call ctlEnabled(False)
End Sub

Private Sub ECopy_Click()                        '"复制"菜单项
    Clipboard.SetText ActiveForm.RichTextBox1.SelRTF, vbCFRTF
    Call ctlEnabled(False)
End Sub

Private Sub EPaste_Click()                       '"粘贴"菜单项
    ActiveForm.RichTextBox1.SelRTF=Clipboard.GetText(vbCFRTF)
End Sub
```

其中函数 ctlEnabled()为全局过程，用来控制“复制”“剪切”“粘贴”菜单项和工具栏中按钮的有效性，在通用模块(如 Module1. bas)中定义，参考代码如下：

```
Public Sub ctlEnabled(blnEn As Boolean)          '复制、剪切、粘贴的有效性
    MDIForm1.ECopy.Enabled=blnEn
    MDIForm1.ECut.Enabled=blnEn
    MDIForm1.EPaste.Enabled=Not blnEn
    MDIForm1.EWrite.Enabled=blnEn
    MDIForm1.Toolbar1.Buttons("TCut").Enabled=blnEn
    MDIForm1.Toolbar1.Buttons("TCopy").Enabled=blnEn
    MDIForm1.Toolbar1.Buttons("TPaste").Enabled=Not blnEn
End Sub
```

(11) 建立一个"查找与替换"对话框，窗体名称为 FrmFind，窗体设计界面如设计图 1.5 所示。该对话框用于在文档中查找指定的文本内容，若查找到相关内容，还能将查找到的内容替换为其他内容。其中添加一个 TabStrip 控件，名称为 TabFind，并在其上添加 4 个文本框(文本框 Text1、Text2 的 Text 属性均为空；Text3 的名称为 txtfinds，Text 为"查找："，Locked 为 True；Text4 的名称为 txtreplaces，Text 为"替换："，Locked 为 True)、2 个复选框(名称取默认值，Caption 分别为"全字符匹配"和"大小写匹配")、3 个命令按钮(名称分别为 cmdFind、cmdReplace 和 cmdCancel，Caption 分别为"查找下一个""替换"和"取消")。MDI 窗体中"查找与替换"菜单项参考程序代码如下：

```
Private Sub EFind_Click()                          'MDI 窗体中"查找与替换"菜单项
    SearchStart=ActiveForm.RichTextBox1.SelStart
    SearchLong=ActiveForm.RichTextBox1.SelLength
    If SearchStart=0 And SearchLong=0 Then
        SearchWhole=0
        SearchEnd=Len(ActiveForm.RichTextBox1)
    ElseIf SearchStart <>0 And SearchLong=0 Then
            SearchWhole=1
            SearchEnd=Len(ActiveForm.RichTextBox1)
        Else
            SearchWhole=2
            SearchEnd=SearchStart+SearchLong
    End If
    FrmFind.Show 1
End Sub
```

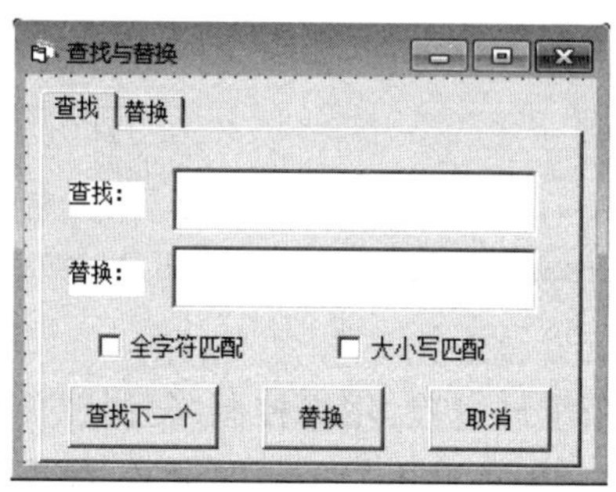

设计图 1.5 "查找与替换"对话框

"查找与替换"窗体中的参考程序代码如下(以下代码有些繁琐，希望同学们改进)：

```
'定义窗体级变量
Dim SearchOk As Boolean                            '是否找到,找到为真
Dim n As Integer                                   '0 表示第一次查找
Public CancelPressed As Boolean
Dim rtb As RichTextBox
Dim Firstsel As Long                               '最初搜索的位置
```

```
Private Sub Form_Load()                              'FrmFind 窗体加载
    TabFind.Tabs(1).Selected=True
    cmdReplace.Visible=False
    txtreplaces.Visible=False
    Text2.Visible=False
    SearchOk=False
    n=0
    Set rtb=MDIForm1.ActiveForm.RichTextBox1
    Firstsel=rtb.SelStart
End Sub

Private Sub TabFind_Click()                          '"查找与替换"选项卡
    If TabFind.Tabs(2).Selected Then                 '选取的是"替换"选项卡,显示有关控件
        cmdReplace.Visible=True
        txtReplaces.Visible=True
        Text2.Visible=True
    Else
        cmdReplace.Visible=False
        txtReplaces.Visible=False
        Text2.Visible=False
    End If
End Sub
```

以下程序代码为实现查找与替换功能的参考程序代码。注意,在查找与替换之前必须将 RichTextBox1 控件的 HideSelection 属性设置为 False,否则查找到的内容不能反相显示。

```
Private Sub cmdFind_Click()                          '查找
  Dim lngl As Long
  Static SearchOther As Integer
  Static SearchOther1 As Integer
  Static SearchOther2 As Integer
  Static SearchOther3 As Integer
  Static SearchOther4 As Integer
  Static SearchFirst As Boolean
  On Error Resume Next
  n=n+1
  If Not CancelPressed Then                          '非取消
    If Err Then Exit Sub
    SearchString=Text1.Text
    SearchOptions=IIf(Check1, rtfWholeWord, 0)+IIf(Check2, rtfMatchCase, 0)
    If n <>1 Then
      lngl=Len(Text1.Text)
      rtb.SelStart=rtb.SelStart+lngl
    End If
```

```
If SearchWhole=0 Then                              '从头开始查找
  If rtb.Find(SearchString, , SearchEnd, SearchOptions)=-1 Then
    If SearchOk=False Then
      MsgBox "已完成对所有文档的搜索,字符未找到", vbInformation
    Else
      MsgBox "已完成对文档的搜索", vbInformation
      rtb.SelStart=0
      n=0
      SearchOk=False
    End If
  Else
    SearchOk=True
  End If
ElseIf SearchWhole=1 Then                          '中间开始查找
  If rtb.Find(SearchString, , SearchEnd, SearchOptions)=-1 Then
    If SearchFirst Then                            '若是前半部分
      If SearchOk=False Then
        MsgBox "已完成对所有文档的搜索,字符未找到", vbInformation
      Else
        MsgBox "已完成对文档的搜索", vbInformation
        SearchOk=False
        rtb.SelStart=SearchStart
        SearchEnd=Len(rtb)
        n=0
      End If
      SearchOther=0
      SearchFirst=False
    Else                                           '后半部分
      If SearchOk=True Then
        SearchOther4=MsgBox("已到文档尾部。是否继续从开始处搜索",
        vbInformation+vbYesNo)
        If SearchOther4=vbYes Then
          SearchEnd=Firstsel
          SearchWhole=1
          SearchFirst=True
        Else
          SearchOther=0
          SearchWhole=0
        End If
        SearchFirst=True
        rtb.SelStart=0
        n=0
      Else
        SearchOther4=MsgBox("已到文档尾部,字符未找到。是否继续从开始处搜索",
```

```
        vbInformation+vbYesNo)
        If SearchOther4=vbYes Then
          SearchEnd=Firstsel
          SearchWhole=1
          SearchFirst=True
        Else
          SearchOther=0
          SearchWhole=0
        End If
        SearchFirst=True
        rtb.SelStart=0
        n=0
      End If
    End If
  Else
    SearchOk=True
  End If
Else                                                   '选定部分
  If rtb.Find(SearchString, , SearchEnd, SearchOptions)=-1 Then
    If SearchOk=False Then
      If SearchOther=0 Then
        SearchOther1=MsgBox("已完成对所选范围的搜索,字符未找到。是否搜索文档
        的其他部分", vbInformation+vbYesNo)
        If SearchOther1=vbYes Then
          SearchOther=1
        Else
          SearchOther=0
          SearchWhole=1
          SearchStart=SearchEnd
        End If
          n=0
          rtb.SelStart=SearchEnd
          SearchEnd=Len(rtb)
      ElseIf SearchOther1=vbYes Then
        SearchOther2=MsgBox("已到文档尾部,字符未找到。是否继续从开始处搜索",
        vbInformation+vbYesNo)
        If SearchOther2=vbYes Then
          SearchEnd=Firstsel
          SearchWhole=1
          SearchFirst=True
        Else
          SearchOther=0
          SearchWhole=0
        End If
```

```
          n=0
          rtb.SelStart=0
        End If
      Else
        If SearchOther=0 Then
          SearchOther3=MsgBox("已完成对所选内容的搜索。是否搜索文档的其他部分",
          vbInformation+vbYesNo)
          If SearchOther3=vbYes Then
            SearchOther=1
          Else
            SearchOther=0
            SearchWhole=1
            SearchStart=SearchEnd
          End If
          n=0
          rtb.SelStart=SearchEnd
          SearchEnd=Len(rtb)
        ElseIf SearchOther1=vbYes Or SearchOther3=vbYes Or SearchOther=1 Then
          SearchOther4= MsgBox ( " 已 到 文 档 尾 部。 是 否 继 续 从 开 始 处 搜 索 ",
          vbInformation+vbYesNo)
          If SearchOther4=vbYes Then
            SearchEnd=Firstsel
            SearchWhole=1
            SearchFirst=True
          Else
            SearchOther=0
            SearchWhole=0
          End If
          n=0
            rtb.SelStart=0
          End If
        End If
      Else
        SearchOk=True
      End If
    End If
  End If
  lngl=Len(Text1.Text)
End Sub

Private Sub cmdReplace_Click()                    '替换
  rtb.SelText=Text2.Text
  cmdCancel.Caption="关闭"
  Call cmdFind_Click
```

```
End Sub

Private Sub cmdCancel_Click()                    '关闭
  Unload Me
End Sub
```

(12) “块写文件”是希望将选中的文字存盘，而“插入文件”旨在实现插入文本文件的目的。参考代码如下：

```
Private Sub EWrite_Click()                       '"块写文件"菜单项
  Dim FileNumber As Integer
  FileNumber=FreeFile
  CommonDialog1.Flags=cdlOFNPathMustExist & cdlOFNOverwritePrompt
  CommonDialog1.FileName=".txt"
  CommonDialog1.Filter="文本文件(*.txt)|*.txt|所有文件(*.*)|*.*"
  CommonDialog1.ShowSave
  On Error GoTo ErrHandler
  If CommonDialog1.FileName <>"" Then
    Open CommonDialog1.FileName For Output As #FileNumber
    Print #FileNumber, ActiveForm.RichTextBox1.SelText
    Close #FileNumber
  End If
  Exit Sub
Errhandler:
  MsgBox "文件名无效或缺乏正确的文件名,存盘失败"
End Sub

Private Sub EInsert_Click()                      '"插入文件"菜单项
  DimpLine As String
  Dim FileNumber As Integer
  FileNumber=FreeFile
  CommonDialog1.Filter="文本文件(*.txt)|*.txt|所有文本(*.*)|*.*"
  CommonDialog1.ShowOpen
  Open CommonDialog1.FileName For Input As #FileNumber
  Do While Not EOF(FileNumber)
    Line Input #FileNumber, pLine
    ActiveForm.RichTextBox1.SelText=pLine &Chr(13) & Chr(10)
  Loop
  Close #FileNumber
End Sub
```

(13) “字体”菜单项参考程序代码如下：

```
Private Sub FFont_Click()                        '"字体"菜单项
  Dim rtb As RichTextBox
  On Error GoTo quit
```

```
    Set rtb=ActiveForm.RichTextBox1
    With CommonDialog1  '读取当前文字的字体和字号等信息,并显示在"字体"对话框中
      .CancelError=True
      .Flags=cdlCFBoth Or cdlCFEffects
      .FontName=rtb.SelFontName
      .FontSize=rtb.SelFontSize
      .FontBold=rtb.SelBold
      .FontItalic=rtb.SelItalic
      .FontStrikethru=rtb.SelStrikeThru
      .FontUnderline=rtb.SelUnderline
      .Color=rtb.SelColor
      .ShowFont
    End With
    With rtb                                    '根据用户选择,设置字体
      .SelFontName=CommonDialog1.FontName
      .SelFontSize=CommonDialog1.FontSize
      .SelBold=CommonDialog1.FontBold
      .SelItalic=CommonDialog1.FontItalic
      .SelUnderline=CommonDialog1.FontUnderline
      .SelColor=CommonDialog1.Color
      .SelStrikeThru=CommonDialog1.FontStrikethru
    End With
quit:
End Sub
```

(14) 建立一个对话框,窗体名称为 FrmParag,界面如设计图 1.6 所示,用于设置段落格式。其中添加 2 个框架(名称分别为 Frame1、Frame2,Caption 分别为“缩进”“对齐方式”),在 Frame1 中添加 3 个标签、3 个文本框(名称分别为 txtLeft、txtRight、txtFirstLine),在 Frame2 中添加单选按钮控件数组,名称为 opAlign。

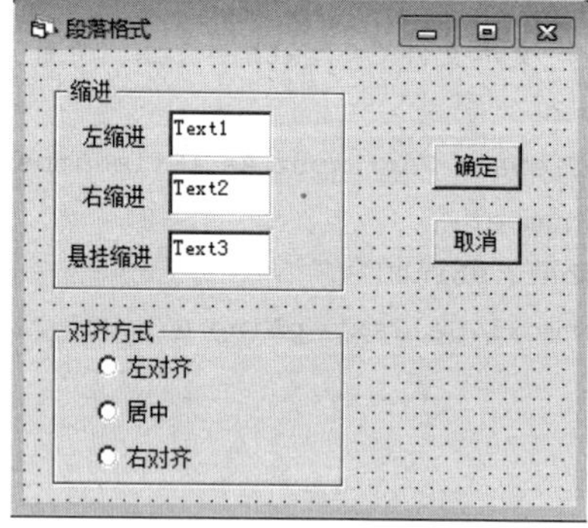

设计图 1.6 “段落格式”对话框

参考程序代码如下:

```
Private Sub FParagraph_Click()                   '"段落"菜单项
```

```
Dim rtb As RichTextBox
Set rtb=ActiveForm.RichTextBox1
On Error Resume Next
If Err Then Exit Sub
With FrmParag                          '段落格式窗体名 FrmParag
  If IsNull(rtb.SelIndent) Then
    .txtLeft=""                        '段落格式窗体中的左缩进文本框名 txtLeft
  Else
    .txtLeft=rtb.SelIndent
  End If
  If IsNull(rtb.SelRightIndent) Then
    .txtRight=""                       '段落格式窗体中的右缩进文本框名 txtRight
  Else
    .txtRight=rtb.SelRightIndent
  End If
  If IsNull(rtb.SelHangingIndent) Then
    .txtFirstLine=""                   '段落格式窗体中的悬挂缩进文本框名 txtFirstLine
  Else
    .txtFirstLine=rtb.SelHangingIndent
  End If
  If IsNull(rtb.SelAlignment) Then
    .opAlign(0)=0                      '段落格式窗体中对齐单选按钮为控件数组,名称 opAlign
    .opAlign(1)=0
    .opAlign(2)=0
  ElseIf rtb.SelAlignment=rtfLeft Then
    .opAlign(0)=True
  ElseIf rtb.SelAlignment=rtfCenter Then
    .opAlign(1)=True
  ElseIf rtb.SelAlignment=rtfRight Then
    .opAlign(2)=True
  End If
  .Show 1
  If Not .CancelPressed Then
    If .txtleft <>"" Then
      rtb.SelIndent=Int(.txtleft)
    End If
    If .txtRight <>"" Then
      rtb.SelRightIndent=Int(.txtRight)
    End If
    If .txtFirstLine <>"" Then
      rtb.SelHangingIndent=Int(.txtFirstLine)
    End If
    If .opAlign(0) Then            '设置工具栏的对齐状态
      rtb.SelAlignment=rtfLeft
```

```
          Toolbar1.Buttons("AlignL").Value=tbrPressed
        ElseIf .opAlign(1) Then
          rtb.SelAlignment=rtfCenter
          Toolbar1.Buttons("AlignC").Value=tbrPressed
        ElseIf .opAlign(2) Then
          rtb.SelAlignment=rtfRight
          Toolbar1.Buttons("AlignR").Value=tbrPressed
        End If
      End If
    End With
End Sub
```

其中,RichTextBox 控件的 SelHangingIndent 属性用于设置段落的首行缩进或悬挂缩进,当属性值为负时,设置段落的首行缩进;属性值为正时,设置悬挂缩进。SelIndent 属性用于设置段落的左缩进;SelRightIndent 属性用于设置段落的右缩进。

可以通过 SelAlignment 属性控制段落的对齐方式,该属性值可以为 0(RtfLeft)、1(RtfRight)和 2(RtfCenter)。RichTextBox 控件不支持两端对齐。

"段落格式"窗体中的参考程序代码如下:

```
Public CancelPressed As Boolean       '定义全局变量用于判断用户是否按了取消键
Private Sub CancelButton_Click()      '取消
  CancelPressed=True
  Me.Hide
End Sub

Private Sub OKButton_Click()          '确定
  CancelPressed=False
  Me.Hide
End Sub
```

(15) 建立一个"统计"对话框,窗体名称为 FrmView,设计界面如设计图 1.7 所示。用于统计当前文档的有关信息。

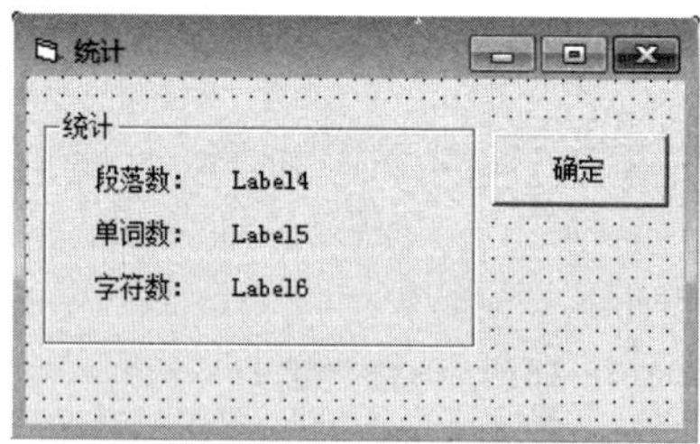

设计图 1.7 "统计"对话框

参考程序代码如下:

```
Private Sub TInformation_Click()     '"统计"菜单项
```

```
  Dim rtb As RichTextBox, par As Long
  On Error Resume Next
  Set rtb=ActiveForm.RichTextBox1
  If Err Then Exit Sub
  With FrmView
    par=Len(rtb.Text)-Len(Replace(rtb.Text, vbCrLf, vbCr))
    .Label4=par+1
    .Label5=UBound(Split(rtb.Text, ""))+2+par
    .Label6=Len(rtb.Text)
    .Show
  End With
  Set FrmView=Nothing
End Sub
```

“统计”窗体中的参考程序代码如下：

```
Private Sub Command1_Click()
  Unload Me
End Sub
```

(16) MDIForm 窗体中其他事件过程的参考程序代码如下：

```
Private Sub ToolBar_Click()           '显示、隐藏工具栏
   ToolBar.Checked=Not ToolBar.Checked
   Toolbar1.Visible=ToolBar.Checked
End Sub

Private Sub StatusBar_Click()         '显示、隐藏状态栏
   StatusBar.Checked=Not StatusBar.Checked
   StatusBar1.Visible=StatusBar.Checked
End Sub

Private Sub Cascade_Click()           '层叠
   Arrange vbCascade
End Sub

Private Sub tileHor_Click()           '水平平铺
   Arrange vbTileHorizontal
End Sub

Private Sub tileVer_Click()           '垂直平铺
   Arrange vbTileVertical
End Sub

Private Sub Arange_Click()            '排列
   Arrange vbArrangeIcons
```

```
End Sub

Private Sub HelpAbout_Click()          '关于
    frmAbout.Show
End Sub

'直接关闭程序主窗口时,触发 Unload 事件,提示用户是否真的退出
Private Sub MDIForm_Unload(Cancel As Integer)
  Dim answer As Integer
  answer=MsgBox("你真的要退出吗?", vbYesNo+vbQuestion+vbDefaultButton2, "退
  出")
  If answer=vbYes Then
    Exit Sub
  Else
    Cancel=True
  End If
End Sub
```

(17) 单击常用工具栏按扭时,将触发 Button_Click 事件。根据被单击按钮的索引号(或关键字)作出不同的响应。利用 HH.exe 和 HTML 语言建立帮助信息。在 Visual Basic 6.0 和 Windows 中都带有 HH.exe 程序,HH.exe 可以浏览 HTML 文件。将帮助信息通过其他网页编辑工具进行编辑并保存为 HTML 文件(Readme.htm),可以通过 Shell 函数将帮助文件在 HH.exe 浏览器中显示出来。由于 HTML 文件可以建立超链接,可以按主题进行显示。常用工具栏 Button_Click 事件过程的参考程序代码如下:

```
Private Sub Toolbar1_ButtonClick(ByVal Button As MSComctlLib.Button)
                                            '单击工具栏按钮
  Dim rtb As RichTextBox
  On Error Resume Next
  Dim n As Integer
  Set rtb=ActiveForm.RichTextBox1
  Select Case Button.Index
      Case 1                                '新建
        FNew_Click
      Case 2                                '打开
        FOpen_Click
      Case 3                                '保存
        On Error GoTo ErrHandler
        FSave_Click
      Case 5                                '打印
        On Error GoTo ErrPrint
        Printer.NewPage
        Printer.Print rtb.Text
        Printer.EndDoc
```

```
        Case 7                          '剪切
          ECut_Click
        Case 8                          '复制
          ECopy_Click
        Case 9                          '粘贴
          EPaste_Click
        Case 11                         '加粗
          If Toolbar1.Buttons(11).Value=tbrUnpressed Then
             rtb.SelBold=False
          Else
             rtb.SelBold=True
          End If
        Case 12                         '倾斜
          If Toolbar1.Buttons(12).Value=tbrUnpressed Then
             rtb.SelItalic=False
          Else
             rtb.SelItalic=True
          End If
        Case 13                         '下画线
          If Toolbar1.Buttons(13).Value=tbrUnpressed Then
             rtb.SelUnderline=False
          Else
             rtb.SelUnderline=True
          End If
        Case 15                         '左对齐
          rtb.SelAlignment=rtfLeft
        Case 16                         '居中
          rtb.SelAlignment=rtfCenter
          n=rtb.SelAlignment
        Case 17                         '右对齐
          rtb.SelAlignment=rtfRight
        Case 19                         '帮助
          U=Shell("HH.exe ReadMe.Htm", vbNormalFocus)
    End Select
    Exit Sub
ErrPrint:
    MsgBox "打印机未准备好", 64, "设备错"
    Resume Next
ErrHandler:
    MsgBox "已存文件覆盖原文件,或缺乏正确的文件名,存盘失败"
End Sub
```

(18) 字体和字号工具栏的参考程序代码如下：

```
Private Sub CboFont_Click()             '设置字体
```

```
    Dim rtb As RichTextBox
    On Error Resume Next
    Set rtb=ActiveForm.RichTextBox1
    rtb.SelFontName=CboFont.Text
End Sub

Private Sub CboSize_Click()          '设置字号
    Dim rtb As RichTextBox
    On Error Resume Next
    Set rtb=ActiveForm.RichTextBox1
    rtb.SelFontSize=CboSize.Text
End Sub
```

(19) 为了在工具栏上体现所选取文本的字形或光标所在段落的对齐方式，可以在子窗体文本框(RichTextBox)控件中的 SelChange 事件过程中编写下列代码：

```
Private Sub RichTextBox1_SelChange()
    If RichTextBox1.SelLength=0 Then
        MDIForm1.Toolbar1.Buttons(7).Enabled=False
        MDIForm1.Toolbar1.Buttons(8).Enabled=False
    Else
        MDIForm1.Toolbar1.Buttons(7).Enabled=True
        MDIForm1.Toolbar1.Buttons(8).Enabled=True
    End If
    '由选取文本的对齐方式确定哪个按扭按下
    Select Case RichTextBox1.SelAlignment
        Case 0
            MDIForm1.Toolbar1.Buttons(15).Value=tbrPressed
        Case 1
            MDIForm1.Toolbar1.Buttons(17).Value=tbrPressed
        Case 2
            MDIForm1.Toolbar1.Buttons(16).Value=tbrPressed
    End Select
    If RichTextBox1.SelBold=True Then  '选取文本为加粗则加粗按扭按下
        MDIForm1.Toolbar1.Buttons(11).Value=tbrPressed
    Else
        MDIForm1.Toolbar1.Buttons(11).Value=tbrUnPressed
    End If
    If RichTextBox1.SelItalic=True Then
        MDIForm1.Toolbar1.Buttons(12).Value=tbrPressed
    Else
        MDIForm1.Toolbar1.Buttons(12).Value=tbrUnPressed
    End If
    If RichTextBox1.SelUnderline=True Then
        MDIForm1.Toolbar1.Buttons(13).Value=tbrPressed
```

```
    Else
        MDIForm1.Toolbar1.Buttons(13).Value=tbrUnPressed
    End If
    '根据选取文本的字体确定字体栏显示的字体名称
    If IsNull(RichTextBox1.SelFontName) Then
        MDIForm1.CboFont.Text=""
    Else
        MDIForm1.CboFont.Text=RichTextBox1.SelFontName
    End If
    If IsNull(RichTextBox1.SelFontSize) Then
        MDIForm1.CboSize.Text=""
    Else
        MDIForm1.CboSize.Text=RichTextBox1.SelFontName
    End If
End Sub
```

(20) 子窗体 TextForm 层的事件过程如下：

```
'子窗体初始化
Private Sub Form_Load()
    MDIForm1.CboFont.Text="宋体"
    MDIForm1.CboSize.Text=12
    RichTextBox1.Font.Name="宋体"
    RichTextBox1.Font.Size=12
    MDIForm1.EFind.Enabled=True
    MDIForm1.FPrint.Enabled=True
    MDIForm1.EInsert.Enabled=True
    MDIForm1.FParagraph.Enabled=True
    MDIForm1.FFont.Enabled=True
    MDIForm1.TInformation.Enabled=True
    MDIForm1.Toolbar1.Buttons("TBold").Enabled=True
    MDIForm1.Toolbar1.Buttons("TItalic").Enabled=True
    MDIForm1.Toolbar1.Buttons("TUndrln").Enabled=True
    MDIForm1.Toolbar1.Buttons("AlignL").Enabled=True
    MDIForm1.Toolbar1.Buttons("AlignC").Enabled=True
    MDIForm1.Toolbar1.Buttons("AlignR").Enabled=True
    MDIForm1.CboFont.Enabled=True
    MDIForm1.CboSize.Enabled=True
End Sub

'重定义窗体大小
Private Sub Form_Resize()
  RichTextBox1.Move 0, 0, Me.ScaleWidth, Me.ScaleHeight
                                                '自动调整文本框的大小
End Sub
```

```
Private Sub RichTextBox1_Change()   '测试当前窗体的文本框内容是否修改过
  AlreadyChange=True
End Sub

'RichTextBox1 鼠标事件
Private Sub RichTextBox1_MouseUp(Button As Integer, Shift As Integer, X As
Single, Y As Single)
    Dim str As String
    If RichTextBox1.SelText <>"" Then
        Call ctlEnabled(True)
    Else
        Call ctlEnabled(False)
    End If
    If Clipboard.GetText(vbCFRTF) <>"" Then
        MDIForm1.EPaste.Enabled=True
        MDIForm1.Toolbar1.Buttons("TPaste").Enabled=True
    Else
        MDIForm1.EPaste.Enabled=False
        MDIForm1.Toolbar1.Buttons("TPaste").Enabled=False
    End If
End Sub

Private Sub RichTextBox1_SelChange()
  If RichTextBox1.SelLength=0 Then
    MDIForm1.Toolbar1.Buttons(7).Enabled=False
    MDIForm1.Toolbar1.Buttons(8).Enabled=False
  Else
    MDIForm1.Toolbar1.Buttons(7).Enabled=True
    MDIForm1.Toolbar1.Buttons(8).Enabled=True
  End If
  Select Case RichTextBox1.SelAlignment
                                          '由选取文本的对齐方式确定哪个按扭按下
     Case 0
        MDIForm1.Toolbar1.Buttons(15).Value=tbrPressed
     Case 1
        MDIForm1.Toolbar1.Buttons(17).Value=tbrPressed
     Case 2
        MDIForm1.Toolbar1.Buttons(16).Value=tbrPressed
  End Select
  If RichTextBox1.SelBold=True Then   '选取文本为加粗则加粗按扭按下
    MDIForm1.Toolbar1.Buttons(11).Value=tbrPressed
  Else
    MDIForm1.Toolbar1.Buttons(11).Value=tbrUnpressed
  End If
  If RichTextBox1.SelItalic=True Then
    MDIForm1.Toolbar1.Buttons(12).Value=tbrPressed
```

```
  Else
    MDIForm1.Toolbar1.Buttons(12).Value=tbrUnpressed
  End If
  If RichTextBox1.SelUnderline=True Then
    MDIForm1.Toolbar1.Buttons(13).Value=tbrPressed
  Else
    MDIForm1.Toolbar1.Buttons(13).Value=tbrUnpressed
  End If
  '根据选取文本的字体确定字体栏显示的字体名称
  If IsNull(RichTextBox1.SelFontName) Then
    MDIForm1.CboFont.Text=""
  Else
    MDIForm1.CboFont.Text=RichTextBox1.SelFontName
  End If
  If IsNull(RichTextBox1.SelFontSize) Then
    MDIForm1.CboSize.Text=""
  Else
    MDIForm1.CboSize.Text=RichTextBox1.SelFontSize
  End If
End Sub
```

4. 系统的运行

系统界面和代码完成后，运行程序，进行文档建立、打开、保存和编辑等基本文字操作。其运行的部分操作效果如设计图 1.8 所示。

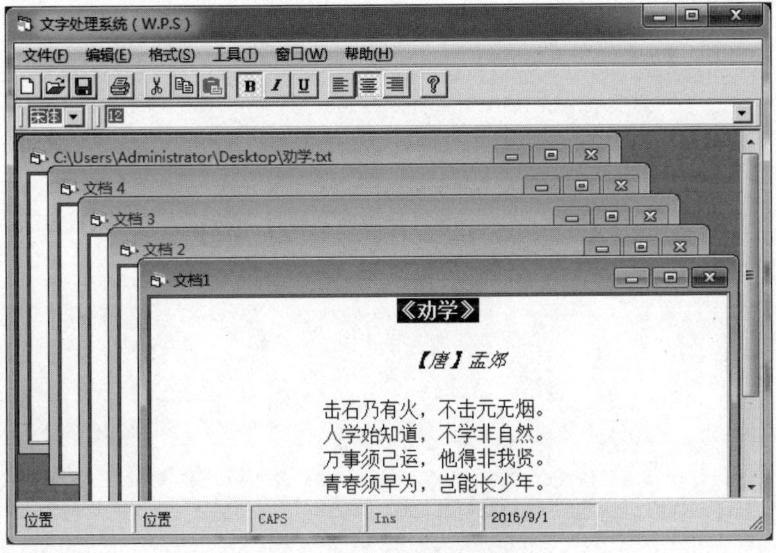

设计图 1.8　系统部分运行界面

第 3 篇

测　试　篇

试 题 1

一、选择题

1. 以下叙述中错误的是________。

A. 标准模块文件的扩展名是.bas

B. 标准模块文件是纯代码文件

C. 在标准模块中声明的全局变量可以在整个工程中使用

D. 在标准模块中不能定义过程

2. 在 Visual Basic 中,表达式 3 * 2\5 Mod 3 的值是________。

A. 1　　B. 0　　C. 3　　D. 出现错误提示

3. 设 a = 4, b = 5, c = 6, 执行语句 Print a < b And b < c 后,窗体上显示的是________。

A. True　　B. False　　C. 出错信息　　D. 0

4. 执行下列语句:

```
strInput=InputBox("请输入字符串","字符串对话框","字符串")
```

将显示输入对话框。此时如果直接单击"确定"按钮,则变量 strInput 的内容是________。

A. "请输入字符串"　　B. "字符串对话框"

C. "字符串"　　D. 空字符串

5. 以下变量名中合法的是________。

A. x2－1　　B. print　　C. str_n　　D. 2x

6. 把数学表达式$\frac{5x+3}{2y-6}$表示为正确的 VB 表达式应该是________。

A. (5x＋3)/(2y－6)　　B. x＊5＋3/2＊y－6

C. (5＊y＋3)÷(2＊y－6)　　D. (x＊5＋3)/(y＊2－6)

7. 下面是求最大公约数的函数的首部:

```
Function gcd(ByVal x As Integer, ByVal y As Integer)As Integer
```

若要输出 8、12、16 这 3 个数的最大公约数,下面正确的语句是________。

A. Print gcd(8,12),gcd(12,16),gcd(16,8)

B. Print gcd(8,12,16)

C. Print gcd(8),gcd(12),gcd(16)

D. Print gcd(8,gcd(12,16))

8. 若在窗体模块的声明部分声明了如下自定义类型和数组:

```
Private Type rec
  Code As Integer
```

```
  Caption As String
End Type
Dim arr(5)As rec
```

则下面的输出语句中正确的是________。

A. Print arr. Code(2)，arr. Caption(2)

B. Print arr. Code，arr. Caption

C. Print arr(2). Code，arr(2). Caption

D. Print Code(2)，Caption(2)

9. 为把圆周率的近似值 3.14159 存放在变量 pi 中，应该把变量 pi 定义为________。

A. Dim pi As Integer　　B. Dim pi(7)As Integer

C. Dim pi As Single　　D. Dim pi As Long

10. 表达式 2＊3^2+4＊2/2+3^2 的值是________。

A. 30　　B. 31　　C. 49　　D. 48

11. 设窗体上有一个列表框控件 List1，含有若干列表项。以下能表示当前被选中的列表项内容的是________。

A. List1. List　　B. List1. ListIndex

C. List1. Text　　D. List1. Index

12. 在窗体上画一个文本框(名称为 Text1)和一个标签(名称为 Label1)，程序运行后，在文本框中每输入一个字符，都会立即在标签中显示文本框中字符的个数。以下可以实现上述操作的事件过程是________。

A. Private Sub Text1_Change()
　　Label1. Caption=Str(Len(Text1. Text))
　End Sub

B. Private Sub Text1_Click()
　　Label1. Caption=Str(Len(Text1. Text))
　End Sub

C. Private Sub Text1_Change()
　　Label1. Caption=Text1. Text
　End Sub

D. Private Sub Label1_Change()
　　Label1. Caption=Str(Len(Text1. Text))
　End Sub

13. 设窗体上有名称为 Option1 的单选按钮，且程序中有语句：

```
If Option1.Value=True Then
```

下面语句中与该语句不等价的是________。

A. If Option1. Value Then　　B. If Option1=True Then

C. If Value=True Then　　D. If Option1 Then

14. 设窗体上有一个水平滚动条，已经通过属性窗口把它的 Max 属性设置为 1，Min 属性设置为 100。下面叙述中正确的是________。

A. 程序运行时，若使滚动块向左移动，滚动条的 Value 属性值就增加

B. 程序运行时，若使滚动块向左移动，滚动条的 Value 属性值就减少

C. 由于滚动条的 Max 属性值小于 Min 属性值，程序会出错

D. 由于滚动条的 Max 属性值小于 Min 属性值，程序运行时滚动条的长度会缩为一点，滚动块无法移动

15. 为了对多个控件执行操作，必须选中这些控件。下列不能选中多个控件的操作是________。

A. 按住 Alt 键，不要松开，然后单击每个要选中的控件

B. 按住 Shift 键，不要松开，然后单击每个要选中的控件

C. 按住 Ctrl 键，不要松开，然后单击每个要选中的控件

D. 拖动鼠标画出一个虚线矩形，使所选中的控件位于这个矩形内

16. 在窗体上画一个文本框，其名称为 Text1，为了在程序运行后隐藏该文本框，应使用的语句为________。

A. Text1. Clear　　　　B. Text1. Visible=False

C. Text1. Hide　　　　D. Text1. Enabled=False

17. 设窗体上有一个标签 Label1 和一个计时器 Timer1，Timer1 的 Interval 属性被设置为 1000，Enabled 属性被设置为 True。要求程序运行时每秒在标签中显示一次系统当前时间。以下可以实现上述要求的事件过程是________。

A.
```
Private Sub Timer1_Timer()
    Label1. Caption=True
End Sub
```
B.
```
Private Sub Timer1_Timer()
    Label1. Caption=Time $
End Sub
```
C.
```
Private Sub Timer1_Timer()
    Label1. Interval=1
End Sub
```
D.
```
Private Sub Timer1_Timer()
    For k=1 To Timer1. Interval
        Label1. Caption=Timer
    Next k
End Sub
```

18. 窗体上有一个名称为 CD1 的通用对话框控件和由 4 个命令按钮组成的控件数组 Command1，其下标从左到右分别为 0、1、2、3，窗体外观如测试图 1.1 所示。

命令按钮的事件过程如下：

```
Private Sub Command1_Click(Index As Integer)
```

```
    Select Case Index
        Case 0
            CD1.Action=1
        Case 1
            CD1.ShowSave
        Case 2
            CD1.Action=5
        Case 3
            End
    End Select
End Sub
```

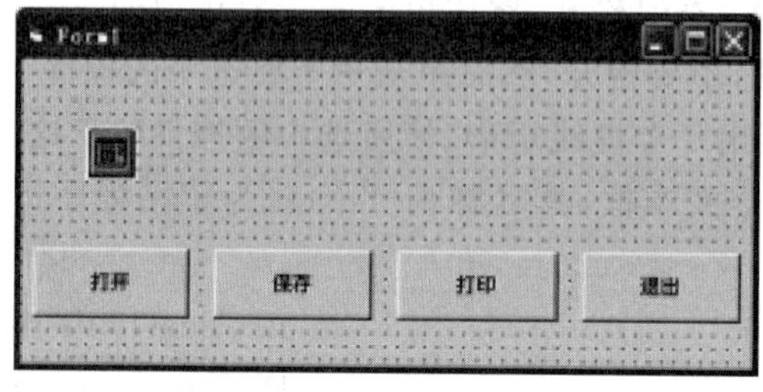

测试图 1.1　窗体外观

对上述程序，下列叙述中错误的是________。

A. 单击“打开”按钮，显示打开文件的对话框

B. 单击“保存”按钮，显示保存文件的对话框

C. 单击“打印”按钮，能够设置打印选项，并执行打印操作

D. 单击“退出”按钮，结束程序的运行

19. 用来设置文字字体是否斜体的属性是________。

A. FontUnderline　　B. FontBold

C. FontSlope　　D. FontItalic

20. 窗体上有一个名称为 Timer1 的计时器控件，一个名称为 Shape1 的形状控件，其 Shape 属性值为 3(Circle)。编写程序如下：

```
Private Sub Form_Load()
    Shape1.Top=0
    Timer1.Interval=100
End Sub
Private Sub Timer1_Timer()
    Static x As Integer
    Shape1.Top=Shape1.Top+100
    x=x+1
    If x Mod 10=0 Then
        Shape1.Top=0
    End If
```

```
End Sub
```

以下关于上述程序的叙述中,错误的是________。

A. 每执行一次 Timer1_Timer 事件过程,x 的值都在原有基础上增加 1

B. Shape1 每移动 10 次回到起点,重新开始

C. 窗体上的 Shape1 由下而上移动

D. Shape1 每次移动 100

21. 现有如下程序:

```
Private Sub Command1_Click()
    s=0
    For i=1 To 5
        s=s+f(5+i)
    Next
    Print s
End Sub
Public Function f(x As Integer)
    If x>=10 Then
        t=x+1
    Else
        t=x+2
    End If
    f=t
End Function
```

运行程序,则窗体上显示的是________。

A. 38　　B. 49　　C. 61　　D. 70

22. 窗体上有一个名称为 Picture1 的图片框控件,一个名称为 Label1 的标签控件,如测试图 1.2 所示。

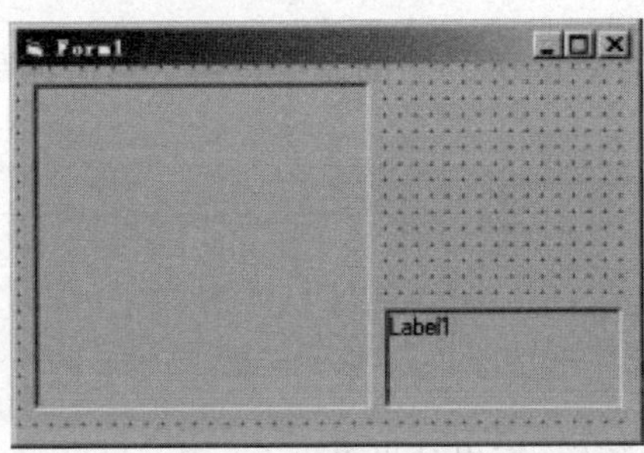

测试图 1.2　窗体

现有如下程序:

```
Public Sub display(x As Control)
    If TypeOf x Is Label Then
```

```
        x Caption="计算机等级考试"
    Else
        xPicture=LoadPicture("pic.jpg")
    End If
End Sub
Private Sub Label1_Click()
    Call display(Label1)
End Sub
Private Sub Picture1_Click()
    Call display(Picture1)
End Sub
```

对以上程序,下列叙述中错误的是________。

A. 程序运行时会出错

B. 单击图片框,在图片框中显示一幅图片

C. 过程中的 x 是控件变量

D. 单击标签,在标签中显示一串文字

23. 设有如下通用过程:

```
Public Function Fun(xStr As String)As String
    Dim tStr As String, strL As Integer
    tStr=""
    strL=Len(xStr)
    i=1
    Do While i<=strL / 2
        tStr=tStr & Mid(xStr, i, 1)& Mid(xStr, strL-i+1, 1)
        i=i+1
    Loop
    Fun=tStr
End Function
```

在窗体上画一个名称为 Command1 的命令按钮。然后编写如下的事件过程:

```
Private Sub Command1_Click()
    Dim S1 As String
    S1="abcdef"
    Print UCase(Fun(S1))
End Sub
```

程序运行后,单击命令按钮,输出结果是________。

A. ABCDEF　　B. abcdef　　C. AFBECD　　D. DEFABC

24. 某人为计算 n!(0<n≤12)编写了下面的函数过程:

```
Private Function fun(n As Integer)As Long
    Dim p As Long
    p=1
```

```
    For k=n-1 To 2 Step-1
        p=p * k
    Next k
    fun=p
End Function
```

在调试时发现该函数过程产生的结果是错误的，程序需要修改。下面的修改方案中有 3 种是正确的，错误的方案是________。

A. 把 p=1 改为 p=n

B. 把 For k=n-1 To 2 Step-1 改为 For k=1 To n-1

C. 把 For k=n-1 To 2 Step-1 改为 For k=1 To n

D. 把 For k=n-1 To 2 Step-1 改为 For k=2 To n

25. 窗体上的 3 个命令按钮构成名称为 Command1 的控件数组，如测试图 1.3 所示。

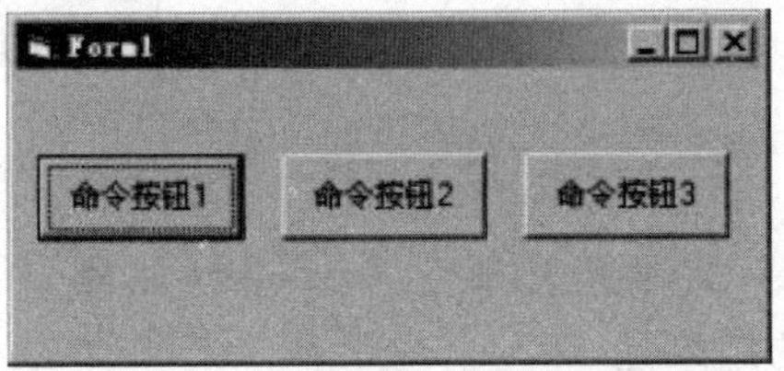

测试图 1.3 Command1 的控件数组

程序如下：

```
Private Sub Command1_Click(Index As Integer)
    If Index=1 Then
        Print"计算机等级考试"
    End If
    If Index=2 Then
        Print Command1(2).Caption
    End If
End Sub
```

运行程序，单击“命令按钮 2”，则如下叙述中正确的是________。

A. Print Command1(2).Caption 语句有错

B. 在窗体上显示“命令按钮 2”

C. 在窗体上显示“命令按钮 3”

D. 在窗体上显示“计算机等级考试”

26. 下面程序的执行结果是________。

```
Private Sub Command1_Click()
    a=0
    k=1
    Do While k<4
```

```
        x=k^k^a
        k=k+1
        Print x;
    Loop
End Sub
```

A. 1 4 27　　B. 1 1 1　　C. 1 4 9　　D. 0 0 0

27. 设有如测试图 1.4 所示的窗体和以下程序：

```
Private Sub Command1_Click()
    Text1.Text="Visual Basic"
End Sub
Private Sub Text1_LostFocus()
    If Text1.Text<>"BASIC" Then
        Text1.Text=""
        Text1.SetFocus
    End If
End Sub
```

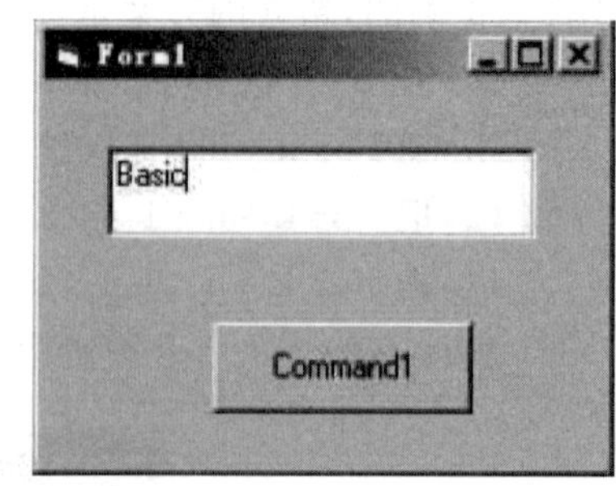

测试图 1.4　窗体

程序运行时，在 Text1 文本框中输入"Basic"（如测试图 1.4 所示），然后单击 Command1 按钮，则产生的结果是________。

A. 文本框中无内容，焦点在文本框中

B. 文本框中为"Basic"，焦点在文本框中

C. 文本框中为"Basic"，焦点在按钮上

D. 文本框中为"Visual Basic"，焦点在按钮上

28. 窗体上有一个名称为 Command1 的命令按钮，其事件过程如下：

```
Private Sub Command1_Click()
    x="VisualBasicProgramming"
    a=Right(x, 11)
    b=Mid(x, 7, 5)
    c=MsgBox(a ,, b)
End Sub
```

运行程序后单击命令按钮。以下叙述中错误的是________。

A. 信息框的标题是 Basic

B. 信息框中的提示信息是 Programming

C. c 的值是函数的返回值

D. MsgBox 的使用格式有错

29. 在窗体上画一个名称为 Command1 的命令按钮，再画两个名称分别为 Label1、Label2 的标签，然后编写如下程序代码：

```
Private X As Integer
Private Sub Command1_Click()
    X=5: Y=3
```

```
    Call proc(X, Y)
    Label1.Caption=X
    Label2.Caption=Y
End Sub
Private Sub proc(a As Integer, ByVal b As Integer)
    X=a * a
    Y=b+b
End Sub
```

程序运行后，单击命令按钮，则两个标签中显示的内容分别是________。

A. 25 和 3　　B. 5 和 3　　C. 25 和 6　　D. 5 和 6

30. 在窗体上画一个名为 Command1 的命令按钮，然后编写以下程序：

```
Private Sub Command1_Click()
    Dim M(10)As Integer
    For k=1 To 10
        M(k)=12-k
    Next k
    x=8
    Print M(2+M(x))
End Sub
```

运行程序，单击命令按钮，在窗体上显示的是________。

A. 6　　B. 5　　C. 7　　D. 8

二、基本操作题

请根据以下各小题的要求设计 Visual Basic 应用程序(包括界面和代码)。

(1) 在名称为 Form1 的窗体上建立一个名称为 Command1 的命令按钮数组，含 3 个命令按钮，它们的 Index 属性分别为 0、1、2，标题依次为“是”“否”“取消”，每个按钮的高、宽均为 300、800。窗体的标题为“按钮窗口”。运行后的窗体如测试图 1.5 所示。

注意：存盘时必须存放在考生文件夹下，工程文件名为 sjt1. vbp，窗体文件名为 sjt1. frm。

测试图 1.5 运行后的窗体

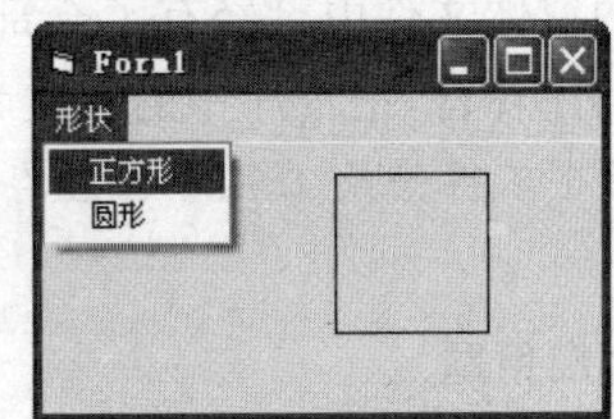

测试图 1.6 Form1 窗体

(2) 在名称为 Form1 的窗体上画一个名称为 Sha1 的形状控件，然后建立一个菜单，标题为“形状”，名称为 shape0，该菜单有两个子菜单，其标题分别为“正方形”和“圆形”，其名称分别为 shape1 和 shape2，如测试图 1.6 所示，然后编写适当的程序。程序运行后，如果选择“正方形”菜单项，则形状控件显示为正方形；如果选择“圆形”菜单项，则窗体上的形状控件显示为圆形。

注意：程序中不能使用变量，每个事件过程中只能写一条语句。保存时必须存放在考生文件夹下，工程文件名为 sjt2.vbp，窗体文件名为 sjt2.frm。

三、简单应用题

(1) 在考生文件夹下有一个工程文件 sjt3.vbp，窗体上已经有两个文本框，名称分别为 Text1、Text2；一个命令按钮，名称为 C1，标题为“确定”；请画两个单选按钮，名称分别为 Op1、Op2，标题分别为“男生”“女生”；再画两个复选框，名称分别为 Ch1、Ch2，标题分别为“体育”“音乐”。请编写适当的事件过程，使得在运行时，单击“确定”按钮后实现下面的操作：

① 根据选中的单选按钮，在 Text1 中显示“我是男生”或“我是女生”。

② 根据选中的复选框，在 Text2 中显示“我的爱好是体育”“我的爱好是音乐”或“我的爱好是体育音乐”，如测试图 1.7 所示。

注意：不得修改已经给出的程序和已有控件的属性。在结束程序运行之前，必须选中一个单选按钮和至少一个复选框，并单击“确定”按钮。必须使用窗体右上角的关闭按钮结束程序，否则无成绩。

(2) 在考生文件夹下有一个工程文件 sjt4.vbp。窗体上有一个名称为 List1 的列表框，名称为 Timer1 的计时器，名称为 Label1 的标签，如测试图 1.8 所示。请通过属性窗口向列表框添加 4 个项目，分别是“第一项”“第二项”“第三项”“第四项”。程序运行后，将计时器的时间间隔设置为 1 秒钟，每一秒钟从列表框中取出一个项目显示在 Label1 的标签中，首先显示“第一项”，然后，依次显示“第二项”“第三项”“第四项”，如此循环。

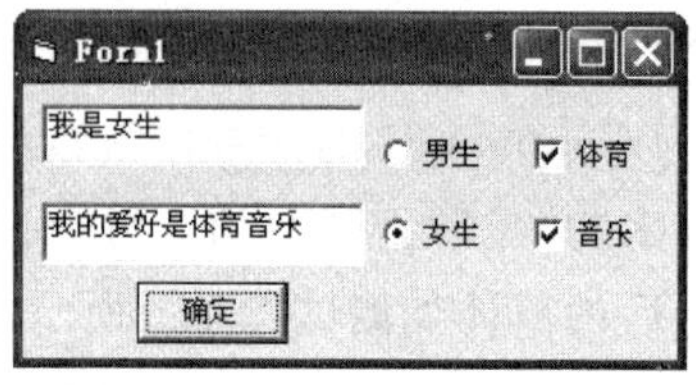

测试图 1.7　Text1 和 Text2 文本框

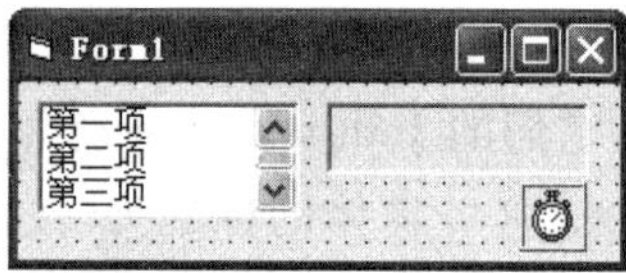

测试图 1.8　窗体上的内容

在给出的窗体文件中已经有了全部控件和程序，但不完整，请添加 List1 中的项目，去掉程序中的注释符，把程序中的？改为正确的内容。

注意：考生不得修改工程中已经存在的内容和控件属性，最后把修改后的文件按原文件名存盘。

四、综合应用题

在窗体上画一个文本框，名称为 Text1（可显示多行），然后再画 3 个命令按钮，名称分别为 Command1、Command2 和 Command3，标题分别为“读数”“统计”和“存盘”，如测试图 1.9 所示。程序的功能是：单击“读数”按钮，则把考生目录下的 in5.txt 文件中的所有英文字符放入 Text1（可多行显示）；单击“统计”按钮，找出并统计英文字母 i、j、k、l、m、n（不区分大小写）各自出现的次数；单击“存盘”按钮，将字母 i～n 出现次数的统计结果依次存到考生目录下的顺序文件 out5. txt 中。

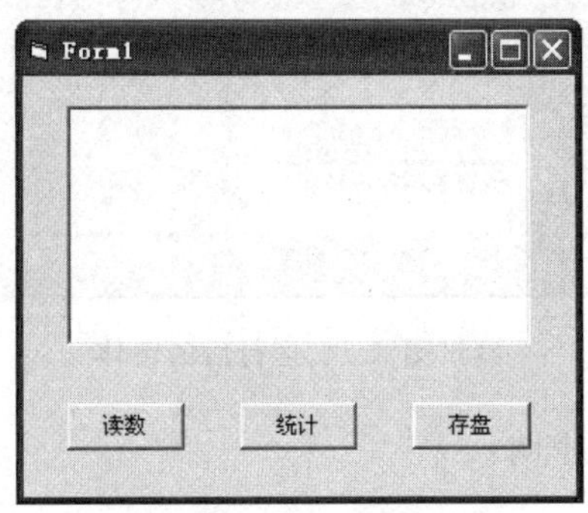

测试图 1.9　综合应用题窗体

注意：存盘时必须存放在考生文件夹下，工程文件名为 sjt5. vbp，窗体文件名为 sjt5. frm。

试　题　2

一、选择题

1. 在 VB 集成环境中要结束一个正在运行的工程，可单击工具栏上的一个按钮，这个按钮是________。

A.　　　B.　　　C.　　　D.

2. 设 x 是整型变量，与函数 IIf(x>0，-x，x)有相同结果的代数式是________。

A. |x|　　　B. -|x|　　　C. x　　　D. -x

3. 以下选项中，不合法的 Visual Basic 的变量名是________。

A. a5b　　　B. _xyz　　　C. a_b　　　D. andif

4. 以下数组定义语句中，错误的是________。

A. Static a(10) As Integer

B. Dim c(3, 1 To 4)

C. Dim d(-10)

D. Dim b(0 To 5, 1 To 3) As Integer

5. 以下关于过程及过程参数的描述中，错误的是________。

A. 调用过程时可以用控件名称作为实际参数

B. 用数组作为过程的参数时，使用的是“传地址”方式

C. 只有函数过程能够将过程中处理的信息传回到调用的程序中

D. 窗体(Form)可以作为过程的参数

6. 在窗体上有两个名称分别为 Text1、Text2 的文本框，一个名称为 Command1 的命令按钮。运行后的窗体外观如测试图 2.1 所示。

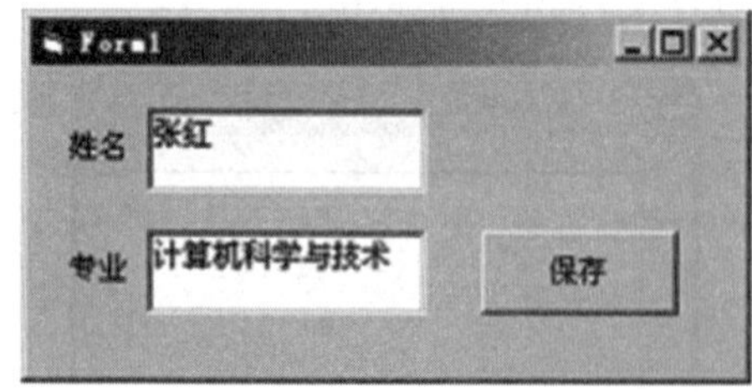

测试图 2.1 运行后的窗体

设有如下的类型和变量声明：

```
Private Type Person
    name As String * 8
    major As String * 20
End Type
Dim p As Person
```

设文本框中的数据已正确地赋值给 Person 类型的变量 p，当单击“保存”按钮时，能够正确地把变量中的数据写入随机文件 Test2. dat 中的程序段是________。

A. Open "c:\Test2. dat" For Output As #1
   Put #1, 1, p
   Close #1

B. Open "c:\Test2. dat" For Random As #1
   Get #1, 1, p
   Close #1

C. Open "c:\Test2. dat" For Random As #1 Len=Len(p)
   Put #1, 1, p
   Close #1

D. Open "c:\Test2. dat" For Random As #1 Len=Len(p)
   Get #1, 1, p
   Close #1

7. 下面有关标准模块的叙述中，错误的是________。
   A. 标准模块不完全由代码组成，还可以有窗体
   B. 标准模块中的 Private 过程不能被工程中的其他模块调用
   C. 标准模块的文件扩展名为. bas
   D. 标准模块中的全局变量可以被工程中的任何模块引用

8. 可以产生 30～50(含 30 和 50)之间的随机整数的表达式是________。
   A. Int(Rnd * 21+30)　　　　B. Int(Rnd * 20+30)
   C. Int(Rnd * 50－Rnd * 30)　　　　D. Int(Rnd * 30+50)

9. 下面程序运行时，若输入 395 ，则输出结果是________。

```
Private Sub Command1_Click()
```

```
    Dim x%
    x=InputBox("请输入一个三位整数")
    Print x Mod 10,x\100,(x Mod 100)\10
End Sub
```

A. 3 9 5　　B. 5 3 9　　C. 5 9 3　　D. 3 5 9

10. 某人编写了下面的程序，希望能把 Text1 文本框中的内容写到 out.txt 文件中：

```
Private Sub Command1_Click()
    Open "out.txt" For Output As #2
    Print "Text1"
    Close #2
End Sub
```

调试时发现没有达到目的，为实现上述目的，应做的修改是________。

A. 把 Print "Text1" 改为 Print #2, Text1

B. 把 Print "Text1" 改为 Print Text1

C. 把 Print "Text1" 改为 Write "Text1"

D. 把所有 #2 改为 #1

11. 为了使文本框同时具有垂直和水平滚动条，应先把 MultiLine 属性设置为 True，然后再把 ScrollBars 属性设置为________。

A. 0　　B. 1　　C. 2　　D. 3

12. 文本框 Text1 的 KeyDown 事件过程如下：

```
Private Sub Text1_KeyDown(KeyCode As Integer, Shift As Integer)
    …
End Sub
```

其中参数 KeyCode 的值表示的是发生此事件时________。

A. 是否按下了 Alt 键或 Ctrl 键　　B. 按下的是哪个数字键

C. 所按的键盘键的键码　　D. 按下的是哪个鼠标键

13. 在窗体上画两个单选按钮，名称分别为 Option1、Option2，标题分别为“宋体”和“黑体”；一个复选框(名称为 Check1，标题为“粗体”)和一个文本框(名称为 Text1，Text 属性为“改变文字字体”)，窗体外观如测试图 2.2 所示。程序运行后，要求“宋体”单选按钮和“粗体”复选框被选中，则以下能够实现上述操作的语句序列是________。

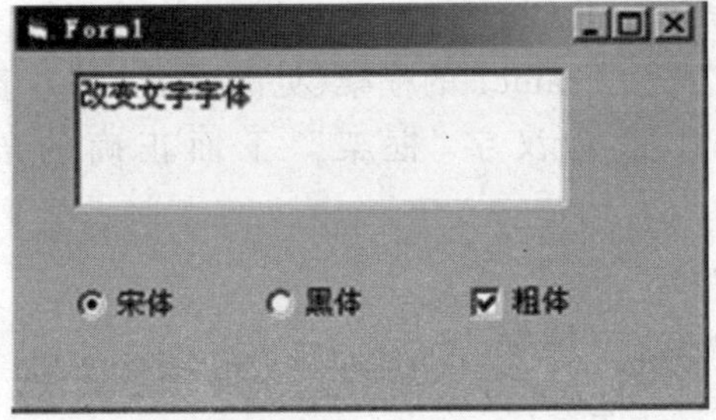

测试图 2.2 窗体外观

A. Option1. Value=False
Check1. Value=True

B. Option1. Value=True
Check1. Value=0

C. Option2. Value=False
Check1. Value=2

D. Option1. Value=True
Check1. Value=1

14. 以下说法中正确的是________。

A. 当焦点在某个控件上时，按下一个字母键，就会执行该控件的 KeyPress 事件过程

B. 因为窗体不接受焦点，所以窗体不存在自己的 KeyPress 事件过程

C. 若按下的键相同，KeyPress 事件过程中的 KeyAscii 参数与 KeyDown 事件过程中的 KeyCode 参数的值也相同

D. 在 KeyPress 事件过程中，KeyAscii 参数可以省略

15. 下列关于通用对话框 CommonDialog1 的叙述中，错误的是________。

A. 只要在“打开”对话框中选择了文件，并单击“打开”按钮，就可以将选中的文件打开

B. 使用 CommonDialog1. ShowColor 方法，可以显示“颜色”对话框

C. CancelError 属性用于控制用户单击“取消”按钮关闭对话框时，是否显示出错警告

D. 在显示“字体”对话框前，必须先设置 CommonDialog1 的 Flags 属性，否则会出错

16. 在利用菜单编辑器设计菜单时，为了把组合键 Alt+X 设置为“退出(X)”菜单项的访问键，可以将该菜单项的标题设置为________。

A. 退出(X&)　　B. 退出(&X)　　C. 退出(X#)　　D. 退出(#X)

17. 以下能够触发文本框 Change 事件的操作是________。

A. 文本框失去焦点　　B. 文本框获得焦点

C. 设置文本框的焦点　　D. 改变文本框的内容

18. 假定在图片框 Picture1 中装入了一个图片，在程序运行中，为了清除该图片(注意，清除图片，而不是删除图片框)，应采用的正确方法是________。

A. 单击图片框，然后按 Del 键

B. 执行语句 Picture1. Picture=LoadPicture("")

C. 执行语句 Picture1. Picture=""

D. 执行语句：Picture1. Cls

19. 窗体上有一个名称为 Frame1 的框架(见测试图 2.3)，若要把框架上显示的 Frame1 改为汉字“框架”，下面正确的语句是________。

测试图 2.3　框架

A. Frame1. Name="框架"

B. Frame1. Caption="框架"

C. Frame1. Text="框架"

D. Frame1. Value="框架"

20. 在窗体上画一个名称为 Combo1 的组合框，名称为 Text1 的文本框，以及名称为 Command1 的命令按钮，如测试图 2.4 所示。

测试图 2.4 窗体

运行程序，单击命令按钮，将文本框中被选中的文本添加到组合框中，若文本框中没有选中的文本，则将文本框中的文本全部添加到组合框中。命令按钮的事件过程如下：

```
Private Sub Command1_Click()
    If Text1.SelLength<>0 Then
        _______
    Else
        Combo1.AddItem Text1
    End If
End Sub
```

程序中横线处应该填写的是________。

A. Combo1. AddItem Text1. Text

B. Combo1. AddItem Text1. SelStart

C. Combo1. AddItem Text1. SelText

D. Combo1. AddItem Text1. SelLength

21. 设有如下一段程序：

```
Private Sub Command1_Click()
    Static a As Variant
    a=Array("one", "two", "three", "four", "five")
    Print a(3)
End Sub
```

针对上述事件过程，以下叙述中正确的是________。

A. 变量声明语句有错，应改为 Static a(5)As Variant

B. 变量声明语句有错，应改为 Static a

C. 可以正常运行，在窗体上显示 three

D. 可以正常运行，在窗体上显示 four

22. 求 1!+2!+…+10!的程序如下：

```
Private Function s(x As Integer)
    f=1
    For i=1 To x
      f=f * i
```

```
    Next
    s=f
End Function
Private Sub Command1_Click()
    Dim i As Integer
    Dim y As Long
    For i=1 To 10
        ________
    Next
    Print y
End Sub
```

为实现功能要求,程序的横线处应该填入的内容是________。

A. Call s(i)　　B. Call s

C. y=y+s(i)　　D. y=y+s

23. 窗体上有两个名称分别为 Text1、Text2 的文本框。Text1 的 KeyUp 事件过程如下:

```
Private Sub Text1_KeyUp(KeyCode As Integer, Shift As Integer)
    Dim c As String
    c=UCase(Chr(KeyCode))
    Text2.Text=Chr(Asc(c)+2)
End Sub
```

当向文本框 Text1 中输入小写字母 a 时,文本框 Text2 中显示的是________。

A. A　　B. a　　C. C　　D. c

24. 设窗体上有一个文本框 Text1 和一个命令按钮 Command1,并有以下事件过程:

```
Private Sub Command1_Click()
    Dim s As String, ch As String
    s=""
    For k=1 To Len(Text1)
        ch=Mid(Text1, k, 1)
        s=ch+s
    Next k
    Text1.Text=s
End Sub
```

程序执行时,在文本框中输入"Basic",然后单击命令按钮,则 Text1 中显示的是________。

A. Basic　　B. cisaB　　C. BASIC　　D. CISAB

25. 假定有以下函数过程:

```
Function Fun(S As String)As String
     Dim s1 As String
```

```
    For i=1 To Len(S)
        s1=LCase(Mid(S, i, 1))+s1
    Next i
    Fun=s1
End Function
```

在窗体上画一个命令按钮，然后编写如下事件过程：

```
Private Sub Command1_Click()
    Dim Str1 As String, Str2 As String
    Str1=InputBox("请输入一个字符串")
    Str2=Fun(Str1)
    Print Str2
End Sub
```

程序运行后，单击命令按钮，如果在输入对话框中输入字符串“abcdefg”，则单击“确定”按钮后在窗体上的输出结果为______。

A. ABCDEFG　　B. abcdefg　　C. GFEDCBA　　D. gfedcba

26. 为计算 a^n 的值，某人编写了函数 power 如下：

```
Private Function power(a As Integer,n As Integer)As Long
  Dim s As Long
  p=a
  For k=1 To n
    p=p*a
  Next k
  power=p
End Function
```

在调试时发现是错误的，例如 Print power(5,4)的输出应该是 625，但实际输出是 3125。程序需要修改。下面的修改方案中有 3 个是正确的，错误的一个是______。

A. 把 For k=1 To n 改为 For k=2 To n

B. 把 p=p * a 改为 p=p ^ n

C. 把 For k=1 To n 改为 For k=1 To n-1

D. 把 p=a 改为 p=1

27. 窗体上有名称分别为 Text1、Text2 的文本框，名称为 Command1 的命令按钮。运行程序，在 Text1 中输入“FormList”，然后单击命令按钮，执行如下程序：

```
Private Sub Command1_Click()
    Text2.Text=UCase(Mid(Text1.Text, 5, 4))
End Sub
```

在 Text2 中显示的是______。

A. form　　B. list　　C. FORM　　D. LIST

28. 窗体上有名称为 Command1 的命令按钮，名称分别为 List1、List2 的列表框，其中 List1 的 MultiSelect 属性设置为 1(Simple)，并有如下事件过程：

```
Private Sub Command1_Click()
    For i=0 To List1.ListCount－1
        If List1.Selected(i)=True Then
            List2.AddItem Text
        End If
    Next
End Sub
```

上述事件过程的功能是将 List1 中被选中的列表项添加到 List2 中。运行程序时，发现不能达到预期目的，应做修改，下列修改中正确的是________。

A. 将 For 循环的终值改为 List1. ListCount

B. 将 List1. Selected(i)＝True 改为 List1. List(i). Selected＝True

C. 将 List2. AddItem Text 改为 List2. AddItem List1. List(i)

D. 将 List2. AddItem Text 改为 List2. AddItem List1. ListIndex

29. 窗体上有一个名称为 Text1 的文本框，一个名称为 Command1 的命令按钮。窗体文件的程序如下：

```
Private Type  x
    a As Integer
    b As Integer
End Type
Private Sub Command1_Click()
    Dim y As x
    y.a=InputBox("")
    If y.a\2=y.a / 2 Then
        y.b=y.a * y.a
    Else
        y.b=Fix(y.a / 2)
    End If
    Text1.Text=y.b
End Sub
```

对以上程序，下列叙述中错误的是________。

A. x 是用户定义的类型

B. InputBox 函数弹出的对话框中没有提示信息

C. 若输入的是偶数，y. b 的值为该偶数的平方

D. Fix(y. a / 2)把 y. a / 2 的小数部分四舍五入，转换为整数返回

30. 设工程文件包含两个窗体文件 Form1. frm、Form2. frm 及一个标准模块文件 Module1. bas。两个窗体上分别只有一个名称为 Command1 的命令按钮。

Form1 的代码如下：

```
Public x As Integer
```

```
Private Sub Form_Load()
    x=1
    y=5
End Sub
Private Sub Command1_Click()
    Form2.Show
End Sub
```

Form2 的代码如下：

```
Private Sub Command1_Click()
    Print Form1.x, y
End Sub
```

Module1 的代码如下：

```
Public y As Integer
```

运行以上程序，单击 Form1 的命令按钮 Command1，则显示 Form2；再单击 Form2 上的命令按钮 Command1，则窗体上显示的是________。

A. 1　5　　B. 0　5　　C. 0　0　　D. 程序有错

二、基本操作题

请根据以下各小题的要求设计 Visual Basic 应用程序（包括界面和代码）。

(1) 在名称为 Form1、标题为“测试”的窗体上画一个名称为 Frame1、标题为“字体”的框架。在框架内画两个单选按钮，其名称分别为 Opt1 和 Opt2，标题分别为“隶书”和“宋体”。程序运行后的窗体如测试图 2.5 所示。

注意：存盘时必须存放在考生文件夹下，工程文件名为 sjt1. vbp，窗体文件名为 sjt1. frm。

(2) 在名称为 Form1 的窗体上用名称为 shape1 的形状控件画一个圆，其直径为 1000（高、宽均为 1000）；再画两个命令按钮，标题分别是“垂直线”和“水平线”，名称分别为 Command1、Command2，如测试图 2.6 所示。然后编写两个命令按钮的 Click 事件过程。程序运行后，如果单击“垂直线”命令按钮，则圆的内部用垂直线填充；如果单击“水平线”命令按钮，则圆的内部用水平线填充。

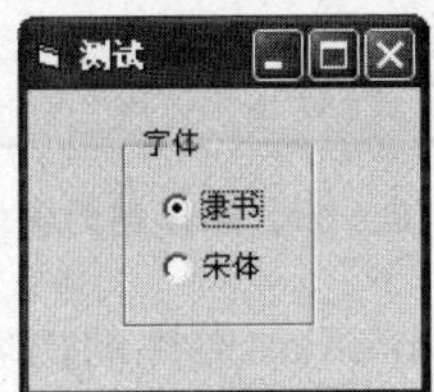

测试图 2.5　基本操作题(1)的窗体

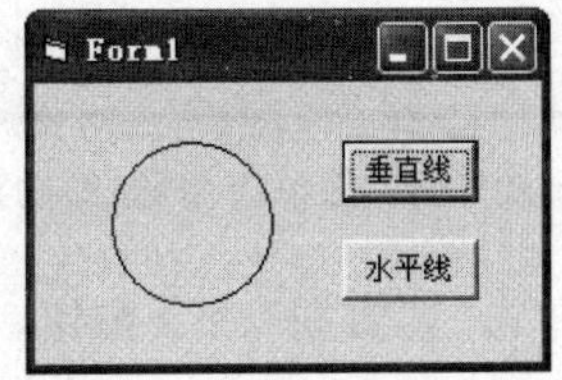

测试图 2.6　基本操作题(2)的窗体

注意：程序中不得使用变量，每个事件过程中只能写一条语句。

存盘时必须存放在考生文件夹下，工程文件名为 sjt2. vbp，窗体文件名为 sjt2. frm。

三、简单应用题

(1) 在考生文件夹下有一个工程文件 sjt3.vbp，请在名称为 Form1 的窗体上画一个名称为 Text1 的文本框和一个名称为 C1、标题为“转换”的命令按钮，如测试图 2.7 所示。在程序运行时，单击“转换”按钮，可以把 Text1 中的大写字母转换为小写，把小写字母转换为大写。

测试图 2.7 简单应用题(1)的窗体

窗体文件中已经给出了“转换”按钮的 Click 事件过程，但不完整，请去掉程序中的注释符，把程序中的？改为正确的内容。

注意：不能修改程序中的其他部分，最后把修改后的文件按原文件名存盘。

(2) 在考生文件夹下有一个工程文件 sjt4.vbp，其功能是：

① 单击“读数据”命令按钮，把考生文件夹下 in4.dat 文件中已按升序方式排列的 60 个数读入数组 A，并显示在 Text1 中。

② 单击“输入”按钮，弹出一个输入对话框，接收用户输入的任意一个整数；单击“插入”按钮，将输入的数插入 A 数组中合适的位置，使其仍保持 A 数组的升序排列，最后将 A 数组的内容重新显示在 Text1 中。在窗体文件中已经给出了全部控件(如测试图 2.8 所示)和程序，但程序不完整，要求去掉程序中的注释符，把程序中的？改为正确的内容。本程序只考虑插入一个整数的情况。

注意：不得修改已经存在的内容和控件属性，最后将修改后的文件按原文件名存盘。

四、综合操作题

在考生文件夹下有一个工程文件 sjt5.vbp，其窗体上有两个标题分别为“读数据”和“统计”的命令按钮。请画两个标签，其名称分别是 Label1 和 Label2，标题分别为“单词的平均长度为”和“最长单词的长度为”；再画两个名称分别为 Text1 和 Text2、初始内容为空的文本框，如测试图 2.9 所示。程序功能如下：

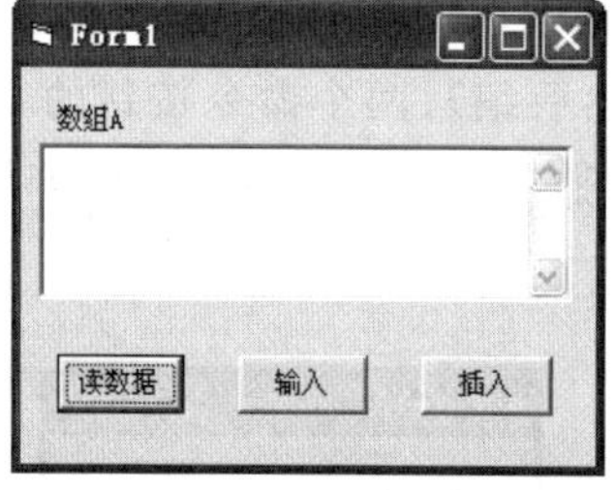

测试图 2.8 简单应用题(2)的窗体

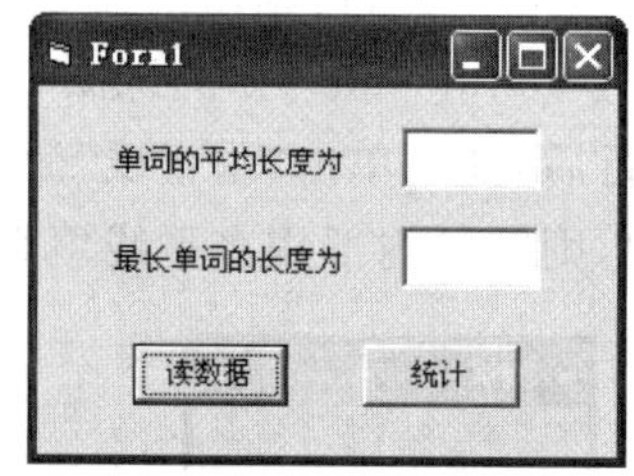

测试图 2.9 综合操作题的窗体

① 如果单击“读数据”命令按钮，则将考生文件夹下 in5.dat 文件的内容读到变量 s 中(此过程已给出)。

② 如果单击“统计”按钮，则自动统计变量 s(s 中仅含有字母和空格，而空格是用来分隔不同单词的)中每个单词的长度，并将所有单词的平均长度(四舍五入取整)显示在 Text1 文本框内，将最长单词的长度显示在 Text2 文本框内。

“读数据”命令按钮的Click事件过程已经给出，请为“统计”命令按钮编写适当的事件过程，实现上述功能。

注意：考生不得修改窗体文件中已经存在的控件和程序，在结束程序之前，必须进行统计，且必须通过单击窗体右上角的“关闭”按钮结束程序，否则无成绩。最后，程序按原文件名存盘。

试 题 3

一、选择题

1. 以下叙述中错误的是________。
   A. 一个Visual Basic应用程序可以包含一或多个工程
   B. 一个Sub过程内不能嵌套定义另一个Sub过程
   C. MsgBox函数的返回值与在对话框中所单击的按钮有关，为一整数
   D. Visual Basic应用程序只能以解释方式执行
2. 下列说法中错误的是________。
   A. 事件是Visual Basic预置的，且能够被对象识别的动作
   B. 事件过程是指响应某个事件后执行的一段程序代码
   C. 一个对象可以识别一个或多个事件
   D. Visual Basic是采用对象驱动编程机制的语言
3. 下面是Visual Basic合法变量名的是________。
   A. PrintA　　B. 10B　　C. Debug　　D. B#C
4. 以下不是Visual Basic合法常量的是________。
   A. 'a'　　B. &O12
   C. &H12&　　D. #1/20/2014#
5. 以下叙述中，错误的是________。
   A. MsgBox函数的返回值为一整数
   B. InputBox函数的返回值类型由用户在输入对话框中输入数据的类型决定
   C. 有语句：x=InputBox("输入：","输入整数")，则该语句打开的对话框的标题是"输入整数"
   D. 可以用MsgBox函数输出一条信息
6. 在运行时，如果按Tab键跳过了一个可以获得焦点的控件(如文本框)，其原因可能是________。
   A. 该控件的TabStop属性值为True
   B. 该控件的TabStop属性值为False
   C. 该控件的Enabled属性值为True
   D. 该控件的Locked属性值为True
7. 下列符号常量声明中，不合法的是________。
   A. Const conx="ok"

B. Const conx&=20

C. Const conx As Integer=20

D. Const conx=Int(20.67)

8. 对于代数式 $\sin^2(x+y)+e^5$,正确的 Visual Basic 表达式为________。

A. Sin^2 *(x+y)+Exp(5)

B. Sin^2 *(x+y)+e^5

C. Sin(x+y)^2+e^5

D. Sin(x+y)^2+Exp(5)

9. 在窗体上画一个文本框、一个标签,其名称分别为 Text1、Label1,然后编写如下事件过程:

```
Private Sub Text1_Change()
  Label1.Caption=UCase(Mid(Trim(Text1.Text), 7, 3))
End Sub
```

程序运行时,如果在文本框中输入字符串"VisualBasic 计算机等级考试",则在标签 Label1 中显示的内容是________。

A. asi　　B. ASI　　C. Bas　　D. BAS

10. 下面说法中正确的是________。

A. 设 a=5,b=3,c=1,则执行语句 Print a>b>c 后的输出结果为 False

B. 语句 Const x As Double=Sqr(2)能够定义一个符号常量 x

C. 在过程中,要定义可选参数,应使用的关键字是 ParamArray

D. 用 Static 定义的变量,其值在程序运行过程中始终存在,因此,该种类型的变量是全局变量

11. 程序运行时若单击水平滚动条上滚动块右边的空白处,则其 Value 属性值的变化量为________。

A. LargeChange 属性的值　　B. Min 属性的值

C. Max 属性的值　　D. SmallChange 属性的值

12. 设窗体上有一个文本框 Text1,程序代码中有以下赋值语句(假定用到的控件和变量都存在),其中错误的是________。

A. Text1.MaxLength=30　　B. Text1.Text=89

C. Text1.Caption=89　　D. Text1.FontBold=True

13. 设组合框 Combo1 中有 5 个项目,则以下能删除最后一项的语句是________。

A. Combo1.RemoveItem 4

B. Combo1.RemoveItem 5

C. Combo1.RemoveItem Combo1.ListCount+1

D. Combo1.RemoveItem Combo1.ListCount

14. 假定列表框 List1 中没有被选中的项目,则执行

```
List1.RemoveItem List1.ListIndex
```

语句的结果是________。

A. 删除最后加入列表中的一项　　B. 删除最后一项

C. 出错　　D. 删除第一项

15. 假定 Picture1 和 Text1 分别为图片框和文本框的名称，则下列语句中错误的是________。

A. Print 100　　B. Text1. Print 100

C. Debug. Print 100　　D. Picture1. Print 100

16. 下列叙述中，正确的是________。

A. 框架控件的标题不能在程序运行过程中修改

B. 标签中显示的文本在运行阶段不能改变

C. 组合框是组合文本框和列表框的特性而成的控件，所以它具有二者的全部属性

D. 文本框可以显示多行文本

17. 设窗体上有一个列表框控件 List1，含有若干列表项。以下能表示当前被选中的列表项内容的是________

A. List1. List　　B. List1. ListIndex

C. List1. Text　　D. List1. Text

18. 若在窗体上画了一个名称为 List1 的列表框，并编写了如下事件过程：

```
Private Sub Form_Load()
    List1.AddItem "数学"
    List1.AddItem "物理"
    List1.AddItem "化学"
    List1.AddItem "外语"
    List1.AddItem "语文"
End Sub
Private Sub Form_Click()
    List1.RemoveItem 1
    List1.RemoveItem 2
End  Sub
```

运行程序后，单击窗体，则列表框中显示的项目是________。

A.	B.	C.	D.
数学	数学	化学	物理
化学	外语	外语	外语
语文	语文	语文	语文

19. 有如下程序代码：

```
Private Sub Form_Click()
    X=8
    If X >8 Then
        Print "X >8"
    ElseIf X <10 Then
```

```
        Print "X <10"
    ElseIf X=8 Then
        Print "X=8"
    End If
End Sub
```

运行程序，单击窗体，输出结果是________。

A. X<10
X=8　　B. X<10　　C. X=8　　D. 不确定

20. 在窗体上画一个名称为 Label1 的标签，然后编写如下事件过程：

```
Private Sub Form_Click()
    Dim S As Integer
    S=0
    For i=1 To 15
        x=2 * i-1
        If x Mod 3=0 Then
            S=S+1
        End If
    Next i
    Label1.Caption=S
End Sub
```

运行程序，单击窗体，标签中显示的是________。

A. 5　　B. 1　　C. 27　　D. 45

21. 有如下程序段：

```
s=0
For i=1 To 10
    s=s+i
Next i
Print s
```

与上述程序段输出结果相同的程序段为________。

A.
```
s=0: i=0
While i <=10
    i=i+1
    s=s+i
Wend
Print s
```

B.
```
s=0: i=1
While i<10
    i=i+1
    s=s+i
Wend
Print s
```

C.
```
s=0: i=1
Do
    s=s+i
    i=i+1
```

D.
```
s=0: i=1
Do
    s=s+i
    i=i+1
```

```
Loop While i < 10                    Loop Until i > 10
Print s                              Print s
```

22. 运行如下程序：

```
Private Sub Command1_Click()
    Dim a(5, 5)As Integer
    For i=1 To 5
        For j=1 To 4
          a(i, j)=i * 2+j
          If a(i, j)/ 7=a(i, j)\ 7 Then
              n=n+1
          End If
        Next j
    Next
    Print n
End Sub
```

则 n 的值是________。

A. 2　　　　B. 3　　　　C. 4　　　　D. 5

23. 要求函数的功能是：从参数 str 字符串中删除所有参数 ch 所指定的字符，返回实际删除字符的个数，删除后的字符串仍在 str 中，为此某人编写了函数 DelChar 如下：

```
Function DelChar(str As String, ch As String)As Integer
    Dim n%, st$, c$
    st=""
    n=0
    For k=1 To Len(str)
        c=Mid(str, k, 1)
        If c=ch Then
            st=st & c
        Else
            n=n+1
        End If
    Next k
    str=st
    DelChar=n
End Function
```

并用下面的 Command1_Click()过程观察函数调用结果

```
Private Sub Command1_Click()
    ch$=Text1.Text
    Print DelChar(ch, "x"), ch
End Sub
```

发现结果有错误，程序代码需要修改，以下正确的修改方案是________。

A. 把语句 If c=ch Then 改为 If c <> ch Then

B. 把语句 Print DelChar(ch, "x"), ch 改为 Print DelChar(ch, "x"): Print ch

C. 把语句 DelChar=n 改为 DelChar=st

D. 删掉语句 str=st

24. 如果窗体模块 A 中有一个过程:

```
Private Sub Proc()
    ...
End Sub
```

则下面叙述中错误的是________。

A. 在标准模块中不能调用此过程

B. 在窗体模块 B 中可以有与此相同名称的过程

C. 窗体模块 A 中任何其他过程都可以调用此过程

D. 在窗体模块 B 中可以调用此过程

25. 对于通用对话框控件,下列说法中错误的是________。

A. DefaultEXT 和 DialogTitle 属性只用于打开对话框,不能用于保存对话框

B. 用通用对话框控件可以建立打开文件对话框,也可以建立保存文件对话框

C. 用打开文件对话框可以指定一个文件,由程序使用

D. 用保存文件对话框可以指定一个文件,由程序使用

26. 利用菜单编辑器在窗体中新建一个名称为 mnuOpen 的弹出式菜单,其中含有若干个菜单项,并编写如下事件过程:

```
Private Sub Form_MouseDown(Button As Integer, Shift As Integer, X As Single, Y As
Single)
  If Button=2 Then

    ________
  End If
End Sub
```

程序运行过程中,当在窗体上单击鼠标右键时,显示已建立的 mnuOpen 菜单,则在以上程序代码中的横线处应填入的语句是________。

A. mnuOpen. Show　　　　B. mnuOpen. PopupMenu

C. PopupMenu mnuOpen　　　　D. Show mnuOpen

27. 设窗体上无任何控件,且有如下程序代码:

```
Private Sub Form_KeyPress(KeyAscii As Integer)
    Print Chr(KeyAscii)
End Sub
Private Sub Form_KeyDown(KeyCode As Integer, Shift As Integer)
    Print Chr(KeyCode)
End Sub
```

运行程序,直接按 A 键,输出结果是________。

A. A
A　　B. A
a　　C. a
A　　D. a
a

28. 在窗体 Form1 上画一个名称为 Command1 的命令按钮，编写如下程序代码：

```
Private Type stu
  sn As String * 20
  class As String * 20
End Type
Private Sub Command1_Click()
  Dim s As stu
  Open "c:\allstu.dat" For Random As #1 Len=Len(s)
  s.sn="John"
  s.class="Computer 2013"
  Put #1, , s
  Close #1
End Sub
```

则以下叙述中正确的是________。

A. 定义记录类型 stu 的 Type 语句可以移到事件过程 Command1_Click 中

B. 如果文件 c:\allstu.dat 不存在，则 Open 语句执行中出现“文件未找到”的错误

C. 文件 c:\allstu.dat 中的每条记录是等长的

D. 语句“Put ＃1，，s”中没有指明记录号，因此系统总是把记录写到文件的头部

29. Print ＃语句的作用是________。

A. 向随机文件中写数据　　B. 向顺序文件中写数据

C. 向窗体上输出数据　　D. 从顺序文件中读入数据

30. 在 Visual Basic 工程中，可以作为“启动对象”的是________。

A. Sub Main 过程

B. 任何过程

C. 在标准模块中专门定义的启动过程

D. Sub Main 过程以及任何过程

二、基本操作题

请根据以下各小题的要求设计 Visual Basic 应用程序(包括界面和代码)。

(1) 在名称为 Form1、标题为“标签”的窗体上画一个名称为 Label1 的标签，并设置适当属性以满足以下要求：

① 标签的内容为“计算机等级考试”；

② 标签可根据显示内容自动调整其大小；

③ 标签带有边框，且标签内容显示为三号字。

运行后的窗体如测试图 3.1 所示。

注意：*存盘时必须存放在考生文件夹下，工程文件名为 sjt1. vbp，窗体文件名为 sjt1. frm。*

(2) 在名称为 Form1 的窗体上画一个名称为 Hscroll1 的水平滚动条，其刻度范围为 1～100；再画一个名称为 Text1 的文本框，初始内容为 1。程序开始运行时，焦点在滚动条上。请编写适当的事件过程，使得程序运行时，文本框中实时显示滚动框的当前位置。运行情况如测试图 3.2 所示。

测试图 3.1　基本操作题(1)的窗体

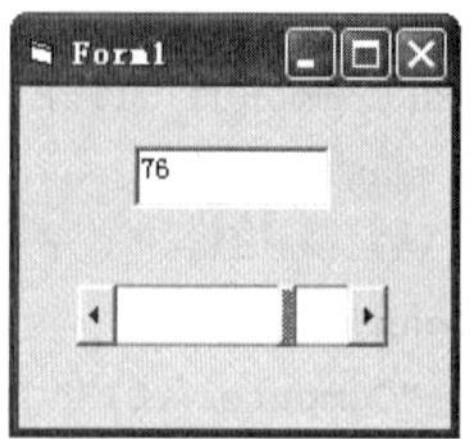

测试图 3.2　基本操作题(2)的窗体

注意：*要求程序中不得使用变量，每个事件过程中只能写一条语句。*

存盘时必须存放在考生文件夹下，工程文件名为 sjt2. vbp，窗体文件名为 sjt2. frm。

三、简单应用题

(1) 在考生文件夹下有一个工程文件 sjt3. vbp。窗体上有名称为 Timer1 的定时器，以及名称为 Line1 和 Line2 的两条水平直线。请用名称为 Shape1 的形状控件在两条直线之间画一个宽和高都相等的形状，其显示形式为圆，并设置适当属性使其满足以下要求：

① 圆的顶端距窗体 Form1 顶端的距离为 360；

② 圆的颜色为红色(红色对应的值为 &H000000FF& 或 &HFF&)，如测试图 3.3 所示。

程序运行时，Shape1 将在 Line1 和 Line2 之间运动。当 Shape1 的顶端到达 Line1 时，会自动改变方向而向下运动；当 Shape1 的底部到达 Line2 时，会改变方向而向上运动。

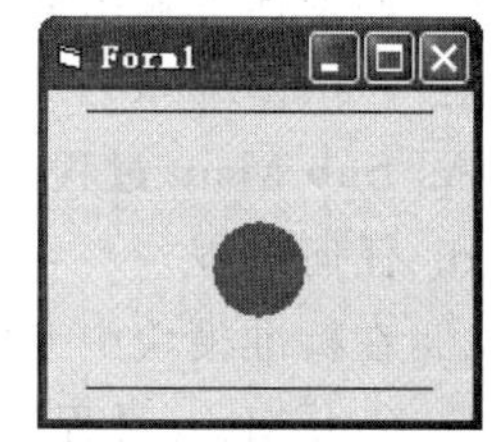

测试图 3.3　简单应用题(1)的窗体

文件中给出的程序不完整，请去掉程序中的注释符，把程序中的 ? 改为正确内容，使其实现上述功能。

注意：*不能修改程序的其他部分和已给出控件的属性。最后将修改后的文件按原文件名存盘。*

(2) 在考生文件夹下有一个工程文件 sjt4. vbp，包含了所有控件和部分程序，如测试图 3.4 所示。程序功能如下：

① 单击“读数据”按钮，可将考生文件夹下 in4. dat 文件中的 100 个整数读到数组 a 中。

② 单击“计算”按钮，则根据从名称为 Combo1 的组合框中选中的项目，对数组 a 中

测试图 3.4 简单应用题(2)的窗体

的数据计算平均值，并将计算结果四舍五入取整后显示在文本框 Text1 中。“读数据”按钮的 Click 事件过程已经给出，请为“计算”按钮编写适当的事件过程实现上述功能。

注意：不得修改已经存在的控件和程序，在结束程序运行之前，必须进行一次计算，且必须用窗体右上角的关闭按钮结束程序，否则无成绩。最后，程序按原文件名存盘。

四、综合操作题

在考生文件夹下有一个工程文件 sjt5. vbp，相应的窗体文件为 sjt5. frm，此外还有一个名为 datain. txt 的文本文件，其内容如下：32437658281298573142536475869713243546576879805937。程序运行后单击窗体，将把文件 datain. txt 中的数据输入到二维数组 Mat 中，在窗体上按 5 行、5 列的矩阵形式显示出来，然后交换矩阵第二列和第四列的数据，并在窗体上输出交换后的矩阵，如测试图 3.5 所示。在窗体的代码窗口中，已给出了部分程序，这个程序不完整，请把它补充完整，并能正确运行。

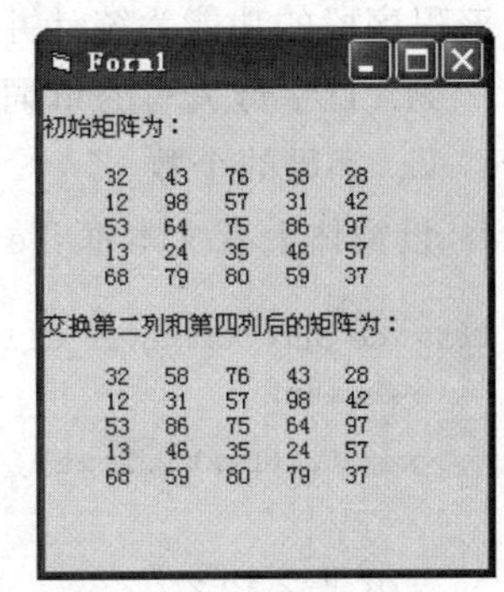

测试图 3.5 综合操作题的窗体

要求：去掉程序中的注释符，把程序中的 ? 改为正确的内容(可以是多行)，使其实现上述功能，但不能修改程序中的其他部分。最后把修改后的文件按原文件名存盘。

试 题 4

一、选择题

1. Visual Basic 窗体设计器的主要功能是________。

A. 画图　　　　B. 编写源程序代码

C. 建立用户界面　　　　D. 显示文字

2. 程序运行时，当用鼠标单击滚动条两端的箭头按钮时，不会产生的结果是________。

A. 改变 Value 属性的值　　　　B. 激活 Scroll 事件

C. 激活 Change 事件　　　　D. 滚动框移动

3. 已知文本框 Text1 中输入了一篇英文短文，并编写了如下程序段：

```
Str_x=Text1.Text
n=Len(Str_x)
m=0
t=0
For i=1 To n
    w=UCase(Mid(Str_x, i, 1))
    If w >="A" And w <="Z" Then
        If t=0 Then m=m+1
        t=t+1
    Else
        t=0
    End If
Next
Print m
```

该程序段的功能为统计并输出英文短文中________。

A. 首字母大写的单词的个数　　　　B. 大写字母的个数

C. 字母的个数　　　　D. 单词的个数

4. 设窗体上有文本框 Text1 和命令按钮 Command1，并编写了下面的过程：

```
Private Sub Command1_Click()
    ch$=""
    x%=Val(Text1.Text)
    k=2
    For k=2 To x / 2
        If x Mod k=0 Then
            ch=ch & " " & k
        End If
    Next k
    Print ch
End Sub
```

程序运行后，在文本框中输入 28，单击命令按钮，则输出是________。

A. 2　4　7　14

B. 14　7　4　2

C. 2　4　6　8　10　12　14

D. 1　3　5　7　9　11　13

5. 设有如下程序代码：

```
Dim a%
Public b%, c%
Private Sub Form_Click()
    Dim b%
    Print a; b; c
```

```
End Sub
Private Sub Form_Load()
    Dim a%
    a=5
    b=8
    c=10
End Sub
```

运行程序时单击窗体，则在窗体上显示的是________。

A. 0 0 10　　B. 0 8 10

C. 5 8 10　　D. 5 0 10

6. 设有以下程序片段：

```
Public x%
Private y$
Private Sub Command1_Click()
    Dim a
    …
End Sub
Private Sub Command2_Click()
    Static b
    …
End Sub
```

在 Command1_Click 过程中无法访问的变量是________。

A. a　　B. b　　C. x　　D. y

7. 设有如下程序段：

```
Dim x As Integer
x=Val(InputBox("输入变量 x 的值"))
Select Case x
   Case ________
       Print "*"
   Case Else
       Print "#"
End Select
```

以上程序段的功能是：当变量 x 的值在 5 到 10 之间，或者大于 20 时，输出"＊"，其他情况输出"#"，则程序中横线处应填入的内容是________。

A. 5 To 10, Is>20

B. 5−10 Or x>20

C. x>=5 And x <=10 Or x > 20

D. 5 To 10: x>20

8. 编写如下程序代码：

```
Private Sub Command1_Click()
  s="Visual Basic"
  x=Left(s, 1)
  For i=2 To Len(s)
     z=Mid(s, i, 1)
     If z >x Then x=z
  Next i
  Print x
End Sub
```

程序运行后，单击命令按钮 Command1，输出结果为________。

A. a　　B. V　　C. s　　D. u

9. 设 a、b、c 为整型变量，其值分别为 4、5、6。以下程序段的输出结果是________。

```
a=b: b=c: c=a
Print a; b; c
```

A. 5　6　4　　B. 4　5　6

C. 5　6　5　　D. 6　5　4

10. Visual Basic 数据类型中，占用内存最小的是________。

A. Integer　　B. Boolean　　C. Single　　D. Byte

11. 当复选框的 Value 属性值为 1 时，表示________。

A. 该复选框不可用　　B. 该复选框不可见

C. 没有选中该复选框　　D. 选中该复选框

12. 在窗体上画一个名称为 List1 的列表框和一个名称为 Text1 的文本框，然后编写如下两个事件过程：

```
Private Sub Form_Load()
    List1.AddItem "100"
    List1.AddItem "200"
    List1.AddItem "300"
    List1.AddItem "400"
    Text1.Text=""
End Sub
Private Sub List1_DblClick()
    a=List1.Text
    Print a+Text1.Text
End Sub
```

程序运行后，在文本框中输入"500"，然后双击列表框中的"400"，则输出结果为________。

A. 400500　　B. 500400　　C. 900　　D. 0

13. 在窗体上画一个文本框(名称为 Text1)和一个标签(名称为 Label1)，程序运行后，在文本框中每输入一个字符，都会立即在标签中显示文本框中字符的个数。以下可以实现上述操作的事件过程是________。

A. Private Sub Text1_Change()
    Label1. Caption=Str(Len(Text1. Text))
  End Sub

B. Private Sub Text1_Click()
    Label1. Caption=Str(Len(Text1. Text))
  End Sub

C. Private Sub Text1_Change()
    Label1. Caption=Text1. Text
  End Sub

D. Private Sub Label1_Change()
    Label1. Caption=Str(Len(Text1. Text))
  End Sub

14. 以下叙述中,错误的是________

A. 在设计阶段不能调整通用对话框控件的大小

B. 当文本框失去焦点时,触发其 LostFocus 事件

C. 可以将计时器控件的 Enabled 属性设置为 False,使其不能自动触发 Timer 事件

D. 如果文本框的 TabStop 属性值为 False,则不能接收从键盘输入的数据

15. 以下关于图片框控件的说法中,正确的是________。

A. 清空图片框控件中图形的方法之一是将其 Picture 属性的值设置为 Null

B. 可以通过调用图片框的 Print 方法在图片框中输出文本

C. 为使图像能自动适应图片框的大小,应将图片框的 Stretch 属性设置为 False

D. 用 Cls 方法可以清除图片框中装入的图片

16. 当复选框控件被选中(即复选框控件内显示"√"标记)时,其 Value 属性的值为________。

A. 0 B. 1 C. True D. False

17. 使用下列________语句可删除组合框 Combo1 中选定的项。

A. Combo1. RemoveItem Combo1. ListCount−1

B. Combo1. RemoveItem Combo1. Index

C. Combo1. RemoveItem 3

D. Combo1. RemoveItem Combo1. ListIndex

18. 设有一名称为 txtName 的文本框,则下列能使其具有输入焦点的语句是________

A. Focus=True

B. txtName. SetFocus=True

C. txtName. SetFocus

D. txtName=SetFocus

19. 编写如下程序代码：

```
Private Sub Command1_Click()
   Const n=5
   Dim arrx(n)As Integer
   For i=1 To 5
      arrx(i)=i * i
   Next i
   Call swap(arrx(), n)
   For i=1 To n
      Print arrx(i);
   Next
End Sub
Public Sub swap(a()As Integer, k As Integer)
   For i=1 To k / 2
      t=a(i)
      a(i)=a(k-i+1)
      a(k-i+1)=t
   Next
End Sub
```

程序运行后，单击命令按钮 Command1，输出结果为________。

A. 1 4 9 4 1　　B. 4 1 9 25 16

C. 1 4 9 16 25　　D. 25 16 9 4 1

20. 如果在过程 A 中用语句：Call proc(a, b)调用下面的过程

```
Private Sub proc(b As Integer, ByVal a As Integer)
    a=a+1
    b=b * 2
End Sub
```

则调用结束后的结果是________。

A. 过程 A 中变量 b 的值变为原有值的 2 倍

B. 过程 A 中变量 a 的值变为原有值的 2 倍

C. 过程 A 中变量 a 的值变为原有值的 2 倍，b 的值等于原有值加 1

D. 过程 A 中变量 b 的值变为原有值的 2 倍，a 的值等于原有值加 1

21. 以下 Case 子句中错误的是________。

A. Case Is > 10 And Is < 50

B. Case Is > 10

C. Case 0 To 10

D. Case 3, 5, Is > 10

22. 设在程序开始处有语句：Option Base 0，则下面定义的数组中正好有 12 个元素的是________。

A. Dim s%(3 , 2)　　　　B. Dim a%(12)

C. Dim s%(3 , 4)　　　　D. Dim a%(−6 To 6)

23. 在窗体上画一个名称为 Command1 的命令按钮和一个名称为 Text1 的文本框，然后编写以下程序代码：

```
Private Sub sub1(ByRef d(), ByRef m1 As Integer)
  Dim i As Integer
  m1=d(LBound(d))
  For i=LBound(d)+1 To UBound(d)
    If m1 <d(i)Then m1=d(i)
  Next i
Private Sub Command1_Click()
  Dim n1 As Integer
  n1=-1
  Dim data()
  data=Array(10, 20, -20, 50, 15, -5)
  Call sub1(data(), n1)
  Text1.Text=n1
End Sub
```

程序运行过程中，当单击命令按钮 Command1 时，则在文本框 Text1 中显示的结果为________。

A. −5　　B. −1　　C. 0　　D. 50

24. 有以下程序代码：

```
Private Sub Command1_Click()
   Print fun(10), fun(5)
End Sub
Private Function fun(n As Integer)As Integer
   Static t
   For k=1 To n
       t=t+k
   Next k
   fun=t
End Function
```

执行 Command1_Click 过程产生的输出是________。

A. 55　　15　　　　B. 55　　70

C. 15　　55　　　　D. 15　　70

25. 在窗体上画 1 个名称为 CD1 的通用对话框，1 个名称为 Command1 的命令按钮，编写如下 Click 事件过程：

```
Private Sub Command1_Click()
  CD1.FileName=""
  CD1.Filter="所有文件|*.*|所有 jpg 文件|*.jpg|所有 bmp 文件|*.bmp"
```

```
  CD1.FilterIndex=2
  CD1.Action=1
End Sub
```

关于以上代码，正确的叙述是________。

A. 执行以上事件过程，可显示“打开”文件对话框

B. 在出现的对话框中，显示的是所有扩展名为.bmp的文件

C. 语句CD1.Action=1可以等价地改成语句CD1.ShowSave

D. 在出现的对话框中，显示的是所有扩展名为.bmp的文件

26. 设有一名称为mnuBold的下拉菜单项，程序运行时，希望达到如下效果：当第一次单击该菜单项时，其标题左侧显示“√”，当第二次单击该菜单项时，其标题左侧的“√”消失，依此交替进行，……则应在mnuBold_Click事件过程中书写的语句是________。

A. mnuBold.Checked=False

B. mnuBold.Checked=True

C. mnuBold.Checked=Not mnuBold.Checked

D. mnuBold.Checked=IIf(mnuBold.Checked, True, False)

27. 下列与鼠标拖放操作无关的是________。

A. Drag方法　　B. KeyPress事件

C. DragOver事件　　D. DragDrop事件

28. 在窗体上画一个名称为Text1的文本框，然后编写以下事件过程：

```
Private Sub Text1_KeyDown(KeyCode As Integer, Shift As Integer)
  If _______ Then
     Text1.SelStart=0
     Text1.SelLength=Len(Text1.Text)
  End If
End Sub
```

要求程序运行时，若输入焦点在Text1上，按下组合键Ctrl+A可以选取Text1内所有的文本，则在横线处应填入的表达式是________。

A. KeyCode=65 And Shift=2

B. KeyCode="A" And Shift="Ctrl"

C. Text1.KeyCode=65 And Text1.Shift=2

D. Text1.KeyCode="A" And Text1.Shift="Ctrl"

29. 下列关于随机文件的描述中，错误的是________。

A. 每条记录的长度必须相同

B. 每条记录都有一个记录号

C. 数据存取灵活方便，容易修改

D. 只能随机存取

30. 以下叙述中错误的是________。

A. 保存程序时，应分别保存窗体文件和工程文件

B. 打开一个工程文件时,系统自动装入与该工程有关的窗体文件

C. 一个工程中可以包含一个或多个窗体,但不能包含其他模块

D. 标准模块文件的扩展名是 . bas ,工程文件的扩展名是 . vbp

二、基本操作题

请根据以下各小题的要求设计 Visual Basic 应用程序(包括界面和代码)。

(1) 在标题为"列表框"、名称为 Form1 的窗体上画一个名称为 List1 列表框,通过属性窗口输入 4 个列表项:"数学""语文""历史""地理",列表项采用"复选框形式",如测试图 4.1 所示。列表框的宽为 1100,高不限。

注意:存盘时必须存放在考生文件夹下,工程文件名为 sjt1. vbp,窗体文件名为 sjt1. frm。

(2) 在名称为 Form1 的窗体上建立一个名称为"menu1"、标题为"文件"的弹出式菜单,含有三个菜单项,它们的标题分别为"打开""关闭""保存",名称分别为"m1""m2""m3"。再画一个命令按钮,名称为"Command1"、标题为"弹出菜单"。要求:编写命令按钮的 Click 事件过程,使程序运行时,单击"弹出菜单"按钮即可弹出"文件"菜单(如测试图 4.2 所示)。

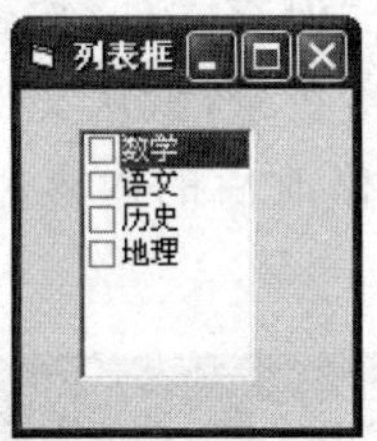

测试图 4.1 基本操作题(1)的列表框

测试图 4.2 基本操作题(2)的窗体

注意:程序中不得使用变量,事件过程中只能写一条语句。存盘时必须存放在考生文件夹下,工程文件名为 sjt2. vbp,窗体文件名为 sjt2. frm。

三、简单应用题

(1) 在考生目录下有一个工程文件 sjt3. vbp,包含了所有控件和部分程序。程序运行时,在文本框中每输入一个字符,则立即判断:若是小写字母,则把它的大写形式显示在标签 Label1 中;若是大写字母,则把它的小写形式显示在 Label1 中;若是其他字符,则把该字符直接显示在 Label1 中。输入的字母总数则显示在标签 Label2 中,如测试图 4.3 所示。

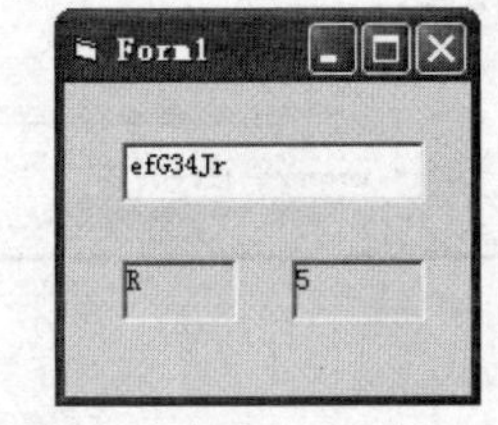

测试图 4.3 简单应用题(1)的窗体

要求:去掉程序中的注释符,把程序中的 ? 改为正确的内容。

注意:不得修改已经存在的程序,最后把修改后的文件按原文件名存盘。

(2) 在考生文件夹下有一个工程文件 sjt4. vbp。窗体中有一个图片框,图片框中有一个名称为 Shape1 的蓝色圆,如测试图 4.4 所示。程序运行时,单击"开始"按钮,圆逐渐

变大(圆心位置不变),当圆充满图片框时则变为红色,并开始逐渐缩小,当缩小到初始大小时又变为蓝色,并再次逐渐变大,如此往复。单击"停止"按钮,则停止变化。文件中已经给出了所有控件和程序,但程序不完整,请去掉程序中的注释符,把程序中的 ? 改为正确的内容。

提示:程序中的符号常量 bule_color 表示蓝色的值,red_color 表示红色的值。

注意:不能修改程序的其他部分和各控件的属性。最后把修改后的文件按原文件名存盘。

测试图 4.4　简单应用题(2)的窗体

四、综合操作题

在考生目录下有一个工程文件 sjt5.vbp,包含了所有控件和部分程序。程序运行时,单击"打开文件"按钮,则弹出"打开"对话框,默认文件类型为"文本文件",默认目录为考生目录。选中 in5.txt 文件,如测试图 4.5(a)所示,单击"打开"按钮,则把文件中的内容读入并显示在文本框(Text1)中;单击"修改内容"按钮,则可把 Text1 中的大写字母"E""N""T"改为小写,把小写字母"e""n""t"改为大写;单击"保存文件"按钮,则弹出"另存为"对话框,默认文件类型为"文本文件",默认目录为考生目录,默认文件为"out5.txt",如测试图 4.5(b)所示,单击"保存"按钮,则把 Text1 中修改后的内容存到 out5.txt 文件中。

(a)

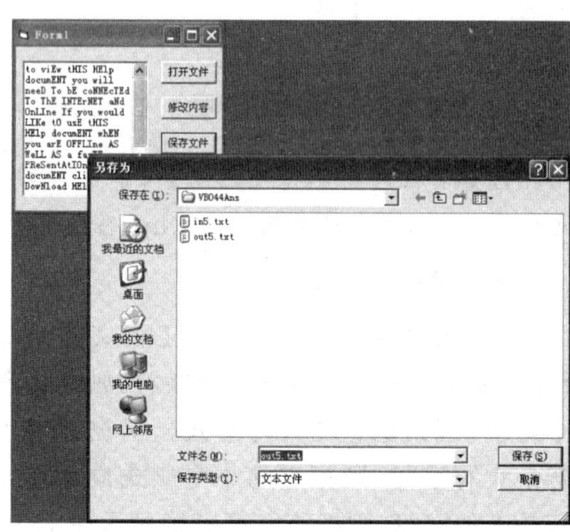

(b)

测试图 4.5　综合操作题的窗体

窗体中已经给出了所有控件和程序,但程序不完整,去掉程序中的注释符,把程序中的 ? 改为正确的内容,并编写"修改内容"按钮的 Click 事件过程。

注意:考生不得修改已经存在的程序。必须把 Text1 中修改后的内容用"保存文件"按钮存储结果,否则无成绩。最后,按原文件名把程序存盘。

试 题 5

一、选择题

1. 在刚建立的EXE工程中，工具箱窗口中没有的控件是________。

   A. 通用对话框　　B. 形状　　C. 图像框　　D. 驱动器列表框

2. 下面说法中错误的是________。

   A. 为使名称为Timer1的计时器控件能每隔2秒触发一次Timer事件，则在程序代码中应写的语句是Timer1.Interval=2000

   B. 可以将计时器控件的Enabled属性设置为False，使其不能触发Timer事件

   C. 为使显示到图像框中的图像能根据图像框的大小自动缩放，则应将图像框的Stretch属性值设置为True

   D. 在设计阶段，把已复制到剪贴板上的图像粘贴到图片框或图像框中，可以将该图片装入图片框或图像框

3. 设a=10，b=5，c=1，执行语句

```
Print a>b>c
```

窗体上显示的是________。

   A. True　　B. False　　C. 1　　D. 出错

4. 设a=2，b=3，c=4，d=5，表达式Not a <=c Or 4 * c=b ^ 2 And b <> a+c的值是________。

   A. −1　　B. 1　　C. True　　D. False

5. 表达式(−1) * Sgn(−100+Int(Rnd * 100))的值是________。

   A. 0　　B. 1　　C. −1　　D. 随机数

6. 设有如下程序段：

```
a$="BeijingShanghai"
b$=Mid(a$, InStr(a$, "g")+1)
```

执行该程序段后，变量b$的值为________。

   A. Shanghai　　B. Beijing

   C. Beijin　　D. BeijingShanghai

7. 下列逻辑表达式中，能正确表示条件“x和y都是奇数”的是________。

   A. x Mod 2=1 Or y Mod 2=0

   B. x Mod 2=0 Or y Mod 2=0

   C. x Mod 2=1 And y Mod 2=1

   D. x Mod 2=0 And y Mod 2=0

8. 下面表达式的值不为5的是________。

   A. 251 \ 100 Mod 10

B. 251 \ 10 Mod 10

C. (251 Mod 100)\ 10

D. Int((251 Mod 100)/ 10)

9. 表达式 Int(Rnd() * 11)+10 的值的范围是________。

A. 整数 0～20(含 0 和 20)

B. 整数 10～20(含 10 和 20)

C. 整数 0～11(含 0 和 11)

D. 整数 10～20(不含 10 和 20)

10. 若变量 P 的值为－3,则－P^2 的值是________。

A. －6　　B. －9　　C. 6　　D. 9

11. 在窗体上画一个名称为 HScroll1 的水平滚动条,其 Min 和 Max 属性分别为 0 和 100。程序运行后,如果用鼠标拖动滚动框,则在拖动过程中显示滚动框的当前值。以下能实现上述操作的事件过程是________。

A.
```
Private Sub HScroll1_Scroll()
    Print HScroll1.Value
End Sub
```

B.
```
Private Sub HScroll1_Change()
    Print HScroll1.Value
End Sub
```

C.
```
Private Sub HScroll1_Click()
    Print HScroll1.Value
End Sub
```

D.
```
Private Sub HScroll1_DblClick()
    Print HScroll1.Value
End Sub
```

12. 在设计阶段,通过属性窗口为命令按钮的 Picture 属性装入一个图形,但没有显示,其原因是________。

A. 没有用按钮的 DisabledPicture 属性装入图形

B. 按钮的 Enabled 属性值为 False

C. 按钮的 Default 属性值为 False

D. 按钮的 Style 属性值为 0

13. 组合框兼有两种控件的特性,这两种控件是________。

A. 标签和文本框　　B. 列表框和文本框

C. 复选框和单选按钮　　D. 标签和列表框

14. 要使图片框 P1 中显示当前路径下的图片文件 img1.jpg,则应使用的语句是________。

A. P1.Picture="img1.jpg"

B. P1.Image="img1.jpg"

C. P1.Picture=LoadPicture("img1.jpg")

D. LoadPicture("img1.jpg")

15. 在窗体上画一个列表框 List1、一个组合框 Combo1 和一个文本框 Text1，编写如下程序代码：

```
Private Sub Form_Load()
    List1.AddItem "111"
    List1.AddItem "222"
    List1.AddItem "333"
    Combo1.AddItem "444"
    Combo1.AddItem "555"
    Combo1.AddItem "666"
    Text1.Text=""
End Sub
```

程序运行后，如果单击窗体，要求在文本框中显示"222555"，以下能实现该操作的事件过程是________。

A. Private Sub Form_Click()
      Combo1.ListIndex=1
      List1.ListIndex=1
      Text1.Text=List1.Text+Combo1.Text
   End Sub

B. Private Sub Form_Click()
      Text1.Text=List1.ListIndex(1)+Combo1.ListIndex(1)
   End Sub

C. Private Sub Form_Click()
      Combo1.ListIndex=2
      List1.ListIndex=2
      Text1.Text=List1.Text+Combo1.Text
   End Sub

D. Private Sub Form_Click()
      Text1.Text=List1.ListIndex(2)+Combo1.ListIndex(2)
   End Sub

16. 窗体上有 1 个名称为 List1、含有 3 个项目的列表框，1 个名称为 Text1 的文本框，以及 1 个 Interval 属性值为 1000 的计时器控件 Timer1。某人编制了以下程序，希望程序运行时，每隔 1 秒，List1 中的 3 个项目能够依次在 Text1 中循环显示。

```
Private Sub Timer1_Timer()
  Dim i As Integer
  Text1.Text=List1.List(i)
  i=i+1
```

```
    If i=List1.ListCount Then
        i=0
    End If
End Sub
```

运行程序，发现有错误。以下正确的修改是________。

A. 将 If 语句的条件修改为 i <=List1. ListCount

B. 将 Interval 属性值改为 100

C. 将语句 Text1. Text=List1. List(i)与 i=i+1 交换位置

D. 将语句 Dim i As Integer 修改为 Static i As Integer

17. 窗体如测试图 5.1 所示。其中装载汽车图案的是 Image1 图像框，直线的名称是 Line1，另有一个定时器，名称为 Timer1。已经编写了下面的程序代码：

测试图 5.1　窗体

```
Private Sub Form_Click()
    Timer1.Enabled=True
End Sub
Private Sub Form_Load()
    Timer1.Enabled=False
    Timer1.Interval=100
End Sub
Private Sub Timer1_Timer()
    If Image1.Left+Image1.Width<Line1.X1 Then
        Image1.Left=Image1.Left+50
    End If
End Sub
```

关于这个程序，下面的说法中正确的是________。

A. 程序运行时单击窗体，则汽车每隔 0.1 秒向右移动一次，车头到达右边直线时停止

B. 程序一运行，汽车就开始每隔 0.1 秒向右移动一次，车头到达右边直线时停止

C. 程序运行时单击窗体，则汽车每隔 0.1 秒向右移动一次，车中心到达右边直线时停止

D. 程序一运行，汽车就开始每隔 0.1 秒向右移动一次，车中心到达右边直线时停止

18. 对于命令按钮，下列说法中正确的是________。

A. 支持 DblClick 事件

B. Default 属性设置为 True 时，表示按 Esc 键与单击该命令按钮作用相同

C. Cancel 属性设置为 True 时，表示按 Enter 键与单击该命令按钮作用相同

D. 通过 Picture 属性可以给命令按钮指定一个图形

19. 在窗体上画一个名称为 Command1 的命令按钮，并编写如下程序代码：

```
Private Const NUM As Integer=10
Private Sub Command1_Click()
    Dim a As Integer, b As Integer
    a=1
    b=NUM
    Do Until b >NUM
        a=a * NUM
        b=b+1
    Loop
    Print a
End Sub
```

则当程序运行时,单击 Command1 后,在窗体上的输出结果是________。

A. 10　　B. 1　　C. 21　　D. 100

20. 在窗体上画一个名称为 Command1 的命令按钮,然后编写如下程序代码:

```
Option Base 1
Private Sub Command1_Click()
  Dim a(5)As String
  Dim i As Integer
  Dim b As Variant
  For i=LBound(a)To UBound(a)
     a(i)=Chr(Asc("a")+(26-i))
  Next i
  For Each b In a
     Print b;
  Next
End Sub
```

程序运行时,单击 Command1,则输出结果是________。

A. 12345　　B. abcde　　C. zyxwv　　D. 出错

21. 在窗体上有一个 Picture1 图片框,没有加载图片,在当前文件夹下有一个位图文件 pic02.bmp,并有下面的程序代码:

```
Dim HasPic As Boolean
Private Sub Picture1_Click()
    If HasPic Then
        Picture1.Picture=LoadPicture("")
    Else
        Picture1.Picture=LoadPicture("pic02.bmp")
    End If
    HasPic=Not HasPic
End Sub
```

关于这个程序运行时,下面叙述中正确的是________。

A. 第一次单击图片框,会在其中显示一个图片,再单击图片框,则删除图片

B. 第一次单击窗体,会在图片框中显示一个图片,再单击窗体,则删除图片

C. 第一次单击图片框,会清空图片框,再单击图片框,则在其中显示一个图片

D. 第一次单击窗体,会清空图片框,再单击窗体,则在图片框中显示一个图片

22. 在窗体上画一个名称为 Command1 的命令按钮和一个名称为 Label1 的标签,然后编写如下程序代码:

```
Option Base 0
Private Sub Command1_Click()
    Dim a(5)As Integer, n As Integer
    For i=0 To 5
        a(i)=i
        n=n+a(i)
    Next i
    Label1=n
End Sub
```

运行程序,单击命令按钮,在标签中显示的内容是________。

A. 5　　B. 10　　C. 15　　D. 20

23. 如果将数组名作为函数调用的实参,则传递给形参的是________。

A. 数组全部元素的值　　B. 数组最后一个元素的值

C. 数组第一个元素的值　　D. 数组第一个元素的地址

24. 设窗体上有一个名称为 Option1 的单选按钮数组(其下标从 0 开始),共有 4 个单选按钮,并有下面的事件过程:

```
Private Sub Option1_Click(Index As Integer)
    n=Index
    If Index <3 Then n=n+1
    Print Option1(n).Caption
End Sub
```

程序运行时,单击其中一个单选按钮,则在窗体上显示的是________。

A. 被选中单选按钮的下一个按钮的标题,但如果选中的是最后一个,则显示最前面一个单选按钮的标题

B. 被选中单选按钮的下一个按钮的标题,但如果选中的是最后一个,则显示该单选按钮的标题

C. 被选中的单选按钮的标题

D. 被选中单选按钮的上一个按钮的标题,但如果选中的是最前面的一个,则显示最后面按钮的标题

25. 设有如测试表 5.1 所列的菜单结构。

测试表 5.1　菜单结构

标题	名　称	层次
显示	appear	1
大图标	bigicon	2
小图标	smallicon	2

要求程序运行后，如果单击菜单项"大图标"，则在该菜单项前添加一个"√"。以下正确的事件过程是________。

A.
```
Private Sub bigicon_Click()
    bigicon.Checked=True
End Sub
```
B.
```
Private Sub bigicon_Click()
    Me.appear.bigicon.Checked=True
End Sub
```
C.
```
Private Sub bigicon_Click()
    bigicon.Checked=False
End Sub
```
D.
```
Private Sub bigicon_Click()
    appear.bigicon.Checked=True
End Sub
```

26. 以下叙述中错误的是________。
    A. 下拉式菜单和弹出式菜单都用菜单编辑器建立
    B. 如果把一个菜单项的 Enabled 属性设置为 False，则该菜单项不可见
    C. 在菜单标题中，由"&"所引导的字母指明了该菜单项的访问键
    D. 如果要在菜单中添加一条分隔线，则应将该菜单项的 Caption 属性设置为"-"

27. 窗体上有 Text1、Text2 两个文本框，并有以下过程：

```
Private Sub Text1_KeyDown(KeyCode As Integer, Shift As Integer)
    Dim ch As String
    ch=LCase(Chr(KeyCode))
    Text2.Text=Chr(Asc(ch)+2)
End Sub
```

程序运行时，在 Text1 中输入了字母"D"，则 Text2 中显示的是________。

A. d　　B. D　　C. f　　D. F

28. 设窗体上有一个标签 Label1，并编写了下面的过程：

```
Private Sub Form_MouseMove(Button As Integer, Shift As Integer, X As Single, Y As
Single)
```

```
    If Button=1 Then
      Label1="X=" & X & "   Y=" & Y
    End If
End Sub
```

程序运行后的效果是________。

A. 当按下鼠标左键并移动鼠标时,鼠标的位置坐标会同步显示在标签中

B. 当按下鼠标右键并移动鼠标时,鼠标的位置坐标会同步显示在标签中

C. 当移动鼠标时,鼠标的位置坐标会同步显示在标签中

D. 当按下鼠标左键时,鼠标的位置坐标会同步显示在标签中

29. Visual Basic 的窗体文件(.frm 文件)是一个文本文件,它________。

A. 不能作为 Visual Basic 的数据文件来访问

B. 可以当作随机文件读取

C. 既可当作顺序文件读取也可当作随机文件读取

D. 可以当作顺序文件读取

30. 在一个有若干个整数的顺序文件中查找一个数(这个数从文本框中输入),找到后在标签 Label1 中显示该数是文件中第几个数;如果没找到,则显示文件中没有该数的信息:

```
Private Sub Command1_Click()
    Dim x As Integer, n As Integer
    a=Val(Text1.Text)
    Open "file1.txt" For Input As #1
    Do While Not EOF(1)
        Input ________
        n=n+1
        If x=a Then
            Label1.Caption=a & "是文件中第" & n & "个数"
            Close #1
            Exit Sub
        End If
    Loop
    Close #1
    Label1.Caption="文件中没有" & a
End Sub
```

要使上面的程序代码实现上述功能,在横线处应填写的是________。

A. ＃1, x　　B. ＃1, a　　C. 1, a　　D. 1, n

二、基本操作题

请根据以下各小题的要求设计 Visual Basic 应用程序(包括界面和代码)。

(1) 在名称为 Form1 的窗体上画一个名称为 Pic 的图片框,通过属性窗口将考生文件夹下的文件 Tu1－1.jpg 添加到图片框,然后编写适当的事件过程。运行程序时,单击

窗体,在图片框中显示“VB 等级考试”,如测试图 5.2 所示。

注意:要求程序中不得使用变量,事件过程中只能写一条语句。存盘时必须存放在考生文件夹下,工程文件名为 sjt1.vbp,窗体文件名为 sjt1.frm。

(2) 在名称为 Form1 的窗体上画一个名称为 Command1 的命令按钮,标题为“命令按钮”。然后建立一个菜单,标题为“控件”,名称为 menu,包含两个子菜单项,一个是“显示命令按钮”,名称为 subMenu1;另一个是“隐藏命令按钮”,名称为 subMenu2,如测试图 5.3 所示。编写适当的事件过程,使得程序运行时,如果选择“显示命令按钮”菜单命令,则显示命令按钮控件;而如果选择“隐藏命令按钮”菜单命令,则隐藏命令按钮控件。

测试图 5.2 基本操作题(1)的窗体

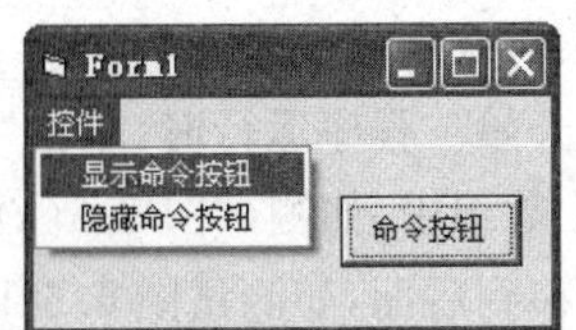

测试图 5.3 基本操作题(2)的窗体

注意:程序中不得使用变量,每个事件过程中只能写一条语句。存盘时必须存放在考生文件夹下,工程文件名为 sjt2.vbp,窗体文件名为 sjt2.frm。

三、简单应用题

(1) 在考生文件夹下有一个工程文件 sjt3.vbp,运行情况如测试图 5.4 所示。程序的功能是计算表达式的值:z=(x−2)!+(x−3)!+(x−4)!+…+(x−n)!。

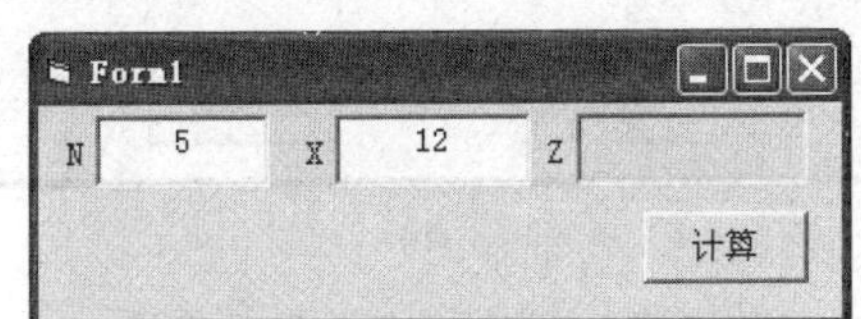

测试图 5.4 简单应用题(1)的窗体

其中的 n 和 x 值通过键盘分别输入到两个文本框 Text1、Text2 中。单击名称为 Command1、标题为“计算”的命令按钮,则计算表达式的值,并将计算结果显示在名称为 Label1 的标签中。

在窗体文件中已经给出了全部控件和程序,但程序不完整,请去掉程序中的注释符,把程序中的?改为正确内容。

要求:程序调试通过后,必须按照如测试图 5.4 所示输入 n=5,x=12,然后计算 z 的值,并将计算结果显示在标签 Label1 中,否则没有成绩。

注意:不能修改程序的其他部分和控件属性。最后把修改后的文件按原文件名存盘。

(2) 在考生文件夹下有一个工程文件 sjt4. vbp。窗体上有名称为 Label1 的标签和名称为 Timer1 的计时器控件。该程序的功能是在名称为 Label1 的标签中循环显示不同的字符串。程序开始运行，在标签中显示“第一项”(如测试图 5.5 所示)，且每隔 1 秒钟依次显示“第二项”“第三项”“第四项”，如此循环。在给出的窗体文件中已经有了全部控件和程序，但程序不完整，要求去掉程序中的注释符，把程序中的 ? 改为正确的内容。

测试图 5.5 简单应用题(2)的窗体

注意：不能修改程序的其他部分和控件属性。最后把修改后的文件按原文件名存盘。

四、综合操作题

在考生文件夹下有一个工程文件 sjt5. vbp。其窗体中有一个名称为 Text1 的文本框数组，下标从 0 开始。程序运行时，单击“产生随机数”按钮，就会产生 10 个三位数的随机数，并放入 Text1 数组中，如测试图 5.6(a)所示；单击“重排数据”按钮，将把 Text1 中的奇数移到前面，偶数移到后面，如测试图 5.6(b)所示。文件中已经给出了所有控件和部分程序。

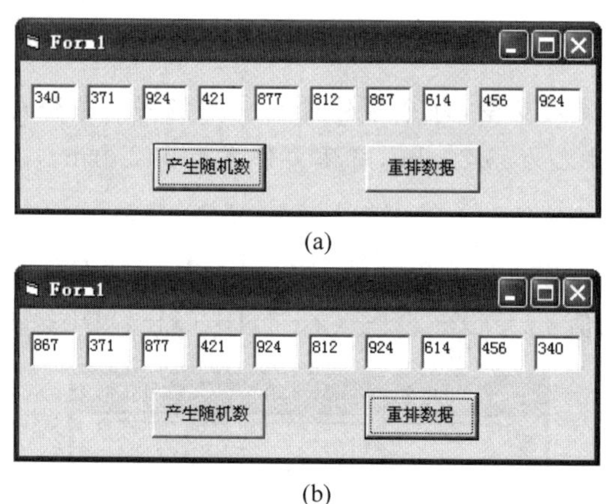

(a)

(b)

测试图 5.6 综合操作题的窗体

要求：请去掉程序中的注释符，把程序中的 ? 改为正确的内容，使其能正确运行，不能修改程序的其他部分和控件属性。最后把修改后的文件按原文件名存盘。

提示：在“重排数据”按钮的事件过程中有对其算法的文字描述，请仔细阅读。

试 题 6

一、选择题

1. 下列不能作为“容器”(即可以在其中放置其他控件)的是________。

   A. 图片框　　B. 窗体　　C. 框架　　D. 组合框

2. 下列各声明语句中错误的是________。

A. Dim Test As String="计算机等级考试"

B. Const Country="English"

C. Public Sum As Integer

D. Static v1

3. 设窗体上有一个名称为 Text1 的文本框，要求在文本框中输入的字母都变成大写，下面可以实现这一功能的事件过程是________。

A. Private Sub Text1_KeyPress(KeyAscii As Integer)
   KeyAscii=Asc(UCase(Chr(KeyAscii)))
   End Sub

B. Private Sub Text1_KeyPress(KeyAscii As Integer)
   KeyAscii=UCase(KeyAscii)
   End Sub

C. Private Sub Text1_KeyPress(KeyAscii As Integer)
   KeyAscii=KeyAscii+1
   End Sub

D. Private Sub Text1_Change()
   KeyAscii=UCase(KeyAscii)
   End Sub

4. 设 a=4,b=5,c=6,执行语句

```
Print a<b And b<c
```

窗体上显示的是________。

A. False　　B. True　　C. 出错信息　　D. 0

5. 以下说法中，正确的是________。

A. 利用关系表达式 x/2=Int(x/2)不能判断变量 x 的值为偶数

B. 表达式-10 Mod 3 的值为 1

C. 表达式 Int(Rnd())的值是 0

D. 表达式 Chr(Asc("A"))=UCase("a")的值为 False

6. 设有如下的记录类型：

```
Private Type Employee
  num As String
  name As String
End Type
```

则下列语句中正确的是________。

A. Dim e As Employee

B. Employee. name="Tom"

C. Dim e As Type Employee

D. Dim e As Employee="1001" & "John"

7. Visual Basic 中，日期“1999 年 6 月 18 日”的表达形式为________。

A. {6/18/1999}　　B. {1999/6/18}

C. 1999/6/18　　D. #6/18/1999#

8. 执行语句 Print Sgn(－2^3)＋Abs(Int(－12.2)Mod 100\Sqr(100))的输出结果为________。

A. 1　　B. 2　　C. 3　　D. 4

9. 执行语句 S＝Len(Mid("VisualProgram", 6))后，S 的值为________。

A. 8　　B. 13　　C. Visual　　D. Program

10. 在窗体上画一个名称为 Command1 的命令按钮，然后编写如下事件过程：

```
Private Sub Command1_Click()
    Move 500, 500
End Sub
```

程序运行后，单击命令按钮，产生的结果为________。

A. 将命令按钮移动到距窗体左边界、上边界各 500 的位置

B. 将窗体移动到距屏幕左边界、上边界各 500 的位置

C. 将命令按钮向左、上方向各移动 500

D. 将窗体向左、上方向各移动 500

11. 下列叙述中错误的是________。

A. 图片框可以作为控件的容器

B. 文本框控件支持 Change 事件

C. 可以使用 Print 方法在图片框上输出文字

D. 由于直线控件没有 Move 方法，所以直线控件在运行阶段不能移动

12. 用于设置计时器事件产生间隔的属性是________。

A. Index　　B. Value　　C. Tag　　D. Interval

13. 设形状控件的 Width 与 Height 属性的值相等。下面叙述中正确的是________。

A. 呈现的图形一定不是矩形

B. 呈现的图形一定是正方形

C. 呈现的图形一定是圆

D. 上述都是错误的

14. 设窗体上有 2 个框架，每个框架中有若干个单选按钮，下面叙述中正确的是________。

A. 如果某个框架的 Enabled 属性为 False，则里面的单选按钮一定都是未选中状态

B. 窗体上所有单选按钮中只有一个可以被选中

C. 每个框架中都有一个单选按钮可以被选中

D. 如果某个框架的 Enabled 属性为 True，则里面单选按钮的 Enabled 属性也都为 True

15. 列表框控件 List1 中已有若干个列表项，以下能表示被选中列表项内容的表达式是________。

A. List1. ListIndex

B. List1. List(List1. ListIndex)

C. List1(List1. ListIndex)

D. List1. List(ListIndex)

16. 窗体上有一个文本框 Text1 和一个水平滚动条 HScroll1，且 HScroll1 的 Min 和 Max 属性值分别为 10 和 40。程序运行后，如果移动 HScroll1 的滚动框，则文本框 Text1 中的文字大小随着滚动框位置的变化同步改变。以下能实现上述操作的过程是________。

A.
```
Private Sub HScroll1_Change()
    Text1.FontSize=HScroll1.Value
End Sub
```

B.
```
Private Sub HScroll1_Change()
    Text1.FontSize=HScroll1.Caption
End Sub
```

C.
```
Private Sub HScroll1_Click()
    Text1.FontSize=HScroll1.Value
End Sub
```

D.
```
Private Sub HScroll1_Click()
    Text1.FontSize=HScroll1.Caption
End Sub
```

17. 在计时器控件中，Interval 属性的作用是________。

A. 设置产生计时器事件的间隔

B. 决定是否响应用户的操作

C. 决定计时器事件产生的次数

D. 设置计时器与窗体上边界之间的距离

18. 下列关于工具箱的说法正确的是________。

A. ActiveX 控件不能添加到工具箱中

B. 工具箱中控件的数目是固定不变的

C. 工具箱包含了所有的 Visual Basic 控件

D. Visual Basic 的内部控件不能从工具箱中移除

19. 假定通过复制、粘贴操作建立了一个命令按钮数组 Command1，以下说法中错误的是________。

A. 数组中所有按钮共用同一个 Click 事件过程

B. 数组中每个按钮的名称(Name 属性的值)均为 Command1

C. 若未做修改，数组中所有按钮的外观相同

D. 若未做修改，数组中每个按钮的同一属性的值都相同

20. 下列说法中正确的是________。

   A. 用 Erase 语句可以清除静态数组中各元素的值，但不释放其所占的内存空间

   B. 当按下键盘上任意键时都会触发 KeyPress 事件

   C. 语句 Dim x[1 To 5] As Double 能够定义一个一维数组 x

   D. 用 Array 函数可以对任何数组初始化

21. 在窗体上画一个名称为 Command1 的命令按钮，然后编写如下事件过程：

```
Private Sub Command1_Click()
    Dim i As Integer
    Dim num As Integer
    Dim n As Integer
    n=0
    Randomize
    For i=1 To 10
        num=Int(Rnd * 10)+1
        Select Case num Mod 2
          Case 1
              Exit For
          Case 0
              Print num
              n=n+1
        End Select
    Next i
    Print "n="; n
End Sub
```

下面有关描述中正确的是________。

   A. 变量 n 的作用是累计自过程运行开始到结束所产生的偶数个数

   B. 当 num 的值为偶数时，则 For 循环将被终止

   C. 程序运行过程中，变量 num 共被赋值 10 次

   D. num 的值是 1～11 之间的整数

22. 在窗体上画一个名称为 Command1 的命令按钮，然后编写如下程序代码：

```
Option Base 1
Dim arr()As Integer
Private Sub Command1_Click()
  Dim i As Integer, j As Integer
  Dim s As Integer
  ReDim arr(4, 2)
  s=0
  For i=1 To 3
    For j=1 To 2
        arr(i, j)=i+j
    Next j
```

```
    Next i
    ReDim Preserve arr(4, 4)
    For j=3 To 4
        arr(3, j)=j+10
    Next j
    For i=1 To 4
        s=s+arr(i, i)
    Next i
    Print s
End Sub
```

程序运行过程中，当单击 Command1 时，输出结果为________。

A. 0　　B. 18　　C. 19　　D. 程序出错

23. 在定义通用过程时，可以通过两种方式传送参数，其中传值方式所使用的关键字是________。

A. ByDef　　B. ByVal　　C. Var　　D. ByValue

24. 已知过程定义的首行为 Sub sum(a As Integer, b As Integer)，则下面过程调用语句中正确的是________。

A. Call sum(x; y)　　B. sum x; y

C. sum(x, y)　　D. sum x, y

25. 下列关于菜单的描述中错误的是________。

A. 菜单项没有 Value 属性

B. 某菜单项是否显示为一个分隔条，取决于它的 Caption 属性

C. 当某菜单项的 Visible 属性为 False 时，它的子菜单也不会显示

D. 菜单项的所有属性都不能在程序运行中修改

26. 为了在程序运行时弹出一个菜单，程序中应使用________。

A. 窗体的 PopupMenu 方法　　B. 窗体的 Show 方法

C. 窗体的 ShowMenu 方法　　D. 所单击控件的 PopupMenu 方法

27. 决定对象拖放模式的属性是________。

A. DragDrop　　B. DragIcon　　C. DragMode　　D. DragOver

28. 下列关于键盘事件的说法中，正确的是________。

A. KeyDown 和 KeyUp 的事件过程中有 KeyAscii 参数

B. 按下键盘上的任意一个键，都会引发 KeyPress 事件

C. 大键盘上的"1"键和数字键盘上的"1"键的 KeyCode 码相同

D. 大键盘上"4"键的上档字符是"$"，当同时按下 Shift 和大键盘上的"4"键时，KeyPress 事件过程的 KeyAscii 参数值是"$"的 ASCII 值

29. 窗体上有一个名称为 Text1 的文本框，要求在获得焦点时选中文本框中的所有内容，以下能实现该功能的事件过程是________。

A. Private Sub Text1_Change()

　　Text1.SelStart=0

```
        Text1.SelLength=Len(Text1.Text)
    End Sub
```

B. Private Sub Text1_LostFocus()

```
        Text1.SelStart=0
        Text1.SelLength=Len(Text1.Text)
    End Sub
```

C. Private Sub Text1_GotFocus()

```
        Text1.SelStart=0
        Text1.SelLength=Len(Text1.Text)
    End Sub
```

D. Private Sub Text1_SetFocus()

```
        Text1.SelStart=0
        Text1.SelLength=Len(Text1.Text)
    End Sub
```

30. 设有如下程序代码：

```
Private Sub Command1_Click()
  Dim Sname As String, SNo As String, Score As Single
  Open "D:\Score.txt" ________ As #1
  SNo=InputBox("输入学号:")
  Sname=InputBox("输入姓名:")
  Score=Val(InputBox("输入成绩:"))
  Print #1, SNo, Sname, Score
  Close #1
End Sub
```

以上程序的功能是：向文件 D:\Score.txt 中写入一名同学的学号、姓名和成绩，当文件不存在时，则新建该文件；当文件存在时，则覆盖原文件的内容。在横线处应填入的内容是________。

A. For Input　　　　B. For Output

C. For OverWrite　　　　D. For Random

二、基本操作题

请根据以下各小题的要求设计 Visual Basic 应用程序（包括界面和代码）。

（1）在名称为 Form1 的窗体上画一个名称为 Picture1 的图片框（PictureBox），高、宽均为 1000。在图片框内再画一个有边框的名称为 Image1 的图像框（Image）。并通过属性窗口把考生目录下的图标文件 POINTl1（香蕉图标）装入图像框 Image1 中，如测试图 6.1 所示。

注意：存盘时必须存放在考生文件夹下，工程文件名为 sjt1.vbp，窗体文件名为 sjt1.frm。

（2）在名称为 Form1 的窗体上画一个名称为 Command1、标题为“保存文件”的命令

测试图 6.1 基本操作题(1)的窗体

按钮,再画一个名称为 CommonDialog1 的通用对话框。

要求:

① 通过属性窗口设置适当的属性,使得运行时对话框的标题为"保存文件",且默认文件名为 out2;

② 运行时单击"保存文件"按钮,则以"保存对话框"方式打开该通用对话框。如测试图 6.2 所示。

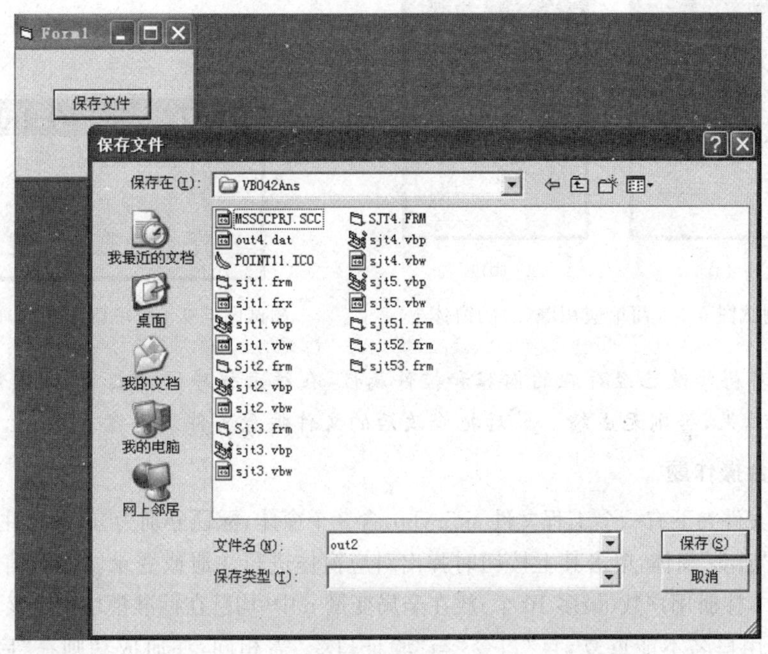

测试图 6.2 基本操作题(2)的"保存文件"对话框

注意:要求程序中不能使用变量,每个事件过程中只能写一条语句。保存时必须存放在考生文件夹下,工程文件名为 sjt2.vbp,窗体文件名为 sjt2.frm。

三、简单应用题

(1) 在考生目录下有一个工程文件 sjt3.vbp。窗体上有个钟表图案,其中代表指针的直线的名称是 Line1,还有一个名称为 Label1 的标签,以及其他一些控件,如测试图 6.3(a)所示。在运行时,若用鼠标左键单击圆的边线,则指针指向鼠标单击的位置,如测试图 6.3(b)所示;若用鼠标右键单击圆的边线,则指针恢复到起始位置,如测试图 6.3(a)所示;若鼠标左键或右键单击其他位置,则在标签上显示"鼠标位置不对"。文件中已经给出了所有控件和程序,但程序不完整,请去掉程序中的注释符,把程序中的 ? 改为正确的内容。程序中的 oncircle 函数的作用是判断鼠标单击的位置是否在圆的边线上(判断结果略有误差),是则返回 True,否则返回 False。符号常量 x0、y0 是圆心距窗体左上角的距离;符号常量 radius 是圆的半径。

注意:不能修改程序中的其他部分和各控件的属性。最后把修改后的文件按原文件名存盘。

(2) 在考生目录下有一个工程文件 sjt4.vbp,窗体如测试图 6.4 所示。其功能是单击"输入数据"按钮,则可输入一个整数 n(要求: 8≤n≤12);单击"计算"按钮,则计算 1!+2!+3!+…+n!,并将计算结果显示在文本框中;单击"存盘"按钮,则把文本框中的结果保存到考生目录下的 out4.dat 文件中。文件中已经给出了所有控件和程序,但程序不完整,请去掉程序中的注释符,把程序中的 ? 改为正确的内容,并编写"计算"按钮的 Click 事件过程。

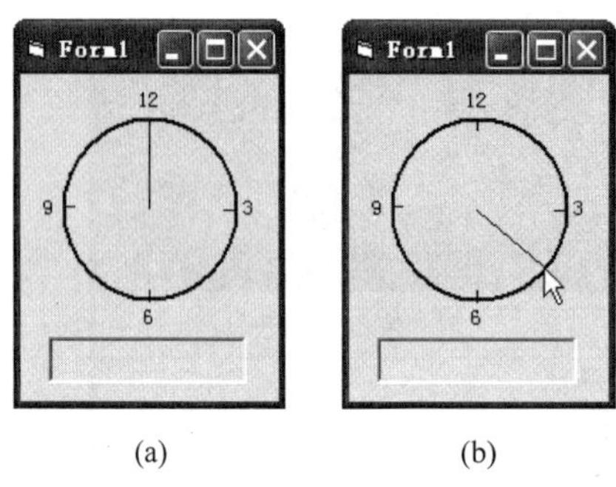

(a) (b)

测试图 6.3 简单应用题(1)的窗体

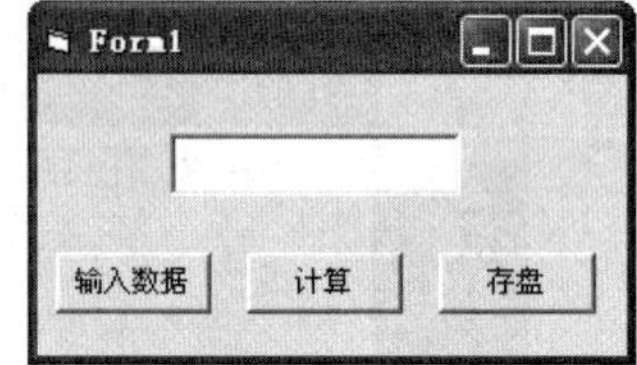

测试图 6.4 简单应用题(2)的窗体

注意:不得修改已经存在的内容和控件属性,在结束程序运行之前,必须用"存盘"按钮存储计算结果,否则无成绩。最后把修改后的文件按原文件名存盘。

四、综合操作题

在考生文件夹下有一个工程文件 sjt5.vbp,含 3 个窗体,标题分别为"启动""注册""登录",运行时显示"启动"窗体,单击其上按钮时弹出对应窗体进行注册或登录。注册信息放在全局数组 users 中,注册用户数(最多 10 个)放在全局变量 n 中(均已在标准模块中定义)。

注册时用户名不能重复,且"口令"与"验证口令"需相同,注册成功则在"启动"窗体的标签中显示"注册成功",否则显示相应错误信息。登录时,检验用户名和口令,若正确,则在"启动"窗体的标签上显示"登录成功",否则显示相应错误信息。标准模块中函数 finduser 的功能是:在 users 数组中搜索用户名(即参数 ch),找到则返回该用户名在 users 中的位置,否则返回 0。已经给出了所有控件和程序,但程序不完整,请去掉程序中的注释符,把 Form2、Form3 窗体文件中的 ? 改为正确的内容。

注意:不得修改已经存在的程序和控件的属性,最后程序按原文件名存盘。

附录　答案解析

试　题　1

一、选择题

1. D　2. A　3. A　4. C　5. C　6. D　7. D　8. C　9. C　10. B
11. C　12. A　13. C　14. A　15. A　16. B　17. B　18. C　19. D　20. C
21. B　22. A　23. C　24. B　25. D　26. B　27. A　28. D　29. A　30. A

二、基本操作题

(1)【审题分析】本题只需按题目要求画出含三个元素的按钮数组,并分别设置Caption属性。

【操作步骤】

步骤1:新建一个"标准EXE"工程,如附表1.1在窗体中用"复制"和"粘贴"画出控件数组并设置属性。

附表1.1　控件的属性和值(试题1基本操作题(1))

对　象	属　性	值
窗体	Name	Form1
	Caption	按钮窗口
命令按钮1	Name	Command1
	Index	0
	Caption	是
	Width	800
	Height	300
命令按钮2	Name	Command1
	Index	1
	Caption	否
	Width	800
	Height	300

续表

对　　象	属　　性	值
命令按钮 3	Name	Command1
	Index	2
	Caption	取消
	Width	800
	Height	300

步骤 2：按要求将文件保存至考生文件夹中。

【主要考点】控件数组画法。

(2)【知识点拨】形状控件(Shape)提供了显示一些规则图形的简易方法。通过设置形状控件 Shape 属性值，可显示 6 种图形：0-矩形、1-正方形、2-椭圆、3-圆、4-圆角矩形、5-圆角正方形。Width 属性用于设置形状的宽度，当形状为圆时即为圆的直径。

【审题分析】要实现本题中的功能，应在“正方形”菜单项的 Click 事件过程中，令 Sha1 的 Shape 属性为 1，在“圆形”菜单项的 Click 事件过程中，令 Sha1 的 Shape 属性为 3。

【操作步骤】

步骤 1：新建一个“标准 EXE”工程，在窗体 Form1 中画一个名为 Sha1 的形状控件。

步骤 2：执行“工具”→“菜单编辑器”命令，打开菜单设计器，如附表 1.2 中的设置建立菜单项。

附表 1.2　建立菜单项(试题 1 基本操作题(2))

标　题	名　称	内缩符号
形状	Shape0	0
正方形	Shape1	1
圆形	Shape2	1

步骤 3：打开代码编辑窗口，编写菜单命令的单击事件过程。

参考代码：

```
Private Sub Shape1_Click()
    Me.Sha1.Shape=1
End Sub
Private Sub Shape2_Click()
    Form1.Sha1=3
End Sub
```

步骤 4：按要求将文件保存至考生文件夹中。

三、简单应用题

(1)【知识点拨】①某容器(如窗体和框架)中的单选按钮(OptionButton)组常用于提

供多个选项之间的唯一选择，其 Value 属性用于设置或返回每个单选按钮的选中状态：值为 False 时表示未被选中，值为 True 时表示被选中，其 Caption 属性用来设置或返回单选按钮的标题内容。②分支控制结构是结构化程序设计的基本结构之一，它所要解决的是根据条件判断的结果决定程序执行的流向。选择控制结构就是其中一种，它是由两个分支构成的，就是说，条件要么是真，要么是假，没有其他的选择。在执行结构时按照所指定的条件进行判断并选择其中一组语句来执行。If 语句就是一种选择控制结构，其一般语法为：

```
If 条件 Then
语句块 A
Else
语句块 B
End If
```

功能：判断条件，如果条件为“真”，则执行语句块 A 部分，反之则执行语句块 B 部分。

【审题分析】根据题目要求，在本题的程序设计上，首先以 Op1 是否选中作为 If…Then…Else 语句的条件，由此分出两种情况：Op1 被选中或 Op2 被选中。在条件为真(即 Op1 被选中)时文本框 1 中显示“我是男生”，否则显示“我是女生”；接下来分别判断两个复选框是否选中并相应在文本框 2 上显示内容。以上判断和显示操作均在 C1 的 Click 事件中完成。

【操作步骤】

步骤 1：打开考生文件夹下的本题工程文件 sjt3. vbp。

步骤 2：在窗体 Form1 中加入两个单选按钮和两个复选框，分别设置它们的相关属性，属性及其值如附表 1.3 所示。

附表 1.3　单选按钮和复选框的属性与值(试题 1 简单应用题(1))

对　　象	属　　性	值
单选按钮 1	Name	Op1
	Caption	男生
单选按钮 2	Name	Op2
	Caption	女生
复选框 1	Namc	Ch1
	Caption	体育
复选框 2	Name	Ch2
	Caption	音乐

步骤 3：打开代码编辑窗口输入如下代码：

```
Private Sub C1_Click()
```

```
    Dim a As String
    a="我是"
    If Op1.Value Then
        Text1.Text=a & Op1.Caption
    Else
        Text1.Text=a & Op2.Caption
    End If
    a="我的爱好是"
    If Ch1.Value=1 Then
        Text2.Text=a & Ch1.Caption
        a=Text2.Text
    End If
    If Ch2.Value=1 Then
        Text2.Text=a & Ch2.Caption
    End If
End Sub
```

步骤 4：按 F5 键运行程序，先选中一个单选按钮和至少一个复选框，并单击“确定”按钮，然后单击窗体右上角的关闭按钮结束程序。

步骤 5：按要求将文件保存至考生文件夹中。

(2)【审题分析】要实现本题中的功能，在窗体的 Load 事件过程中，令全局变量 i 的初值为 0，然后设置计时器的 Interval 属性为 1000 并启用计时器；在计时器的 Timer 事件中把列表框的第 i 项显示在标签中，接下来令 i+1，一旦 i 超过了 3 就将其重新置 0 以便实现循环显示。

【操作步骤】

步骤 1：打开考生文件中的本题工程文件 sjt4. vbp，通过属性窗口向列表框添加 4 个项目，分别是：“第一项”“第二项”“第三项”“第四项”。

步骤 2：在代码编辑窗口，去掉程序中的注释符“'”，将问号“?”改为正确的内容。

参考代码：

```
i=0
Timer1.Interval=1000
Label1.Caption=List1.List(i)
```

步骤 3：按要求将文件保存至考生文件夹中。

四、综合操作题

【审题分析】程序设计思路：在“读数”按钮的单击事件过程中，用 Open 语句以 Input 方式打开数据文件 in5. txt，并用 Input() 函数读出所有字符后显示在文本框中；在“统计”按钮的单击事件过程中，通过 For 循环用 Mid 函数逐一取出文本框中的字符并转换成小写，用 Select Case 语句对取出的字符进行检查，并用窗体数组变量 sum(1)～sum(6) 记录字母 i、j、k、l、m、n 出现的次数。

在“存盘”按钮的单击事件过程中，用 Open 语句以 Output 方式打开数据文件 out5.

txt,并通过 For 循环用 Print #方法逐一将数组中的元素存入该文件。

【操作步骤】

步骤 1: 新建一个“标准 EXE”工程,如附表 1.4 在窗体中画出控件并设置其相关属性。

附表 1.4 控件的属性值(试题 1 综合操作题)

对　　象	属　　性	值
文本框	Name	Text1
	MultiLine	True
	Text	
命令按钮 1	Name	Command1
	Caption	读数
命令按钮 2	Name	Command2
	Caption	统计
命令按钮 3	Name	Command3
	Caption	存盘

步骤 2: 打开代码编辑窗口,编写相应事件过程。

```
Option Base 1
Dim sum(6)As Integer
Private Sub Command1_Click()
  Open App.Path & "\in5.txt" For Input As #1
  Text1.Text=Input(LOF(1), #1)
  Close #1
End Sub
Private Sub Command2_Click()
  For i=1 To 6
      sum(i)=0
  Next i
  If Len(Text1.Text)=0 Then
     MsgBox "请先使用“读数”功能!"
  Else
     For i=1 To Len(Text1.Text)
        c=LCase(Mid(Text1.Text, i, 1))
        Select Case c
           Case "i"
              sum(1)=sum(1)+1
           Case "j"
              sum(2)=sum(2)+1
           Case "k"
```

```
            sum(3)=sum(3)+1
         Case "l"
            sum(4)=sum(4)+1
         Case "m"
            sum(5)=sum(5)+1
         Case "n"
            sum(6)=sum(6)+1
      End Select
   Next i
 End If
End Sub
Private Sub Command3_Click()
 Open App.Path & "\out5.txt" For Output As #1
 For i=1 To 6
    Print #1, sum(i)
 Next i
 Close #1
End Sub
```

步骤 3：按要求将文件保存至考生文件夹中。

试　题　2

一、选择题

1. D　2. B　3. B　4. C　5. C　6. C　7. A　8. A　9. B　10. A
11. D　12. C　13. D　14. A　15. A　16. B　17. D　18. B　19. B　20. C
21. D　22. C　23. C　24. B　25. D　26. B　27. D　28. C　29. D　30. A

二、基本操作题

(1)【审题分析】本题只需按题目要求画出框架和单选按钮，并分别设置其属性。

【操作步骤】

步骤 1：新建一个“标准 EXE”工程，如附表 2.1 在窗体上绘制控件并设置属性。

附表 2.1　控件的属性与值(试题 2 基本操作题(1))

对　象	属　性	值
窗体	Name	Form1
	Caption	测试
框架	Name	Frame1
	Caption	字体
单选按钮 1	Name	Opt1
	Caption	隶书

续表

对　象	属　性	值
单选按钮 2	Name	Opt2
	Caption	宋体

步骤 2：按要求将文件保存至考生文件夹中。

(2)【知识点拨】形状控件的 FillStyle 用于设置其填充样式：1-Transparent—透明、0-Solid—实线、2-Horizontal Line—水平线、3-Vertical Line—垂直线、4-Upward Diagonal—向上对角线、5-DownWard Diag—向下对角线、6-Cross—交叉线、7-Diagonal Cross 对角交叉线，缺省值为 1。

【审题分析】本题需分别在两个命令按钮的 Click 事件过程中，编写设置形状控件 Shape1 的 FillStyle 属性为相应值的语句。

【操作步骤】

步骤 1：新建一个“标准 EXE”工程，如附表 2.2 在窗体中画出控件并设置其相关属性。

附表 2.2　控件的属性与值(试题 2 基本操作题(2))

对　象	属　性	值
形状控件	Name	Shape1
	Shape	3
	Width	1000
命令按钮 1	Name	Command1
	Caption	垂直线
命令按钮 2	Name	Command2
	Caption	水平线

步骤 2：在代码编辑窗口编写两个命令按钮的单击事件过程。

```
Private Sub Command1_Click()
  Shape1.FillStyle=3
End Sub
Private Sub Command2_Click()
  Form1.Shape1.FillStyle=2
End Sub
```

步骤 3：按要求将文件保存至考生文件夹中。

二、简单应用题

(1)【知识点拨】①UCase 函数用于将字符串中小写字母转换为大写字母，原本大写或非字母字符保持不变。②LCase 函数用于将字符串中大写字母转化为小写字母，原本小写或非字母字符保持不变。

【审题分析】本题源程序是在命令按钮的单击事件过程中,用For循环语句和Mid函数逐一取出文本框Text1中的字符后进行判断,如果是小写字母就用UCase函数转换为大写,如果是大写字母就用LCase函数转换为小写,如果不是字母就不用转换,将转换结果显示在文本框Text1中。

【操作步骤】

步骤1:打开考生文件中的本题工程文件sjt3.vbp,在代码编辑窗口,去掉程序中的注释符“'”,将问号“?”改为正确的内容。

```
n%=Asc("a")-Asc("A")
B$=String(1, Asc(B$)+32)
Text1.Text=A
```

步骤2:按要求将文件保存至考生文件夹中。

【主要考点】字符串函数。

第2小题

【审题分析】本题原程序在“插入”按钮的单击事件过程中,用接收到的数据(已赋值给变量num)逐一与数组a中的元素进行比较,若前者小于后者,则用语句Exit For退出循环(此时i指向的位置即为输入数的插入位置)。接着再用一个For循环将数组a中i指向位置之后(含i)的元素(即a(i)~a(60))的值,按从后向前的顺序(即步长为-1)逐个存入数组元素a(61)~a(i+1)中,并在循环结束时,将输入数赋值给a(i),清空文本框后,再用For循环将数组a中的6个元素显示在文本框中。

【操作步骤】

步骤1:打开考生文件中的本题工程文件sjt4.vbp,在代码编辑窗口,去掉程序中的注释符“'”,将问号“?”改为正确的内容。

```
If num <a(i)Then Exit For
For j=60 To i Step-1
a(j+1)=a(j)
a(i)=num
For k=1 To 61
```

步骤2:按要求将文件保存至考生文件夹中。

三、综合操作题

【审题分析】以空格为单词的分隔标志,在For循环中用Mid函数逐一取出变量s中的每个字符,并检查其是否为空格,若不是空格则将该字母作为当前单词的一部分,否则将当前单词的长度累加入一个记录所有单词总长度的变量中(如word_len),用另一个变量(如word_num)记录已有单词个数,并将当前单词的长度与记录单词最长值的变量(如word_max)比较,将两者中的较大值存入该变量中。循环结束后,将表达式CInt((word_len+Len(t))/(word_num+1))的值显示在Text1中,word_max值显示在Text2中。

注意:为防止数据文件的最后一个字符不是空格而导致最后一个单词不在统计之列

的情况，在开始找单词前在变量 s 的最后连上一个空格。

【操作步骤】

步骤 1：打开考生文件夹下的本题工程文件 sjt5.vbp，如附表 2.3 所列在窗体上画出控件并设置它们的相关属性。

附表 2.3　控件的属性与值（试题 2 综合操作题）

对　象	属　　性	值
标签 1	Name	Label1
	Caption	单词的平均长度为
标签 2	Name	Label2
	Caption	单词的最长长度为
文本框 1	Name	Text1
	Text	
文本框 2	Name	Text2
	Text	

步骤 2：打开代码编辑窗口，在指定位置编写“统计”按钮的单击事件过程。

```
Private Sub Command2_Click()
'需考生编写
    n=Len(s): t=""
    Dim word_max As Integer, word_num As Integer, word_len As Integer
    For i=1 To n
        c=Mid(s, i, 1)
        If c <>" " Then
            t=t+c
        Else
            word_len=word_len+Len(t)
            word_num=word_num+1
            If Len(t)>word_max Then
                word_max=Len(t)
            End If
            t=""
        End If
    Next i
    Text1.Text=CInt((word_len+Len(t))/(word_num+1))
    If Len(t)>word_max Then
        word_max=Len(t)
    End If
    Text2.Text=word_max
End Sub
```

步骤 3：按要求将文件保存至考生文件夹中。

步骤 4：按 F5 键运行程序，先单击"读数据"按钮，再单击"统计"按钮，最后单击窗体右上角的关闭按钮结束程序。

试　题　3

一、选择题

1. D　2. D　3. A　4. A　5. B　6. B　7. D　8. D　9. D　10. A
11. A　12. C　13. A　14. C　15. B　16. D　17. C　18. A　19. B　20. A
21. D　22. B　23. A　24. D　25. A　26. C　27. B　28. C　29. B　30. A

二　基本操作题

(1)【审题分析】本题只需按要求画出控件并设置其相应属性即可

【操作步骤】

步骤 1：新建一个"标准 EXE"工程，在窗体 Form1 中画一个标签，并设置它的相关属性，其属性和值如附表 3.1 所示。

附表 3.1　标签的属性与值(基本操作题(1))

对象	属　性	值
标签	Name	Label1
	Caption	计算机等级考试
	FontName	三号
	AutoSize	True
	BorderStyle	1
窗体	Caption	标签

步骤 2：按要求将文件保存至考生文件夹中。

(2)【知识点拨】控件的 TabIndex 属性可设置或返回其在当前窗体中的 Tab 键次序，所谓 Tab 键次序是指按 Tab 键或 Shift+Tab 键时，焦点从一个对象移到另一个的次序。通常在窗体上画控件时，VB 会自动为其分配 Tab 键顺序(Menu、Timer、Data、Image、Line、Shape 等控件除外)，运行时被设置为不可见或无效的控件以及不能接受焦点的控件(如 Frame 和 Label)仍可保持在 Tab 顺序中，但用 Tab 键切换时会跳过这些控件。

【审题分析】根据题意，本题需在滚动条的 Change 事件过程中编写在文本框中输出滚动条当前 Value 值的语句。

【操作步骤】

步骤 1：新建一个"标准 EXE"工程，在窗体 Form1 中画一个命令按钮和一个水平滚动条，在属性设置窗口中设置其相关属性，其属性及值如附表 3.2 所示。

附表 3.2 水平滚动条与文本框的属性与值(试题 3 基本操作题(2))

对象	属性	设置值
水平滚动条	Name	HScroll1
	Max	100
	Min	1
	TabIndex	0
文本框	Name	Text1
	Text	1

步骤 2：打开代码编辑窗口，编写水平滚动条的 Change 事件过程。

```
Private Sub HScroll1_Change()
  Text1.Text=HScroll1.Value
End Sub
```

步骤 3：按要求将文件保存至考生文件夹中。

三、简单应用题

(1)【知识点拨】①形状控件(Shape)提供了显示一些规则图形的简易方法。通过设置形状控件 Shape 属性值，可显示 6 种图形：0-矩形、1-正方形、2-椭圆、3-圆、4-圆角矩形、5-圆角正方形。Width 属性用于设置形状的宽度，当形状为圆时即为圆的直径。②Move 方法用于移动窗体或控件，其语法为：

对象名. Move Left，Top，Width，Height。

【审题分析】本题在计时器的 Timer 事件过程中，Shape1 每次上下移动的距离为 s (值为负向上移动，值为正向下移动，初值为－40)，若 Shape1 向上移动后其 Top 属性值小于或等于 Line1 的 Y1(或 Y2)属性值，则 s 取其相反数，Shape1 向下移动。若 Shape1 向下移动后其 Top 属性值与其 Width 属性值之和大于或等于 Line2 的 Y1(或 Y2)属性值，则 s 再取其相反数，Shape1 向上移动。

窗体加载时，计时器启动，Shape1 开始在 Line1 和 Line2 之间运动。

【操作步骤】

步骤 1：打开考生文件下的本题工程文件 sjt3. vbp，在窗体上两条水平直线间画一个形状控件，并如附表 3.3 设置其属性。

附表 3.3 形状控件的属性和值(试题 3 简单应用题(1))

对象	属性	值
形状控件	Name	Shape1
	Shape	3
	Top	360
	FillStyle	0
	FillColor	&H000000FF&
	BorderColor	&H000000FF&

步骤 2：在代码编辑窗口，去掉程序中的注释符“'”，将问号“?”改为正确的内容。

```
Timer1.Enabled=True
If Shape1.Top <=Lin1.Y1 Then
If Shape1.Top+ Shape1.Height >=Lin2.Y1 Then
```

步骤 3：按要求将文件保存至考生文件夹中。

(2)【知识点拨】调用过程有两种方式：一种是过程名参数 1，参数 2，……；另一种是 Call 过程名(参数 1，参数 2，……)。

【审题分析】本题源程序在“计算”按钮的单击事件过程中，逐一检查组合框中的列表项是否选中，将选中列表项的索引号作为判断依据，根据选中不同的项来调用不同的过程。过程 even 用来求得数组中的偶数平均值，首先预设累加和变量 s=0 以及计数器 n=0，然后通过一个执行 100 次的 For 循环来遍历整个数组，依次判断数组元素是否为偶数，若是偶数则将其加入累加和变量 s 中以及令计数器加 1，循环结束后用累加和除以计数器即得到平均值。同理编写 odd 过程用来求得数组中奇数的平均值，all 过程用来求得数组中所有数的平均值。

【操作步骤】

步骤 1：打开考生文件中的本题工程文件 sjt4. vbp，在代码编辑窗口，编写“计算”按钮的单击事件过程以及三个自定义过程。

```
Private Sub Command2_Click()
    Select Case Combo1.ListIndex
        Case 0
            Text1=even()
        Case 1
            Text1=odd()
        Case 2
            Text1=all()
    End Select
End Sub
Function even()
    Dim s As Single, n As Integer
    s=0
    For k=1 To 100
        If a(k)/ 2=Fix(a(k)/ 2)Then
          s=s+a(k)
          n=n+1
        End If
    Next
    s=s / n
    even=CInt(s)
End Function
Function odd()
```

```
    Dim s As Single, n As Integer
    s=0
    For k=1 To 100
        If a(k)/2<>Fix(a(k)/2)Then
          s=s+a(k)
          n=n+1
        End If
    Next
    s=s/n
    odd=CInt(s)
End Function
Function all()
    Dim s As Single, n As Integer
    s=0
    For k=1 To 100
      s=s+a(k)
    Next
    s=s/100
    all=CInt(s)
End Function
```

步骤2：按要求将文件保存至考生文件夹中。

步骤3：按F5键运行程序，先单击"读数据"按钮，然后选择组合框中的一项再单击"计算"按钮，最后单击窗体右上角的关闭按钮结束程序。

四、综合操作题

【知识点拨】数组是一组具有相同类型和名称的变量的集合。这些变量称为数组的元素，每个数组元素都有一个编号，这个编号叫做下标，我们可以通过下标来区别这些元素。数组元素的个数有时也称为数组的长度。数组定义：定长数组的长度是在定义时就确定的，在程序运行过程中是固定不变的。其定义格式为：

```
Dim 数组名([下界 To]上界)[As 类型名]
```

其中，"下界"和"类型名"是可选的。所谓下界和上界，就是数组下标的最小值和最大值。缺省下界时，默认下界为0。注意：当程序中有Option Base 1语句时，它的作用是限定数组下标的下限默认为1。

【审题分析】本题源程序的大致设计思路是：程序运行后单击窗体，则打开数据文件datain.txt并从中读取数据，并依次存入二维数组Mat(下界为1，上界为5)的各元素中，故第一个？处是定义数组，应改为：Mat(M, N)As Integer；第二个？处是指明打开文件的方式，应改为：For Input；第三个？处是将数据文件中的数据读入并赋值给数组元素，应改为：Input #1,Mat(i, j)；然后用一个嵌套的For循环将数组Mat中的数据在窗体上按5行、5列的矩阵形式显示出来，接着再用一个For循环将数组Mat中第2维下标为2和第2维下标为4的元素对应(即第1维下标一致)交换值，交换值时引入一个中间变量 t,故第 4 个 ? 处是将中间变量 t 的值赋给数组元素 Mat(i,4),应改为:Mat(i,4)=t。最后将交换后的数组 Mat 中的数据,再按 5 行、5 列的矩阵形式在窗体上显示出来。

【操作步骤】

步骤 1:打开本题对应工程文件 sjt5. vbp。

步骤 2:打开代码编辑窗口,去掉程序中的注释符“'”,将问号“?”改为正确的内容。

```
Dim Mat(M, N)As Integer
Open App.Path & "\" & "datain.txt" For Input As #1
Input #1, Mat(i, j)
Mat(i, 4)=t
```

步骤 3:按要求将文件保存在考生文件夹中。

【考试误区】数据的矩阵显示常与二维数组、多重循环一起使用。

试　题　4

一、选择题

1. C　2. B　3. D　4. A　5. A　6. B　7. A　8. D　9. C　10. D
11. D　12. A　13. A　14. D　15. B　16. B　17. D　18. C　19. D　20. B
21. A　22. A　23. D　24. B　25. A　26. C　27. B　28. A　29. D　30. C

二、基本操作题

(1)【审题分析】本题只需按题目要求画出文本框控件并设置其与窗体相应的属性。

【操作步骤】

步骤 1:新建一个“标准 EXE”工程,如附表 4.1 在窗体中画出控件并设置其相关属性。

附表 4.1　控件的属性与值(试题 4 基本操作题(1))

对　象	属　　性	值
窗体	Name	Form1
	Caption	列表框
列表框	Name	List1
	List	数学、语文、历史、地理
	Style	1-Checkbox
	Width	1100

步骤 2:按要求将文件保存至考生文件夹中。

(2)【审题分析】本题的考核要求有两项:①设计菜单命令及其相关属性。②调用打开菜单方法。

本题主要考查对菜单编辑器的操作和调用菜单的 Popupmenu 方法,该方法调用格式为：对象 Popupment 菜单名。

【操作步骤】

步骤 1：新建一个"标准 EXE"工程，执行"工具"→"菜单编辑器"命令，打开菜单设计器，如附表 4.2 中的设置建立菜单项。

附表 4.2 建立菜单项(试题 4 基本操作题(1))

标题	名 称	内缩符号	可见
文件	menu1	0	
打开	m1	1	√
保存	m2	1	√
关闭	m3	1	√

步骤 2：在窗体上画一个名为 Command1，标题为"弹出菜单"的命令按钮，打开代码编辑窗口，编写"弹出菜单"按钮的单击事件过程。

```
Private Sub Command1_Click()
    Form1.PopupMenu menu1
End Sub
```

步骤 3：按要求将文件保存至考生文件夹中。

三、简单应用题

(1)【知识点拨】①UCase 函数用于将字符串中小写字母转换为大写字母，原本大写或非字母字符保持不变。②LCase 函数用于将字符串中大写字母转换为小写字母，原本小写或非字母字符保持不变。③Right 函数用于取出已有字符串最右边指定个数的字符串。

【审题分析】本题源程序在文本框中内容改变时(即 Chage 事件过程中)，通过 Right 函数始终取出其刚输入的字符，若该字符位于大写字母 A～Z 之间，则将其转换成小写字母后显示在标签 Label1 中，记录字母个数的变量 n 增 1；反之，若该字符位于小写字母 a～z 之间，则将其转换成大写字母后显示在标签 Label1 中，记录字母个数的变量 n 增 1；如果以上两种情况均不是，则将该字符直接显示在 Label1 中，最后在标签 Label2 中显示变量 n 的值。

【操作步骤】

步骤 1：打开考生文件中的本题工程文件 sjt3. vbp，在代码编辑窗口，去掉程序中的注释符"'"，将问号"?"改为正确的内容。

```
ch=Right$(Text1.Text, 1)
Label1.Caption=ch
Label2.Caption=n
```

步骤 2：按要求将文件保存至考生文件夹中。

【主要考点】字符串函数。

(2)【知识点拨】形状控件(Shape)提供了显示一些规则图形的简易方法。通过设置形状控件 Shape 属性值,可显示 6 种图形: 0-矩形、1-正方形、2-椭圆、3-圆、4-圆角矩形、5-圆角正方形。Width 属性用于设置形状的宽度,当形状为圆时即为圆的直径。

【审题分析】本题在计时器的 Timer 事件过程中,若 Shape1 填充色为蓝色则需要进行放大,若放大后其 Left 属性值小于或等于 0 则 Shape 的填充色改为红色,并开始缩小。若缩小后其 Left 属性值大于等于原来的大小时再将其填充色改为蓝色,并开始放大。形状的放大缩小通过改变 Left、Top、Width、Height 属性来实现。

单击"开始"按钮,计时器启动,Shape1 开始进行放大缩小活动。

【操作步骤】

步骤 1: 打开考生文件下的本题工程文件 sjt4. vbp,在代码编辑窗口,去掉程序中的注释符"'",将问号"?"改为正确的内容。

```
Timer1.Enabled=True
Shape1.FillColor=red_color
Shape1.Left=Shape1.Left+50
Shape1.Top=Shape1.Top+50
Shape1.FillColor=blue_color
```

步骤 2: 按要求将文件保存至考生文件夹中。

四、综合操作题

【审题分析】根据题目原程序,要使单击"打开文件"按钮时,弹出的"打开"对话框中默认文件类型为"文本文件",需在 Command1_Click 事件过程中将 CommonDialog1 的 FilterIndex 属性值设置为 2。用 Open 语句打开在"打开"对话框中选中的文件应为 CommonDialog1. FileName。文本框中显示的内容应为用 Input 语句从文件中读出的内容,即 s。

在单击"打开文件"按钮时,要弹出"另存为"对话框,需将 CommonDialog1 的 Action 属性值设置为 2。

要在单击"修改文件"按钮时,把 Text1 中的大写字母"E""N""T"改为小写,把小写字母"e""n""t"改为大写,可在"修改内容"按钮的单击事件过程中,通过 For 循环用 Mid 函数逐一取出文本框 Text1 中的每个字符放入一个变量(如 ch)中,假如取出的字符是大写字母"E""N""T",则用 LCase 函数将其转换为小写;若取出的字符是小写字母"e""n""t",则用 UCase 函数将其转换为大写。最后将该变量中的字符用"&"连入一个字符串变量(如 s)中。循环结束时,将 s 的值重新显示在 Text1 中。

【操作步骤】

步骤 1: 打开考生文件中的本题工程文件 sjt5. vbp,在代码编辑窗口,去掉程序中的注释符"'",将问号"?"改为正确的内容。

```
CommonDialog1.FilterIndex=2
Open CommonDialog1.FileName For Input As #1
Text1.Text=s
```

```
CommonDialog1.Action=2
```

步骤 2：按指定位置编写“修改文件”的单击事件过程。

```
Private Sub Command2_Click()
'考生需要编写的程序
  s=""
  str_len=Len(Text1)
  For k=1 To str_len
      ch=Mid$(Text1, k, 1)
      If ch="E" Or ch="N" Or ch="T" Then
         s=s & LCase(ch)
      ElseIf ch="e" Or ch="n" Or ch="t" Then
         s=s & UCase(ch)
      Else
         s=s & ch
      End If
  Next k
  Text1=s
End Sub
```

步骤 3：按要求将文件保存至考生文件夹中。

步骤 4：按 F5 键运行程序，先单击“打开文件”按钮，接着单击“修改内容”按钮，然后单击“保存文件”按钮。

试 题 5

一、选择题

1. A　2. D　3. B　4. D　5. B　6. A　7. C　8. A　9. B　10. A
11. A　12. D　13. B　14. C　15. A　16. D　17. A　18. D　19. A　20. C
21. A　22. C　23. D　24. B　25. A　26. B　27. C　28. A　29. D　30. A

二、基本操作题

(1)【审题分析】本题只需按要求在窗体及框架中画出控件，并设置其相应属性，然后在窗体的单击事件中调用图片框的 Print 方法显示文本。

【操作步骤】

步骤 1：新建一个“标准 EXE”工程，在窗体 Form1 中画一个名称为 Pic 的图片框，并设置其 Picture 属性为 Tu1-1.jpg。

步骤 2：双击窗体打开代码编辑窗口，在窗体的 Click 事件过程中输入代码。

参考代码：

```
Private Sub Form_Click()
    Pic.Print "VB 等级考试"
```

```
End Sub
```

步骤 3：按要求将文件保存至考生文件夹中。

(2)【知识点拨】菜单中所包含的每一个菜单项都可看成是一个命令按钮，程序运行时，选择某菜单项将触发其 Click 事件。

【审题分析】要实现本题中的功能，应在"显示命令按钮"菜单项的 Click 事件过程中，令命令按钮的 Visible 属性为 True，在"隐藏命令按钮"菜单项的 Click 事件过程中，令命令按钮的 Visible 属性为 False。

【操作步骤】

步骤 1：新建一个"标准 EXE"工程，在窗体 Form1 中画一个名称为 Command1，Caption 属性为"命令按钮"的命令按钮。

步骤 2：执行"工具"|"菜单编辑器"命令，打开菜单设计器，如附表 5.1 中的设置建立菜单项。

附表 5.1 菜单项的设置(试题 5 基本操作题(2))

标　　题	名　　称	内缩符号
控件	menu	0
显示命令按钮	subMenu1	1
隐藏命令按钮	subMenu2	

步骤 3：打开代码编辑窗口，编写菜单命令的单击事件过程。

```
Private Sub subMenu1_Click()
    Command1.Visible=True
End Sub
Private Sub subMenu2_Click()
    Command1.Visible=False
End Sub
```

步骤 4：按要求将文件保存至考生文件夹中。

三、简单应用题

(1)【审题分析】本题源程序中，自定义函数 xn 的功能是进行 m!阶乘运算，它通过 For 循环连续 m 次将循环变量 i 的值乘以累积变量 tmp(第一个 ? 处 tmp 初值应为 1)来实现。故自定义函数 xn 中第二个 ? 处应改为：tmp * i，作为函数返回值第三个 ? 处应改为：xn。

在"计算"按钮的单击事件过程中，根据程序所要计算表达式的特点，源程序利用一个 For 循环依次计算表达式中各项的值((x－i)!)，并将其累加入变量 z。计算表达式中各项的值通过调用自定义函数 xn(t)来实现的，其中 t＝x－i。故 Command1_Click 事件过程中第一个 ? 处应改为：xn(t)。计算结果显示在标签中。

【操作步骤】

步骤 1：打开考生文件中的本题工程文件 sjt3. vbp，在代码编辑窗口，去掉程序中的注释符“'”,将问号“?”改为正确的内容。

```
tmp=1
tmp=temp * i
xn=tmp
z=z+xn(t)
```

步骤 2：按 F5 键运行程序，在第一个文本框中输入 5，第两个文本框中输入 12，然后单击“计算”按钮。

步骤 3：按要求将文件保存至考生文件夹中。

(2)【审题分析】要实现本题中的功能，在窗体的 Load 事件过程中，首先使用 Array 函数建立一个新数组，然后设置计时器的相关属性并启用计时器；在计时器的 Timer 事件中，由于需要计算 Timer 事件的执行次数才能判断出应该显示何种文字，因此计数变量 i 应该声明为 Static 类型的变量，然后把数组的第 i 项显示在标签中，接下来令 i+1，一旦 i 超过了 3 就将其重新置 0 以便实现循环显示。

【操作步骤】

步骤 1：打开考生文件中的本题工程文件 sjt4. vbp，在代码编辑窗口，去掉程序中的注释符“'”,将问号“?”改为正确的内容。

```
arr=Array("第一项", "第二项", "第三项", "第四项")
Static i As Integer
Label1.Caption=arr(i)
i=0
```

步骤 2：按要求将文件保存至考生文件夹中。

四、综合操作题

【审题分析】本题源程序中，变量 i 和 j 均用做 txtRnd 文本框数组的索引号(即 Index 属性值)，根据算法中的第 1 条，可知 i=0、j=9、temp=Text1(j)，其中“暂存最后一个数”的目的是为空出一个位置放第一个偶数。根据算法中的第 3 条，检查第 j 个数是否为奇数的条件表达式为：Text1(j)Mod 2=1。算法中的第 2 条和第 3 条交替运行，将实现一后(偶数)一前(奇数)重排数据的目的。根据算法中的第 4 条，可知在 i 向后移、j 向前移过程中，当 i=j 时则停止这种移动(故 While 循环的条件表达式为 i<j)。将先前暂存的数(temp)放到当前空缺位置，以实现算法中的第 5 条。

【操作步骤】

步骤 1：打开考生文件中的本题工程文件 sjt5. vbp，在代码编辑窗口，去掉程序中的注释符“'”,将问号“?”改为正确的内容。

```
j=9
temp=Text1(j)
While(i<j)
If Text1(j)Mod 2=1 Then
```

步骤 2：按要求将文件保存至考生文件夹中。

试　题　6

一、选择题

1. D　2. A　3. A　4. B　5. C　6. A　7. D　8. B　9. A　10. B
11. D　12. D　13. A　14. C　15. B　16. A　17. A　18. D　19. D　20. A
21. A　22. C　23. B　24. D　25. D　26. A　27. C　28. D　29. C　30. B

二、基本操作题

(1)【知识点拨】①窗体、图像框(ImageBox)和图片框(PictureBox)上均可以显示来自位图、图标、元文件、jpeg或gif文件的图形。区别在于：图像框专门用于显示位图，而另外两种还提供了画图的功能。为图片框控件指定图片有两种方法：一是在设计阶段通过Picture属性设置；二是在程序运行时通过LoadPicture()图片加载函数加载。②图片框作为一个容器，在图片框上可以再画图片框或者图像框。

【审题分析】本题只需按照要求画出控件并设置属性即可，注意图像框要画在图片框内部。

【操作步骤】

步骤1：新建一个"标准EXE"工程，如附表6.1在窗体中画出控件并设置其相关属性。

附表6.1　控件的属性与值(试题6基本操作题(1))

对　象	属　性	值
图片框	Name	Picture1
	Width	1000
	Height	1000
图像框	Name	Image1
	BorderStyle	1
	Picture	POINT11.ICO

步骤2：按要求将文件保存至考生文件夹中。

(2)

【审题分析】通用对话框的默认文件名由FileName属性设置，标题由DialogTitle属性设置。本题可在"保存文件"的单击事件过程中，用语句通过调用通用对话框的ShowSave方法或通过设置其Action属性值为2，使其以"保存对话框"方式打开。

【操作步骤】

步骤1：新建一个"标准EXE"工程，执行"工程"→"部件"命令，在弹出的"部件"对话框的列表中选中Microsoft Common Dialog Control 6.0项目，单击"确定"按钮。

步骤2：在窗体Form1上画一个通用对话框和一个命令按钮，其相关属性设置如附

表 6.2 所示。

附表 6.2　控件的属性与值(试题 6 基本操作题(2))

对　　象	属　　性	设 置 值
通用对话框	Name	CommonDialog1
	DialogTitle	保存文件
	FileName	out2
命令按钮	Name	Command1
	Caption	保存文件

步骤 3：打开的代码编辑窗口中，编写命令按钮的单击事件过程。

```
Private Sub Command1_Click()
   CommonDialog1.Action=2
End Sub
```

说明：CommonDialog1. Action＝2 语句可以用 CommDialog1. ShowSave 语句替换。

步骤 4：按要求将文件保存至考生文件夹中。

三、简单应用题

(1)【知识点拨】鼠标事件分点击事件和状态事件：点击事件有单击(Click)和双击(DblClick)，不区分左、右键；状态事件有按下(MouseDown)、移动(MouseMove)和弹起(MouseUp)，能够区分出鼠标的左键、右键和中间键。按下鼠标键事件过程的一般格式为：

```
Private Sub Form_MouseDown(Button As Integer, Shift As Integer, X As Single, Y As
Single)
  …
End Sub
```

其中各参数的含义：Button 表示被按下的鼠标键，可以取三个值，1 为左键、2 为右键、4 为中间键；Shift 表示 Shift 键、Ctrl 键和 Alt 键的状态，Shift 键为 1、Ctrl 键为 2、Alt 键为 4；X、Y 表示鼠标光标的当前位置。

【审题分析】本题源程序在 Form_MouseDown 事件过程中，先通过调用函数 oncircle (X, Y)以判断鼠标单击的位置是否在圆的边线上，若在边线上，则接着判断当前按下的是否为鼠标左键，若为左键，则将直线 Line1 的终点位置设置为当前鼠标单击的位置，故第一个？处应改为：Y；若当前按下的不是左键，则直线 Line1 的终点位置设置为其原始位置，即 Line1. X2＝Line1. X1、Line1. Y2＝y0－750。若鼠标单击的位置不在圆的边线上，则在标签上显示相关信息，故第 4 个？处应改为：Label1. Caption。

【操作步骤】

步骤 1：打开本题工程文件 sjt3. vbp，在代码编辑窗口，去掉程序中的注释符“'”，将问号“?”改为正确的内容。

```
Line1.Y2=Y
Line1.X2=Line1.X1
Line1.Y2=y0 - 750
Label1.Caption="鼠标位置不对"
```

步骤 2：按要求将文件保存至考生文件夹中。

(2)【审题分析】本题源程序中，自定义函数 f 的功能是进行 n!阶乘运算，它通过 For 循环连续 n 次将循环变量 k 的值乘以累积变量 s(第一个 ？ 处 tmp 初值应为 1)来实现，作为函数返回值第二个 ？ 处应改为：s。

在"计算"按钮的单击事件过程中，根据程序所要计算表达式的特点，源程序利用一个 For 循环依次计算表达式中各项的值并将其累加入变量 s，计算表达式中各项的值通过调用自定义函数 f(k)来实现的，最终计算结果显示在文本框中。

【操作步骤】

步骤 1：打开考生文件中的本题工程文件 sjt4. vbp，在代码编辑窗口，去掉程序中的注释符"'"，将问号"?"改为正确的内容。

```
s=1
f=s
```

步骤 2：双击"计算"按钮，编写该按钮的单击事件过程。

```
Private Sub Command2_Click()
    Dim s As Long, k As Integer
'考生应编写的程序
    s=0
    For k=1 To n
        s=s+f(k)
    Next
    Text1=s
End Sub
```

步骤 3：按 F5 键运行程序，单击"输入数据"按钮，通过输入框输入一个 8～12 之间的整数，然后单击"计算"按钮计算结果，最后单击"存盘"按钮保存结果。

步骤 4：按要求将文件保存至考生文件夹中。

四、综合操作题

【知识点拨】①在实际应用中，较为复杂的应用程序通常由多个窗体组成，且可设置其中一个为启动窗体，只有启动窗体才能在运行程序时自动加载并显示出来。②在多个窗体组成的程序中，可以在一个窗体中读取另一个窗体中控件的属性值，其语法格式为：窗体名称. 控件名称. 属性名称。③标准模块(文件扩展名为. bas)是应用程序内其他模块可访问的过程和声明的容器。它们可以包含变量、常数、类型、外部过程和全局过程的全局(在整个应用程序范围内有效的)声明或模块级声明。

【审题分析】本题源程序在"注册"窗体的"确定"按钮的单击事件过程中，先判断是否输入用户名，若没有输入则弹出提示信息，否则通过调用标准模块中的 finduser 函数，检查输入用户是否存在于 users 数组中(条件表达式为：finduser(Trim $ (Text1))>0),若该用户存在则弹出提示信息,否则进一步检查前后两次输入的密码是否一致,若前后不一致则弹出提示信息,否则通过调用过程 writeusers 将该用户名及密码写入数组 users 中,并在“启动”窗体的标签(Form1. Label1)中显示“注册成功”。每调用一次过程 writeusers,全局变量 n 将记录新增一个用户,即 n=n+1。

在“登录”窗体的“登录”按钮的单击事件过程中,通过调用标准模块中的 finduser 函数,检查输入用户是否存在于 users 数组中,若不存在(条件表达式为：k=0)则弹出提示信息,否则进一步检查该用户的密码输入是否正确(条件表达式为：Trim $ (Text2)<>users(k,2)),若不正确则弹出提示信息,否则在“启动”窗体的标签(Form1. Label1)中显示“登录成功”。

【操作步骤】

步骤 1：打开考生文件中的本题工程文件 sjt5. vbp,在代码编辑窗口,去掉程序中的注释符“'”,将问号“?”改为正确的内容。

```
'---注册窗体 Form2-
n=n+1
ElseIf finduser(Trim$(Text1))>0 Then
Form1.Label1.Caption="注册成功!"
'---登录窗体 Form3-
If k=0 Then
ElseIf Trim$(Text2)<>users(k, 2)Then
```

步骤 2：按要求将文件保存至考生文件夹中。

参 考 文 献

[1] 龚沛曾，杨志强，陆慰民. Visual Basic 程序设计教程 [M]. 北京：高等教育出版社，2011.

[2] 杨国林，安琪. Visual Basic 程序设计教程习题解答与实验指导[M]. 北京：电子工业出版社，2014.

[3] 詹可军. 全国计算机等级考试上机考试题库二级 Visual Basic[M]. 成都：电子科技大学出版社，2015.

[4] 刘炳文，杨明福，陈定中. 全国计算机等级考试二级教程——Visual Basic 语言程序设计(2016 年版)[M]. 北京：高等教育出版社，2015.

[5] 聂钰桢. 全国计算机等级考试教程. 二级 Visual Basic[M]. 北京：人民邮电出版社，2013.